高等学校经济管理类专业系列教材

Web 网站设计与开发教程

（HTML5、JSP 版）

（第二版）

温浩宇 李慧 编著

西安电子科技大学出版社

内容简介

本书系统地介绍了基于 HTML5 与 JSP 进行网站开发所需的基础知识和技术，用简洁、清晰的语言讲解了网站开发的前台技术和后台技术。

本书共分 13 章，内容包括 Web 技术概述、HTML 元素、层叠样式表 CSS、脚本语言 JavaScript、XML 技术基础、开发运行环境、Servlet 编程、JSP 基本语法及基本技术、JSP 内置对象、应用 JavaBean 技术、基于 JSP 的数据库应用开发、新闻发布网站的设计以及其他网站框架及开发技术。为方便读者学习，每一章都给出了学习提示，可帮助读者理解本章的内容及其在网站开发过程中的作用。本书第 1~11 章均给出了课后思考题，便于读者考查学习情况；第 12 章给出一个完整的新闻发布与管理网站开发过程及相应代码，通过案例驱动的教学方法，帮助读者构建完整的知识结构。

本书可作为高等学校计算机、信息管理、电子商务等相关专业的网站设计与开发的实训教程，也适合广大软件开发爱好者自学使用。

图书在版编目(CIP)数据

Web 网站设计与开发教程: HTML5、JSP 版/温浩宇，李慧编著. —2 版. —西安：西安电子科技大学出版社, 2018.4(2021.5 重印)
ISBN 978-7-5606-4747-0

Ⅰ. ①W… Ⅱ. ①温… ②李… Ⅲ. ①超文本标记语言—程序设计—教材 ②JAVA 语言—网页制作工具—教材 Ⅳ. ①TP312.8 ②TP393.092

中国版本图书馆 CIP 数据核字(2018)第 064998 号

策划编辑　戚文艳
责任编辑　戚文艳
出版发行　西安电子科技大学出版社(西安市太白南路 2 号)
电　　话　(029)88202421　88201467　　　　邮　　编　710071
网　　址　www.xduph.com　　　　　　　　电子邮箱　xdupfxb001@163.com
经　　销　新华书店
印刷单位　陕西天意印务有限责任公司
版　　次　2018 年 4 月第 2 版　　2021 年 5 月第 6 次印刷
开　　本　787 毫米×1092 毫米　1/16　　　　印　张　18.875
字　　数　447 千字
印　　数　11 001~14 000 册
定　　价　42.00 元

ISBN 978-7-5606-4747-0 / TP

XDUP 5039002-6

***** 如有印装问题可调换 *****

前　言

随着互联网、云计算、物联网等热门技术的不断成熟，越来越多的软件开发者希望对网站开发技术进行深入系统的学习，进而成为技术市场上炙手可热的人才。但对于有兴趣学习 Web 技术的开发者而言，不断涌现（有很多也是昙花一现）的开发工具、程序设计语言和设计框架让人眼花缭乱、无所适从，致使很多网站开发的初学者徘徊在 JSP、PHP、ASP.NET 等技术之间，不知该从何学起。

本书的作者从事网站开发和相关教学工作十多年，目睹了大量 Web 技术像走马灯一样快速流行、瞬间过时。在指导本科生和研究生的过程中，作者一直在思考究竟什么样的学习路径可以让开发者快速、系统地掌握 Web 开发技术。通过大量实践，作者比较了 JSP、PHP、ASP.NET 等多种开发技术，逐渐总结了一些规律。

PHP 技术是网站开发者最热衷的技术之一，它的特点就是"快"，学起来快，开发过程也快。如此说来，PHP 技术也许应该是网站开发的不二法门，但快是有代价的，比如语言过于灵活，对代码的约束较少，程序员容易在不知不觉中写出错误代码。当然，在小团队进行小型网站的开发过程中，这些缺点可能并不会带来严重的问题。但对于初学者而言，一个太容易上手的技术，往往会让他们忽略了系统底层的运行机理。应该说，这本身并不是 PHP 的错，而是由于初学者在使用 PHP 开发小型网站时不必充分理解 Web 系统的运行机理。所以，"易学易用"本身就是一把双刃剑。

JSP 技术需要开发者首先掌握 Java 程序设计技术，然后从最简单的"Hello World"程序开始学起。由于基本的 JSP 网站开发需要程序员书写大量代码，所以开发效率较低，学习过程较长。但这一缺点带来的好处是：开发者可以逐渐理解网站的运行机理，包括 Web 服务器的工作方式和浏览器对 HTML 的解析方式，进而构建出完整的网站开发知识结构。当然，在很好地掌握基本的 JSP 开发技术之后，可以进一步学习使用多种基于 Java 的开发框架，从而有效地提高开发效率。

ASP.NET 技术沿袭微软公司开发工具的一贯风格，基于 ASP.NET 的网站开发提供了"拖拖拽拽"的可视化开发工具，这种开发模式不仅让初学者可以很快地掌握 Web 开发的大多数技术，而且也会大大提高资深程序员的工作效率。不得不承认：开发的速度是软件公司生存的重要基础之一。但与 PHP 的情况类似，易于"掌握"的开发技术，往往会让初学者忽略了本该了解的可视化背后的故事。我们看到许多自认为已经充分掌握 ASP.NET 网站设计技术的开发者在被问到"session 的运行机理是什么"或者"cookie 是如何保存客户数据的"这类问题时，居然连问题都听不懂，这多么尴尬啊。再次说明：这不是 ASP.NET 的错，而是学习的"快车道"让初学者太快体会到成功的喜悦，以至于根本无暇欣赏沿途的风景。

总结上述分析，作者建议初学者从 JSP 学起，在充分掌握 Web 运行机理和开发思路的基础上，再学习 ASP.NET、PHP 或基于 Java 的开发框架。扎实的基础将让开发者走得更远，且越走越快。

为了给读者提供进一步学习的思路，本书提供了多个完整的开发实例，并对开发大型而复杂的网站时需要的设计框架进行了介绍。

按照分工，温浩宇和李慧编写了本书的主要内容，许多研究生也参与了编写：朱艳洁编写了第 2 章和相关的实例；程栋编写了第 4 章的实例；田亚丹、奚园园、马宇鑫、刘芬芳、孙策、李京京、陈玉兆、梁承希、杨璐、姚香秀、刘巧莉、王珺泽、张颖、王若雨等都参与了程序实例的编写、修改和测试。值得一提的是，许多参与本书编写的优秀研究生毕业后已进入著名的 IT 公司工作，他们的成功经历也激励着许多同学开始认真、系统地学习 Web 网站开发技术。

衷心感谢在本书编写过程中提供帮助的同事和学生！衷心感谢西安电子科技大学出版社的相关人员对本书的大力支持！

由于 Web 网站开发技术日新月异，加之作者水平有限，书中难免存在错误和不足之处，敬请读者批评指正。

编者

2017 年 7 月

目 录

3

第 1 章　Web 技术概述

【学习提示】

互联网在人类生活中越来越重要，云计算、物联网等热门技术也不断成熟，对网站开发技术深入系统地学习可以使程序员成为技术市场上炙手可热的人才。但对于有兴趣学习 Web 技术的开发者而言，不断涌现(有很多也是昙花一现)的开发工具、程序设计语言和设计框架让人眼花缭乱、无所适从。

本章将从 Web 的历史开始介绍，通过讨论 B/S 架构和最基本的 HTML 文档结构，逐渐搭建稳健的 Web 开发技术知识大厦。

1.1　Web 系统简介

1980 年，作为瑞士日内瓦的欧洲核子研究中心的软件工程师，Tim Berners-Lee 遇到了一个许多人都经常碰到的问题：工作过程中，他需要频繁地与世界各地的科学家们沟通联系、交换数据，还要不断地回答一些问题，这些重复而繁琐的过程实在令他烦恼。他希望能够有一种工具，让大家可以通过计算机网络快捷地访问其他人的信息和数据。于是 Tim Berners-Lee 开始在业余时间编写一个软件程序，利用一系列标签描述出信息的内容和表现形式，再通过链接把这些文件串起来，让世界各地的人能够轻松共享信息。Tim Berners-Lee 给这种系统命名为"World Wide Web"，1990 年 11 月，第一个 Web 服务器 nxoc01.cern.ch 开始运行。

1993 年美国伊利诺州伊利诺大学的 Marc Andreessen 及其同事开发出了第一个支持图文并茂展示网页的 Web 浏览器——Mosaic 浏览器，并成立了网景公司(Netscape Communication Corp)。图 1-1 为 Mosaic 浏览器的界面。

图 1-1　Mosaic 浏览器的界面

1994 年 10 月 Tim Berners-Lee 联合 CERN、DARPA 和欧盟成立了 Web 的核心技术机构——W3C(World Wide Web Consortium,万维网联盟)。从那之后,Web 的每一步发展、技术成熟和应用领域的拓展都离不开 W3C 的努力。W3C 会员(大约 500 名会员)包括软、硬件产品及服务的提供商、内容供应商、团体用户、研究机构、标准制定机构和政府部门,该组织已成为专门致力于创建 Web 相关技术标准并促进 Web 向更深、更广发展的国际组织。

从技术方面看,Web 通过超文本标记语言(Hyper Text Markup Language,HTML)实现信息与信息的连接;通过统一资源标识符(Uniform Resource Identifier,URI)实现全球信息的精确定位;通过超文本传输协议(HyperText Transfer Protocol,HTTP)实现信息在互联网中的传输。

作为一种典型的分布式应用架构,Web 应用中的每一次信息交换都要涉及到客户端和服务端两个层面。因此,Web 开发技术大体上也可以被分为客户端技术和服务端技术两大类。Web 客户端的主要任务采用 HTML 语言及其相关技术(包括 CSS 和 JavaScript 等)获取用户的输入并根据用户的访问需求展现信息内容;Web 服务器端的主要任务是按照用户的输入和需求搜索相关数据组成完整的 HTML 文档传输给客户端。

近年来,随着 Web 应用需求不断增加,Web 的开发技术也飞速发展,出现了大量的 Web 开发工具、程序库和框架。面对这些纷繁复杂的技术,如何选择学习的入口,如何掌握技术发展的趋势,如何应对大型的 Web 开发项目,这些问题的解决都需要从理论和技术的基础出发,通过恰当的案例实践,逐步找到知识的脉络和规律。扎实的理论和技术基础不仅可以帮助我们进行 Web 的开发,而且有利于在实践中不断学习、掌握和应用新的理论和技术,形成"可持续发展"的知识结构。

1.2 B/S 结构和 Web 应用程序

基于 Web 服务器和浏览器共同构建的软件系统被称为浏览器/服务器体系结构(Browser/Server Architecture,简称 B/S 结构),它是对传统客户机/服务器体系结构(Client/Server Architecture,简称 C/S 结构)的一种变化或者改进的结构。

Web 应用程序(Web Application)是指在 B/S 结构中,通过浏览器访问在 Web 服务器端运行的应用程序,用户只需要有浏览器、网站地址和权限就可以访问 Web 应用程序;与 Web 应用程序相对应的是传统 C/S 结构中的桌面应用程序(Desktop Application),它需要在客户端进行安装和运行。

电子邮件应用是一个典型的例子。我们可以通过特定的桌面应用程序(比如 Outlook、Foxmail 等)收发信件或管理邮箱,也可以不使用任何特殊的桌面应用程序而只通过浏览器直接访问电子邮件服务网站(如 mail.139.com 或 mail.google.com 等)。

可以看出,传统 C/S 结构中的客户机不是毫无运算能力的输入、输出设备,而是具有一定的数据存储和数据处理能力。通过把应用软件的计算和数据合理地分配在客户机和服务器两端,可以有效地降低网络通信量和服务器运算量。而在 B/S 结构下,用户界面完全通过 Web 浏览器实现,一部分事务逻辑在浏览器端(有时称为前端)实现,但是主要事务逻辑在服务器端(有时称为后端)实现。

Web 应用程序利用了不断成熟的 WWW 浏览器技术，结合在浏览器上运行 JavaScript 程序的能力，在通用浏览器上实现了原来需要复杂专用软件才能实现的强大功能。B/S 结构相对于传统的 C/S 结构更加适合开发多层架构的系统，如图 1-2 所示。

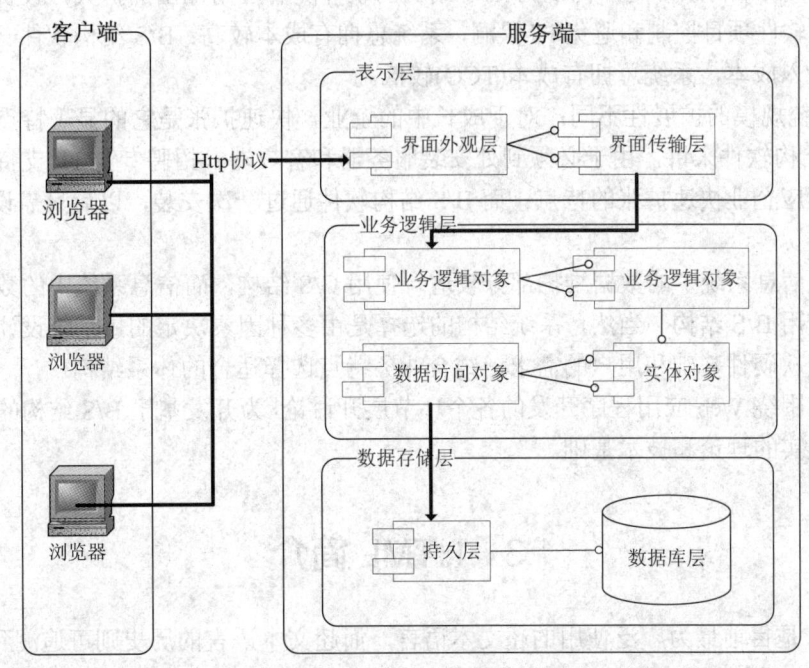

图 1-2　B/S 的系统结构图

B/S 结构相对于传统 C/S 结构是一个巨大的进步。在搭建信息系统时，两者也体现出明显的不同之处：

(1) 硬件环境不同。传统的 C/S 一般建立在专用的网络上，小范围里的网络环境和局域网之间再通过专门服务器提供连接和数据交换服务；B/S 适合建立在广域网之上，不必是专门的网络硬件环境。

(2) 对安全要求不同。传统的 C/S 一般面向相对固定的用户群，对信息安全的控制能力很强，一般高度机密的信息系统适宜采用 C/S 结构；B/S 通常建立在广域网之上，对安全的控制能力相对较弱，面向是不可知的用户群，因此更适合发布各种公开信息。

(3) 系统架构不同。传统的 C/S 结构可以更加注重流程，可以对权限多层次校验；B/S 系统所依托的 HTTP 协议缺少对流程、状态等方面的管理，因此在实际的 B/S 系统开发中需要采用更加优化的开发和运行平台，包括微软的.NET 平台或 JavaEE 平台等。

(4) 系统维护不同：传统的 C/S 结构意味着在用户的计算机中必须安装特定的客户端软件，如果系统出现了问题或者需要对系统进行升级，就必须在每一个客户端计算机上进行操作；B/S 结构的维护和升级都发生在服务器端。

(5) 处理问题不同：传统的 C/S 结构适合对大量数据进行批量的增、删、改操作，尤其适合对数据库中的数据进行管理；B/S 结构适合面向不同的用户群，接受用户数据的汇集和用户对数据库的各种查询。

(6) 用户接口不同：传统的 C/S 结构的前台大多建立在 Windows 平台上，客户端软件对操作系统有特定的要求，跨平台性较差；B/S 的前台建立在浏览器上，对操作系统没有特别的要求，一般只要有操作系统和浏览器就行，具有良好的跨平台性。因此，云计算或软件即服务(SaaS)的系统大多基于 B/S 结构建立。

(7) 投入成本构成不同：传统的 C/S 结构的软件随着应用范围的扩大，投资会连绵不绝，不利于软件项目控制和避免 IT 黑洞，系统总拥有成本较高；B/S 结构软件一般只有初期一次性投入成本，系统总拥有成本(TCO)较低。

(8) 系统规模的扩展性不同：对于成长中的企业，快速扩张是它的显著特点。对于传统的 C/S 结构软件来讲，由于必须到处安装服务器和客户端、招聘专业 IT 支持人员等，因此无法适应企业快速扩张的特点；而 B/S 结构软件通过一次安装，以后只需设立账号、培训即可。

总之，信息系统中的数据维护部分较适合使用 C/S 结构，而信息系统中的数据查询部分较适合使用 B/S 结构。当然，系统结构的选择是由多种因素决定的，系统设计人员需要根据系统的软硬件基础和用户的需求，结合业务特点选择适合的体系结构。

本书将围绕 Web 应用程序开发的各个环节展开讨论，为开发基于 B/S 结构的信息系统打下较为坚实的理论和技术基础。

1.3   HTML 简介

HTML 是目前最为广泛使用的超文本语言，而超文本语言的历史则可追溯到 20 世纪 40 年代。1945 年，Vannevar Bush(著名的曼哈顿计划的组织者和领导者)发表论文描述了一种被称为 MEMEX 的机器，其中已经具备了超文本和超连接的概念。Doug Engelbart(鼠标的发明者)等人则在 1960 年前后，对信息关联技术做了最早的实验。与此同时，Ted Nelson 正式将这种信息关联技术命名为超文本(Hypertext)技术。随后在 1969 年，Charles F. Goldfarb 博士带领 IBM 公司的一个小组开发出通用标记语言(Generalized Markup Language，GML)，并在 1978—1986 年间，将 GML 语言进一步发展成为著名的标准通用标记语言(Standard Generalized Markup Language，SGML)。当 Tim Berners-Lee 和他的同事们在 1989 年试图创建一个基于超文本的分布式信息系统时，Tim Berners-Lee 意识到，SGML 是描述超文本信息的一个最佳方案。于是，Tim Berners-Lee 应用 SGML 的基本语法和结构为 Web 量身定制了 HTML。

HTML 是使用 SGML 定义的一个描述性语言，也可以说，HTML 是 SGML 的一个应用。HTML 不是如 C++ 和 Java 之类的程序设计语言，而只是标记语言。HTML 的格式和语法非常简单，只是由文字及标签组合而成的，任何文字编辑器都可以编辑 HTML 文件，只要能将文件另存成 ASCII 纯文字格式即可。当然，使用专业的网页编辑软件设计网页更加方便，例如 FrontPage 或 Dreamweaver 等，甚至 Word 软件都可以将文件保存为 HTML 格式。

在开发技术的选型中，通常会选择传统 HTML 的扩展技术，包括可扩展超文本标记语言(eXtensible HyperText Markup Language，XHTML)和动态 HTML(Dynamic HTML，DHTML)。

　　XHTML 是与 HTML 同类的语言，不过语法上更加严格。从对象关系上讲，HTML 是基于 SGML 的应用，但语法规则较为"宽松"；而 XHTML 则基于 XML 的应用，严格服从 XML 的语法规则。XML 是 SGML 的一个子集，关于它的技术将在后面章节中描述。XHTML 1.0 在 2000 年成为 W3C 的推荐标准，在各种网页的开发工具中都有对 XHTML 标准的设置选项。

　　DHTML 并非 W3C 的标准，它是微软等公司给出的相对传统静态 HTML 而言的一种开发网页的概念。DHTML 建立在原有技术的基础上，主要包括三个方面：一是 HTML(或 XHTML)，其中定义了各种页面元素对象；二是 CSS，CSS 中的属性也可被动态操纵，从而获得动态的效果；三是客户端脚本(包括 JavaScript 等)，用以编写程序操纵 Web 页上的 HTML 对象和 CSS。CSS 和 JavaScript 在后面将进行讨论。

1.4　HTML 文档结构

　　下面代码就是一个最简单的网页，HTML 文件中的各种元素组合起来，通过浏览器的解析和展现就形成各种各样的网页。代码的运行效果如图 1-3 所示。

```
<html>
<head>
    <title>网页制作教学</title>
</head>
<body>
    Hello World!
</body>
</html>
```

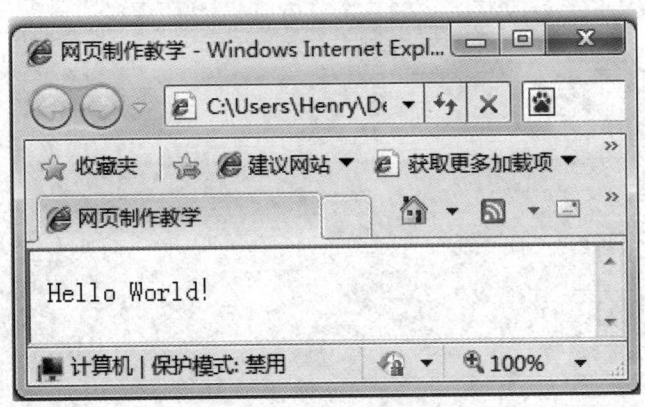

图 1-3　网页的浏览效果

　　在 HTML 中任何标签皆由 "<" 及 ">" 所围住，如 <P>，标签名与小于号之间不能留有空白字符。在起始标签之标签名前加上符号 "/" 便是其终结标签，如 </font>。标签字母大小写皆可。由开始标签和终结标签所构成的对象可以称为 HTML 元素(或 HTML 对象)。元素带有参数，也称为元素的属性。参数只可加于起始标签中。熟悉面向对象程序设计的开发人员更习惯将它们称为"HTML 对象和属性",本书并不特别强调它们的名称,但在不同的章节中会根据上下文的情况给出不同的名称。

　　通常在一个完整的 HTML 文件中,html 元素是 HTML 文档的根元素,其中包含两个部分:头部元素和体部元素,它们分别被包含在<head>标签和<body>标签中。另外,CSS 和 JavaScript 增强了 HTML 的表现能力,同时也可以使 Web 浏览器端的开发更加符合模块化、可扩展性、面向对象等软件工程方面的要求。

思 考 题

1. HTML 与 W3C 组织分别是如何产生的?
2. C/S 体系结构和 B/S 体系结构有何不同之处?

第 2 章　HTML 元素

【学习提示】

构建基于 B/S 结构的系统离不开两部分技术：Web 浏览器端技术(前台技术)和 Web 服务器端技术(后台技术)。Web 浏览器端技术包括了 HTML、CSS、JavaScript 等。HTML 语言是 Web 的核心技术，其标准由 W3C 制定。

经过 8 年的努力，2014 年 10 月 28 日 W3C 的 HTML 工作组正式发布了 HTML5 的正式推荐标准(W3C Recommendation)。作为下一代 Web 技术标准，HTML5 备受期待和瞩目。HTML5 的新特性主要在于多媒体信息的丰富表现方式、浏览器端的复杂应用支持和对性能的优化和改进等方面。HTML5 带来了一组新的用户体验，如 Web 的音频和视频不再需要插件，通过 Canvas 能更灵活地完成图像绘制，而不必考虑屏幕的分辨率，浏览器对可扩展矢量图(SVG)和数学标记语言(MathML)的本地支持，通过引入新的注释信息以增强对东亚文字(包括简体及繁体中文、日文、韩文等)呈现的支持，对富 Web 应用(基于 JavaScript 和 AJAX 等技术实现的用户体验丰富的 Web 应用程序)等新特性的支持等。相对之前的版本，HTML5 增加了许多新的元素，同时也在标准中删除了一些不再适用的元素，但这并不意味着开发者将不能再使用那些元素，因为几乎所有支持 HTML5 技术的浏览器都会长期继续支持之前的标准。

本章中节的划分参考了 W3C 的 HTML5 推荐标准文档中的元素归类划分方式。在讨论各种元素时，会列出该元素在 HTML4 和 HTML5 中被支持的情况，以供参考。

很多初学者认为既然可以使用各种可视化网页设计工具(例如 Dreamweaver 等)"画"出网页，那就大可不必学习 HTML 语法并"手写"HTML 代码。设计工具确实可以事半功倍，但如果需要动态地生成 Web 页面、产生各种交互效果、改善用户体验，那么学习 HTML 语法，特别是系统地学习 HTML 元素就是必需的。

2.1　文本元素

2.1.1　文本元素概览

在 HTML 中，文本元素(Text-level Semantics)用来定义网页中文本内容和语义，增加文字的易读性。文本元素主要包括<a>、<em>、<strong>、<small>、<s>、<cite>、<q>、<dfn>、<abbr>、<time>、<code>、<var>、<samp>、<kbd>、<sub>、<sup>、<i>、<b>、<u>、<mark>、<ruby>、<rb>、<rt>、<rtc>、<rp>、<bdi>、<bdo>、<span>、
、<wbr>等。虽然文本的显示样式通常是由 CSS 来定义的，但文本元素的语义也会影响文本的显示风格，比如上标(sup)、下标(sub)等文本。文本元素及其功能说明如表 2-1 所示。

表 2-1　文本元素及其功能说明

元素	语　　义	HTML 支持版本
<a>	定义超链接	4、5
<em>	定义强调文本，指定文本的性质，显示为斜体字	4、5
<strong>	定义强调文本，指定文本的性质，显示为粗体字	4、5
<small>	定义小号文本	4、5
<s>	定义加删除线的文本	4、5
<sub>	定义下标文本	4、5
<sup>	定义上标文本	4、5
<i>	定义斜体文本，指定文字该如何显示	4、5
<b>	定义粗体文本，指定文字该如何显示	4、5
<u>	定义下划线文本	4、5
<mark>	定义有加亮记号的文本	5
<ruby>	定义注释，可显示中文注音或字符	5
<rb>	定义部分 ruby 注释	5
<rt>	定义字符(中文注音或字符)的解释或发音	5
<rp>	在 ruby 注释中使用，以定义不支持 ruby 元素的浏览器所显示的内容	5
<rtc>	定义 ruby 注释中的文本容器	5
<cite>	定义作品(比如书籍、歌曲、电影、电视节目、绘画、雕塑等)的标题	4、5
<q>	定义一个短的引用	4、5
<dfn>	定义一个定义项目	4、5
<abbr>	标记一个缩写	4、5
<time>	定义日期、时间	5
<code>	定义软件代码文本	4、5
<var>	定义变量	4、5
<samp>	代表从软件系统中输出的文本	4、5
<kbd>	代表通过键盘输入的文本	4、5
<bdi>	设置一段文本，使其脱离其父元素的文本方向设置	5
<bdo>	重新设置其中的文本方向	4、5
<span>	可以将文本的一部分独立出来进行格式设置	4、5

	插入换行符。一个
元素代表一个换行	4、5
<wbr>	定义在文本中的特定位置折行	5
<center>	定义居中的文本	4
<font>	定义文本的字体外观、尺寸和颜色。常用属性为 face、size、color	4
<strike>	定义删除线文本	4
<big>	定义大号文本	4

值得注意的是：在 HTML5 中不再支持<center>、<font>、<strike>、<big>等部分文字样式元素；同时又新增了<mark>、<ruby>、<bdi>等元素。在开发 Web 页面时，建议文本的样式由 CSS 统一定义。

2.1.2　<em><strong><small><s><sub><sup><i><b><u><mark>元素

<em>、<strong>、<small>、<s>、<sub>、<sup>、<i>、<b>、<u>和<mark>等文本元素可以实现文字的特殊效果，下面的代码展示了多种文本元素的显示效果：

```
<html>
<body>
    <em>em 定义强调文本，显示为斜体字</em>        <br>
    <strong>strong 定义强调文本，显示为粗体</strong>        <br>
    <small>small 定义小号文本</small>        <br>
    <s>s 定义加删除线的文本</s>        <br>
    sub 定义下标文本，比如 a<sub>2</sub>        <br>
    sup 定义上标文本，比如 a<sup>2</sup>        <br>
    <i>i 定义斜体文本</i>        <br>
    <b>b 定义粗体文本</b>        <br>
    <u>u 定义下划线文本</u>        <br>
    <mark>mark 定义有加亮记号的文本</mark>
</body>
</html>
```

上述代码运行效果如图 2-1 所示。

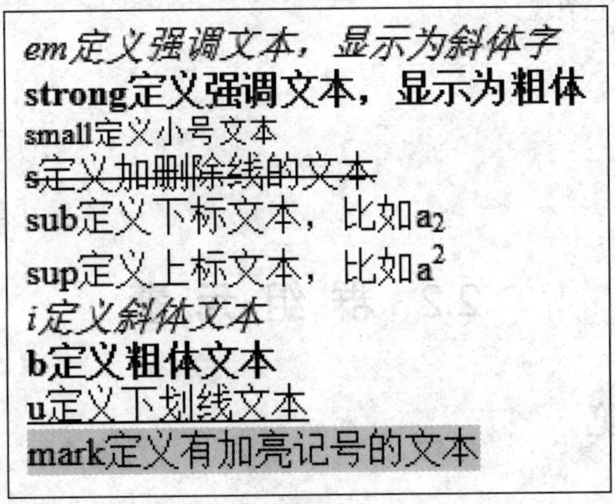

图 2-1 文本元素的浏览效果图

2.1.3　<ruby><rb><rt><rp><rtc>元素

HTML5 文本元素中的<ruby>系列元素可以用来显示东亚文字的注音，比如中文的拼音，代码如下：

```
<html>
    <body>
        <ruby>中 <rt>zhong </rt>文 <rt>wen </rt>
        </ruby>
    </body>
</html>
```

拼音显示效果如下：

2.1.4 <span>元素

<span>元素可以将文本中的一部分内容独立出来进行格式设置，下面的代码展示了在一段文字中将一部分文字设置为红色(#ff0000)。设置颜色使用了<span>元素的 style 属性，在<span>元素结束标签后，文本的颜色将恢复为之前的状态。

```
<html>
    <body>
        <p>
            一个段落中
            <span style="color: #ff0000;">特殊的一部分</span>
            需要用红色表现
        </p>
    </body>
</html>
```

2.2 群 组 元 素

2.2.1 群组元素概览

在 HTML 中，群组元素(Grouping Content)用来定义网页中具有关联性的内容和语义。群组元素主要包括<p>、<hr>、<pre>、<blockquote>、<ol>、<ul>、<li>、<dl>、<dt>、<dd>、<figure>、<figcaption>、<div>、<main>等。与文本元素一样，群组元素的语义也会影响显示风格，比如多个列表项元素在显示时通常会在前面加上数字序号或图形符号。

群组元素及其语义说明如表 2-2 所示。

表 2-2　群组元素及其语义说明

元素	语　义	HTML 支持版本
\<P\>	定义段落。一个\<p\>元素表示一个段落	4、5
\<hr\>	定义内容中的主题变化，并显示为一条水平线	4、5
\<pre\>	定义预格式化的文本。\<pre\>元素中的文本会保留空格和换行符	4、5
\<blockquote\>	实现页面文字的段落缩进。一个\<blockquote\>元素代表一次缩进，可以嵌套使用达到不同的缩进效果	4、5
\<ol\>	定义有序列表	4、5
\<ul\>	定义无序列表	4、5
\<li\>	定义列表项	4、5
\<dl\>	展示定义列表	4、5
\<dt\>	展示定义项目	4、5
\<dd\>	展示定义的描述	4、5
\<div\>	定义文档中的节	4、5
\<figure\>	规定独立的流内容(图像、图表、照片、代码等)，规定的内容应该与主内容相关，但如果被删除，则不应对文档流产生影响	5
\<figcaption\>	定义\<figure\>元素的标题。该标题被置于\<figure\>元素的第一个或最后一个子元素的位置	5
\<main\>	规定文档的主要内容	5

2.2.2　\<p\>\<hr\>\<pre\>\<blockquote\>元素

段落元素\<p\>可以分段显示文本，效果类似于"换行符"\<br\>。不同的是，\<br\>除了作为"换行符"，没有其他的语义，在起始标签和结束标签之间不存在内容，因此多数情况是以\<br/\>的方式出现的；\<p\>则具有段落的语义，起始标签\<p\>和结束标签\</p\>之间为一个段落。虽然在网页中省略结束标记也不会产生显示错误，但在规范的 HTML5 代码中起始标签\<p\>和结束标签\</p\>应当成对出现。

浏览器在解析 HTML 文档时，会忽略其中的"段落开头的空格"或"回车符"等，因为 HTML 中"空格"或"回车符"等都由专门的字符或标签来描述。但如果要展示的文本中有大量的空格或其它格式具有一定的含义需要保留，比如软件代码中的缩进和空格等，就需要使用\<pre\>元素来描述。

下面的代码展示了\<p\>、\<hr\>、\<pre\>\<blockquote\>等元素的显示效果：

```
<html>
<body>
    <p>这是段落。</p>
    <p>hr 标签定义水平线：</p>
```

```
    <hr />
    <p>pre 标签很适合显示计算机代码：</p>
    <pre>
        for i = 1 to 10
            print i
        next i
    </pre>
        <blockquote>段落前面有缩进…</blockquote>
    </body>
    </html>
```

显示结果如图 2-2 所示。

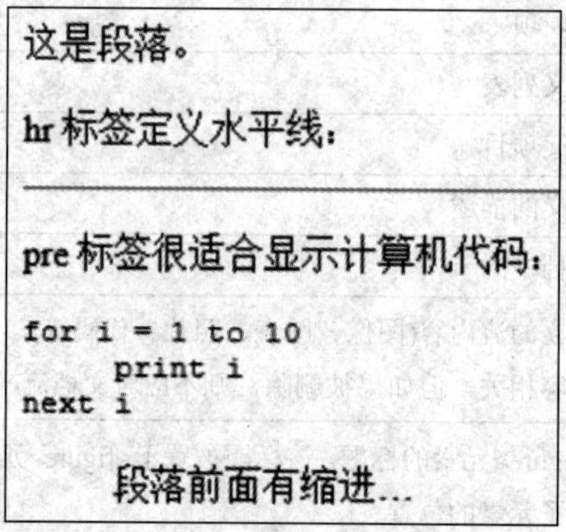

图 2-2　代码运行效果图

2.2.3　\<ol>\<ul>\<li>\<dl>\<dt>\<dd>元素

\<ol>元素用来定义有序列表，列表项之前会显示序号；\<ul>元素用来定义无序列表，列表项之前会显示项目图形符号。列表元素可以嵌套，即一个列表项中可以包含一个完整的列表。下面的代码展示了有序列表和无序列表，同时也体现了列表的嵌套效果。

```
    <html>
    <body>
        <ol>
            <li>咖啡</li>
            <li>牛奶</li>
            <li>茶</li>
        </ol>
        <ul>
            <li>咖啡</li>
            <li>茶
                <ul>
```

```
        <li>红茶</li>
        <li>绿茶</li>
    </ul>
    </li>
    <li>牛奶</li>
</ul>
</body>
</html>
```

列表的显示效果如图 2-3 所示。

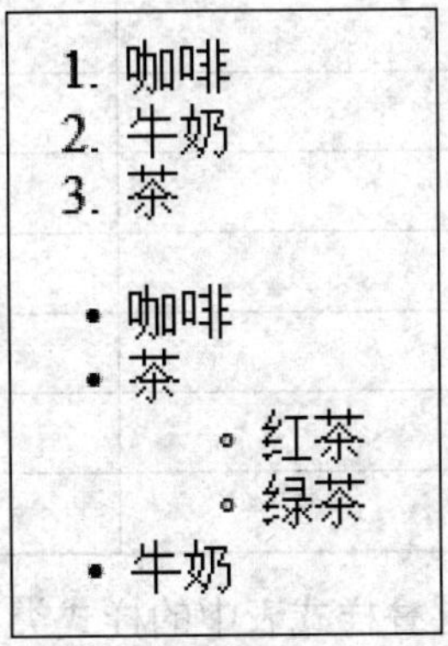

图 2-3　代码运行效果图

<dl>、<dt>和<dd>元素也可以定义列表，但这个列表关注的是列表项之间的层级关系。
示例代码如下：

```
<html>
<body>
    <h2>一个定义列表：</h2>
    <dl>
        <dt>计算机</dt>
        <dd>用来计算的仪器...</dd>
        <dt>显示器</dt>
        <dd>以视觉方式显示信息的装置...</dd>
    </dl>
</body>
</html>
```

显示效果如图 2-4 所示。

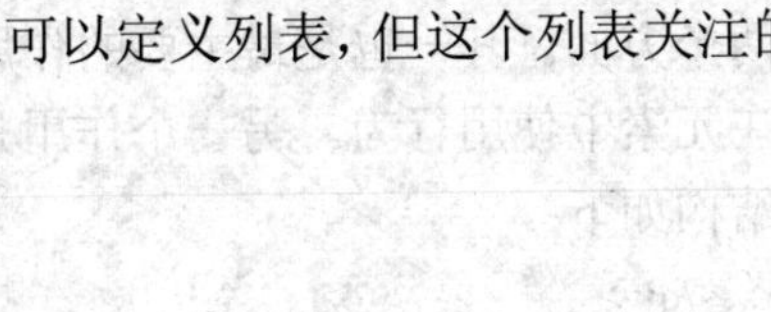

一个定义列表：

计算机
　　用来计算的仪器...
显示器
　　以视觉方式显示信息的装置...

图 2-4　代码运行效果图

2.2.4　<div>元素

<div>元素可以将页面内容分割成各个独立的部分。在每个<div>元素中，不仅可以包含文本内容，也可以包含图片、表单等其他内容。在默认的情况下，<div>元素所包含的内容，将在新的一行上显示。

元素中可以使用的所有属性及其功能说明如表 2-3 所示。

表 2-3　<div>元素的属性及其功能说明

属　　性	描　　述
dir	设置文本显示方向
lang	设置语言
class	类属性
style	设置级联样式
title	标题属性
nowrap	取消自动换行
id	标记属性

class 属性用来在元素中应用层叠样式表中的样式类，其语法结构如下：

```
<div class = "定义的类的名称">...</div>
```

id 属性的作用可以分为两个方面。其一也是最主要的作用，用来标记元素，也就是给元素定义唯一的标识，方便在元素中使用行为。另一个作用是类似 class 属性的作用，用来调用层叠样式表。其语法结构如下：

```
<div id = "定义的名称">...</div>
```

style 属性用来在元素中定义层叠样式表。其与 class 属性的区别在于，使用 style 属性定义的样式的优先级，高于 class 属性调用的样式。其语法结构如下：

```
<div style = "定义的样式">...</div>
```

文本的默认显示方式是，忽略掉文本中的换行符并根据元素的宽度进行自动换行显示。使用 nowrap 属性可以改变这种显示方式，使文本遇到换行符时换行显示。其语法结构如下：

```
<div nowrap = "nowrap">...</div>
```

title 属性用来设定当鼠标悬停在文本内容上时所显示的内容，该属性可以用来添加注释等。但目前大多数浏览器不支持该属性。其语法结构如下：

```
<div title = "标题内容">...</div>
```

值得一提的是：由于网站设计中，通常可以采用<div>元素来声明大量的页面共享的"Header"(比如网站的标志、导航条等)和"Footer"(比如网站的版权说明等)部分，代码如下：

```
<div id = "header"> ...</div>
    ⋮
<div id = "footer"> ...</div>
```

在 HTML5 中，有<header>、<footer>等节元素可以替代<div>元素，不仅可以使代码更简洁，而且更符合 HTML5 中元素的语义，具体的说明将在后面的章节中给出。

2.3　超链接元素

网页之间的链接(Links)能使浏览者从一个页面跳转到另一个页面，实现文档互联、网站互联。超链接就像整个网站的神经细胞，把各种信息有机地结合在一起。在 HTML 中，超链接可以通过<a>元素和嵌套在<map>元素内部的<area>元素来实现。关于<area>元素将在嵌入式元素中展开描述，本节将主要讨论<a>元素。

<a>元素的属性及其功能说明如表 2-4 所示。

表 2-4　超链接元素的属性及其功能说明

属性	值	描　述
href	URL	链接的目标 URL
hreflang	language_code	规定目标 URL 的基准语言。仅在 href 属性存在时使用
media	media query	规定目标 URL 的媒介类型。默认值：all。仅在 href 属性存在时使用
rel	alternate archives author bookmark contact external first help icon index last license next nofollow noreferrer pingback prefetch prev search stylesheet sidebar tag up	规定当前文档与目标 URL 之间的关系。仅在 href 属性存在时使用
target	_blank, _parent, _self, _top	在何处打开目标 URL。仅在 href 属性存在时使用
type	mime_type	规定目标 URL 的 MIME 类型。仅在 href 属性存在时使用。注：MIME = Multipurpose Internet Mail Extensions

文本链接是最常见的一种超链接，它通过网页中的文件和其他文件进行链接，语法如下：

    <a href = "链接的 URL 地址" target = 目标窗口的打开方式>链接元素</a>

链接元素可以是文字，也可以是图片或其他页面元素。href 属性是<a>元素最常用的属性，用来指定链接目标的 URL 地址。链接地址可以是绝对地址，也可以是相对地址。例如链接到 W3C 官方网站，并打开新的浏览器显示该网站，实现代码如下：

    <a href = "http://www.w3.org/"target = _blank>W3C</a>

target 属性是<a>元素另一个常用的属性，用来设置目标窗口的属性。target 属性的取值有 4 种，如表 2-5 所示。

表 2-5 target 属性的取值及其功能说明

target 值	目标窗口的打开方式
_parent	在上一级窗口中打开，常在分帧的框架页面中使用
_blank	新建一个窗口打开。
_self	在同一窗口中打开，与默认设置相同
_top	在浏览器的整个窗口中打开，将会忽略所有的框架结构

书签链接也是常用的一种超链接，用来在创建的网页内容特别多时对内容进行链接。书签可以与所链接文字在同一页面，也可以在不同的页面。建立书签的语法如下：

<a name = "书签名称">文字</a>

在代码的前面增加链接文字和链接地址就能够实现同页面的书签链接，语法如下：

<a href = "#书签的名称">链接的文字</a>

其中，# 代表书签的链接地址，书签的名称则是上面定义的书签名。如果想链接到不同的页面，则需要在链接的地址前增加文件所在的位置，语法如下：

<a href = "链接的 URL 地址#书签名称">链接的文字</a>

2.4 表 格 元 素

在 HTML5 中使用<table>、<caption>、<tr>、<td>、<th>、<colgroup>、<col>、<tbody>、<thead>、<tfoot>等表格元素构建和展示表格式数据(Tabular data)。

表格元素及其语义说明如表 2-6 所示。

表 2-6 表格元素及其语义说明

元素	语 义	HTML 支持版本
<table>	定义表格	4、5
<caption>	定义表格标题	4、5
<tr>	定义表格中的行	4、5
<td>	定义表格中的单元	4、5
<th>	定义表格中的表头单元格	4、5
<colgroup>	定义表格列的组。通过此标签，您可以对列进行组合，以便格式化	4、5
<col>	为表格中的一个或多个列定义属性值	4、5
<tbody>	定义表格主体	4、5
<thead>	定义表格的表头	4、5
<tfoot>	定义表格的页脚	4、5

<table>元素可以用来定义表格，包括表格的标题、表头及单元格内容等。作为<table>元素的子元素，表格行用<tr>元素定义，表头元素用<th>元素定义(表头通常显示成黑体)，单元格内容用<td>元素定义。一个<table>元素可包含一个或多个<tr>元素，一个<tr>元素又可以包含一个或多个<th>、<td>元素。

<table>元素的属性 border 用于设置边框的宽度，它的取值以像素为单位，比如<table border=2>表示表格带有边框且边框的宽度为两个像素。border 的默认值为 1，而当 border=0 时意味着表格没有边框。<table>元素属性 bordercolor、bordercolordark 和 bordercolorlight 分别用于规定表格边框、表格边框内侧和表格边框外侧的颜色。属性 bgcolor 可以规定整个表格的背景颜色，也可以在<tr>、<td>元素中用来规定特定的一行或特定单元格的背景颜色。

基本表格的示例代码如下：

```
<html>
<body>
    <table border = "2" style = "width: 200px">
        <tr>
            <td>a1</td>
            <td>b1</td>
            <td>c1</td>
        </tr>
        <tr>
            <td>a2</td>
            <td>b2</td>
            <td>c2</td>
        </tr>
    </table>
</body>
</html>
```

基本表格的显示效果如图 2-5 所示。

| a1 | b1 | c1 |
| a2 | b2 | c2 |

图 2-5　代码运行效果图

<caption>元素可以定义表格标题，表格标题具有 align 属性。align 取默认值 top 时表格标题位于表首，align 取值为 bottom 时表格标题位于表尾。<td>和<th>都具有 colspan 属性，该属性可以对单元格进行横向合并，而 rowspan 属性则可以纵向合并单元格，其示例代码如下：

```
<html>
<body>
    <table border = "1">
        <caption>跨两列的单元格</caption>
        <tr>
            <th>姓名</th>
            <th colspan = "2">电话</th>
```

```
            </tr>
            <tr>
                <td>张小明</td>
                <td>13999912345</td>
                <td>325330425</td>
            </tr>
        </table>
        <br />
        <table border = "1">
            <caption>跨两行的单元格</caption>
            <tr>
                <th>姓名</th>
                <td>张小明</td>
            </tr>
            <tr>
                <th rowspan = "2">电话</th>
                <td>13999912345</td>
            </tr>
            <tr>
                <td>325330425</td>
            </tr>
        </table>
        <br />
        <table border = "1">
            <thead>
                <tr>
                    <td>THEAD 中的文本</td>
                </tr>
            </thead>
            <tfoot>
                <tr>
                    <td>TFOOT 中的文本</td>
                </tr>
            </tfoot>
            <tbody>
                <tr>
                    <td>TBODY 中的文本</td>
                </tr>
            </tbody>
```

```
        </table>
    </body>
</html>
```

在浏览器中的显示效果如图 2-6 所示。

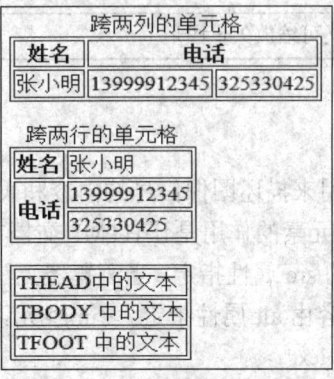

图 2-6 代码运行效果图

2.5 内 嵌 元 素

2.5.1 内嵌元素概览

除了文字信息，网页中还可以呈现图形、图像、音频、视频等多媒体信息。为了丰富网页的表现方式，HTML5 允许以内嵌元素(Embedded content)的方式在网页中嵌入图形、图像、视频、音频以及其他可操作的对象。相关的元素包括<img>、<iframe>、<embed>、<object>、<param>、<video>、<audio>、<source>、<track>、<map>、<area>、MathML 系列和 SVG 系列。

内嵌元素及其语义说明如表 2-7 所示。

表 2-7 内嵌元素及其语义说明

元素	语 义	HTML 支持版本
<img>	定义 HTML 页面中的图像	4、5
<iframe>	定义包含另一个文档的行内框架	4、5
<embed>	定义嵌入的内容，比如插件，元素必须有 src 属性	5
<object>	定义一个嵌入的对象	4、5
<param>	为包含它的 object 元素提供参数	4、5
<video>	定义视频，如电影片段或其他视频流	5
<audio>	定义声音，如音乐或其他音频流	5
<source>	为媒介元素(如 <video> 和 <audio>)定义媒介资源	5
<track>	为 video 等媒介指定外部字幕	5
<map>	定义客户端的图像映射，图像映射是带有可点击区域的图像	4、5

续表

元素	语　　义	HTML 支持版本
\<area>	定义图像映射内部的区域	4、5
MathML 系列	在文档内使用 \$...\$ 标签应用各种 MathML 元素	5
SVG 系列	在文档中定义可缩放矢量图形	5

2.5.2　\<img>元素

HTML 中的\<img>元素可用来描述图像信息的内容和表现形式，但图像的数据并不会直接插入 HTML 文档中，\<img>元素的作用是让 HTML 文档在展示时给图像留出一个位置。图像文件的地址由\<img>元素的 src 属性指定，当浏览器无法下载图像文件时，在相应的位置会显示一些文字，文字的内容由 alt 属性指定。\<img>元素的语法如下：

```
<img src = "url" alt = "some_text"/>
```

需要注意：如果按照 XML 的语法来解释，则\<img>元素构成的是一个空元素，其中不再包含子元素或数据内容。

图像的大小可以在元素中使用 width 和 height 属性给出，如果不设置这两个属性，则将默认为按照图像的实际尺寸显示，代码如下：

```
<img src = "pulpit.jpg" alt = "Pulpit rock" width = "304" height = "228" />
```

在实际开发中，建议显式地设置 height 和 width 属性，这样浏览器在加载页面时更容易一次性留出相应的位置供图像显示。另外，一旦图像不能正常下载，整个页面布局也不会受到影响。

HTML 中支持插入的图像文件格式主要是 GIF、JPG 和 PNG 三种类型，开发者需要在不同的应用场景中选择适合的文件类型。

GIF 格式支持最多 256 色的图像。虽然 GIF 的颜色不够丰富，但它支持动画和透明色，在网页中常常被用来设计按钮、菜单等较小的图像。

JPG 格式支持高分辨率、颜色丰富的图像。由于 JPG 具有很好的压缩比，非常适合在网页中展现照片。当然，在使用 JPG 格式处理图像时，压缩比越大，图片的质量就越差。

PNG 格式支持颜色丰富的图像，同时还支持 alpha 滤镜的透明方式。虽然 PNG 不支持动画效果，但与 GIF 一样适合作为较小的图像的显示方式。需要注意的是：不同的浏览器的种类和版本对 PNG 格式的支持并不完全相同，例如 IE6 支持 PNG-8 格式，但在处理 PNG-24 的透明效果时会显示为灰色。

2.5.3　\<map>\<area>元素

\<img>元素的 usemap 属性可以指定可点击区域的图像映射元素，而图像映射元素本身的设置是在\<map>元素中进行的，其中的\<area>元素则给出了具体的区域和超链接的位置，功能类似于\<a>元素。下列代码给出了图像映射的方式，即在一个图像中设置了三个不同形状的区域，当用户点击这些区域时会产生如同超链接的效果。

```
<html>
```

```
    <body>
        <img src = "planets.gif" width = "145" height = "126" alt = "Planets" usemap = "#planetmap" />
        <map name = "planetmap">
            <area shape = "rect" coords = "0,0,82,126" href = "sun.htm" alt = "Sun" />
            <area shape = "circle" coords = "90,58,3" href = "mercur.htm" alt = "Mercury" />
            <area shape = "circle" coords = "124,58,8" href = "venus.htm" alt = "Venus" />
        </map>
    </body>
</html>
```

2.5.4　<iframe>元素

在早期的网页设计中，开发者经常使用<frameset>框架标记把浏览器窗口划分成几个大小不同的子窗口，每个子窗口显示不同的页面，也可以在同一时间浏览不同的页面。定义子窗口使用元素<frame>。HTML5 已经不再支持<frameset>与<frame>元素，但仍然支持创建包含文档的内联框架的<iframe>元素。

框架元素及其语义说明如表 2-8 所示。

表 2-8　框架元素及其语义说明

元素	语义	HTML 支持版本
<frameset>	定义框架集	4
<frame>	定义框架集的子窗口	4
<iframe>	创建包含另一个文档的内联（inline）框架	4、5

<iframe>元素可以构成"浮动"的框架，可以在一个 HTML 文档的一个特定区域中展示另一个 HTML 文档。

<iframe>元素在 HTML5 中所支持的属性及其功能说明如表 2-9 所示。

表 2-9　<iframe>元素的属性及其功能说明

属性	功能
height	定义内联框架的高度
name	定义内联框架的名称
sandbox	使内联框架可以包含其他的一些内容，例如表格，脚本等
seamless	布尔型属性，使内联框架看起来像包含它的文件的一部分(没有边框和滚动条等)
src	设置内联框架所引用的地址
srcdoc	定义在内联框架中显示的 HTML 内容，与 sandbox 和 seamless 一起使用
width	定义内联框架的宽度

<iframe>元素的示例如下：

```
<html>
    <body>
```

```
<iframe src = "http://en.xidian.edu.cn/" name = "iframe_a" style = "width: 618px"></iframe>
<p><a href = "http://www.baidu.com" target = "iframe_a">百度</a></p>
<p><b>注意：</b>因为超链接的目标表明为 iframe，因此当点击超链接时会在 iframe 中显示
```
百度页面</p>
```
</body>
</html>
```
页面在浏览器中的显示效果如图 2-7 所示。

图 2-7　代码运行效果图

2.5.5　<video><audio><source>元素

根据 HTML5 的规范，在网页上呈现的视频和音频需要符合一定的标准，否则就通过插件(如 activeX)来呈现。

<audio>元素用来定义声音，如音乐或其他音频流。<audio>与</audio>之间插入的内容是供不支持 audio 元素的浏览器显示的。

<audio>元素的属性及其功能说明如表 2-10 所示。

表 2-10　<audio>元素的属性及其功能说明

属性	值	描　　述
autoplay	autoplay	如果出现该属性，则音频在就绪后马上播放
controls	controls	如果出现该属性，则向用户显示控件，比如播放按钮
loop	loop	如果出现该属性，则每当音频结束时重新开始播放
preload	preload	如果出现该属性，则音频在页面加载时进行加载，并预备播放。如果使用 autoplay，则忽略该属性
src	url	要播放的音频的 URL

下面应用实例说明了<audio>元素的使用，代码如下：
```
<html>
<body>
<audio src = "music.mp3" controls = "controls">
你的浏览器不支持音频元素。
</audio>
</body>
</html>
```

在浏览器中显示效果如图 2-8 所示。

图 2-8 代码运行效果图

<video>元素用来定义视频，如电影片段或其他视频流。<video>与</video>之间插入的内容是供不支持 video 元素的浏览器显示的。

<video>元素的属性及其功能说明如表 2-11 所示。

表 2-11 <video>元素的属性及其功能说明

属性	值	描　　述
autoplay	autoplay	如果出现该属性，则视频在就绪后马上播放
controls	controls	如果出现该属性，则向用户显示控件，比如播放按钮
height	pixels	设置视频播放器的高度
loop	loop	如果出现该属性，则当媒介文件完成播放后再次开始播放
preload	preload	如果出现该属性，则视频在页面加载时进行加载，并预备播放；如果使用 autoplay，则忽略该属性
src	url	要播放的视频的 URL
width	pixels	设置视频播放器的宽度

下面应用实例说明了<video>元素的使用，代码清单如下：

```
<html>
<body>
    <video width = "320" height = "240" src = "video.mp4" controls = "controls">
        你的浏览器不支持视频元素。
    </video>
</body>
</html>
```

在浏览器中显示效果如图 2-9 所示。

图 2-9 代码运行效果图

不同浏览器可识别的视频格式有所不同，为了支持在多种浏览器中正常播放视频，可以使用<source>元素列出不同格式的视频文件，浏览器将使用第一个可识别的格式进行播放。

<source>元素的属性及其功能说明如表 2-12 所示。

表 2-12　<source>元素的属性及其功能说明

属性	值	描　　述
media	media query	定义媒介资源的类型，供浏览器决定是否下载
src	url	媒介的 URL
type	numeric value	定义播放器在音频流中的什么位置开始播放。默认音频从开头播放

下面实例说明了<source>元素的使用，代码清单如下：

```
<html>
<body>
    <video width = "320" height = "240" controls = "controls">
        <source src = "movie.ogg" type = "video/ogg">
        <source src = "movie.mp4" type = "video/mp4">
        你的浏览器不支持视频元素。
    </video>
</body>
</html>
```

2.5.6　MathML 系列元素

MathML 中的一系列元素可以帮助在 HTML 文档内显示数学公式，并且这些元素本身也具有相应的语义。注意：并不是所有的浏览器都能显示 MathML 标签，因此在网站中使用这个系列的元素时需要告知所支持的浏览器及版本情况。MathML 是一种专门的标记语言，本书就不展开讨论了，通过下面的例子可以看到如何使用 MathML 来实现一个矩阵的显示：

```
<html>
<body>
    <math xmlns = "http://www.w3.org/1998/Math/MathML">
        <mrow>
            <mi>A</mi>
            <mo> = </mo>
            <mfenced open = "["close = "]">
                <mtable>
                    <mtr>
                        <mtd><mi>x</mi></mtd>
                        <mtd><mi>y</mi></mtd>
```

```
            </mtr>
            <mtr>
                <mtd><mi>z</mi></mtd>
                <mtd><mi>w</mi></mtd>
            </mtr>
        </mtable>
    </mfenced>
</mrow>
</math>
</body>
</html>
```

矩阵的显示的结果如图 2-10 所示。

$$A = \begin{bmatrix} x & y \\ z & w \end{bmatrix}$$

图 2-10　代码运行效果图

2.5.7　SVG 系列元素

根据 HTML5 的规范，<svg>和<canvas>元素都可以完成在网页中的绘图功能。与<canvas>元素不同的是，SVG 是一种使用 XML 描述 2D 图形的语言，SVG 中所描述的 2D 图形元素是以矢量图形对象的方式存在，不依赖分辨率，可以附加 JavaScript 事件处理器。可以通过 JavaScript 来修改图形对象的属性，浏览器会自动重绘图形。注意，一些浏览器需要插件才能支持 SVG。

<svg>元素的属性及其功能说明如表 2-13 所示。

表 2-13　<svg>元素的属性及其功能说明

属　性	值	描　　述
height	pixels	设置 SVG 文档的高度
width	pixels	设置 SVG 文档的宽度
version		定义所使用的 SVG 版本
xmlns		定义 SVG 命名空间

下面应用实例说明了<svg>元素的使用，在浏览器中显示一个五角星，如图 2-11 所示。代码如下：

```
<html>
<body>
    <p>
        <svg xmlns = "http://www.w3.org/2000/svg"version = "1.1" height = "190">
            <polygon points = "100,10 40,180 190,60 10,60 160,180"
```

```
                style = "fill: lime; stroke: purple; stroke-width: 5; fill-rule: evenodd;" />
        </svg>
    </body>
</html>
```

图 2-11　代码运行效果图

2.5.8　<object><param>元素

HTML 本身的元素是有限的，特别是在 HTML5 之前的版本，开发者为了在 HTML 页面中实现多媒体应用和更复杂的客户端操作，就需要在 HTML 文档中增加各种插件对象以扩展文档的表现能力。自从 1996 年 Netscape Navigator 2.0 引入了对 QuickTime 插件的支持，插件这种开发方式为其他厂商扩展 Web 客户端的信息展现方式开辟了一条自由之路。微软公司迅速在 IE 3.0 浏览器中增加了对 ActiveX 的插件对象支持，Real Networks 公司的 Realplayer 插件也很快在 Netscape 和 IE 浏览器中取得了成功。

基于 Java 的插件对象——Java 小应用程序(Java Applet)凭借 Java 本身的跨平台性、安全性等优点，一经推出即为 Web 客户端带来革命性的影响。Java Applet 是可通过互联网下载并在浏览器展示网页时同时运行的一小段 Java 程序。在 Java Applet 中，可以实现图形绘制、字体和颜色控制、动画和声音的播放、人机交互及远程数据访问等功能。Java Applet 还可以使用抽象窗口工具箱(Abstract Window Toolkit，简称为 AWT)这种图形用户界面(GUI)工具建立标准的窗口、按钮、滚动条界面元素，其表现形式类似于传统 C/S 系统的风格。因此，Java Applet 极大丰富了 B/S 的技术手段，增强了客户端的交互性和表现形式。在 HTML 中可以使用<applet>元素嵌入 Java applet，例如下面最简单代码表示在 HTML 的当前位置插入一个固定大小的区域，其中运行"Bubbles.class"这个 Java Applet 对象：

```
<applet code = "Bubbles.class" width = "350" height = "350"></applet>
```

需要注意的是：在 HTML5 中已经不支持 Java Applet 机制及对应的<applet>元素，取而代之的是通过 Javascript 等技术达到网页交互等目的。

ActiveX 是 Microsoft 对于一系列面向对象程序技术和工具的称呼，其中主要的技术是组件对象模型(Component Object Model，COM)。在嵌入到 HTML 文档中扩展网页功能方面，ActiveX 控件的作用和 JAVA Applet 非常类似。在实际的项目开发中，是否选择在 HTML

中插入 ActiveX 控件需要考虑网站用户的操作系统环境，因为 ActiveX 只能在 Windows 环境下运行。

ActiveX 控件可由不同语言的开发工具开发，包括 Visual C++、Delphi、Visual Basic 或 PowerBuilder 等，Visual C++ 中提供的 MFC 和 ATL 这样的辅助工具可简化 ActiveX 控件的编程过程。按微软的规范要求，ActiveX 控件应具备以下几项主要的性能机制：

(1) 特性和函数(Properties & Methods)：ActiveX 控件必须提供特性的名称、函数的名称及参数。通过这种方式，控件所运行的容器(比如 IE 浏览器)可以提取和改变控件的特性参数。

(2) 事件(Events)：ActiveX 控件由事件的方式通知容器在 AC 中发生的事件，例如参数改变、用户操作等。

(3) 存储(Persistence)：容器通过这种方式通知 ActiveX 控件存储和提取信息数据。

在浏览器中下载相应的 ActiveX 控件后，必须在 Windows 的注册表数据库中注册(通常在安装过程中自动完成)才能在网页中使用。安装之后，ActiveX 控件中的代码就可以如同安装在 Windows 中的各种软件一样使用系统的硬件或文件。一方面，这显然会带来很大的安全性问题，因此多数浏览器在下载、安装和使用 ActiveX 控件时会提示用户注意风险。但另一方面，ActiveX 控件又常常被用作网上银行或支付网关 Web 系统的安全控件，以避免使用 HTML 本身那些没有特别加强安全性能的输入控件。

在 HTML 中可以使用<object>元素来嵌入和配置 ActiveX 控件对象，代码如下：

```
<html>
<body>
    <object id = "DownLoadFile"width = "335" height = "85"
        classid = "CLSID:629B036A-DC74-4BF2-A891-E7A1827E8D01">
        <param name = "IPAddress" value = "10.0.16.67">
    </object>
</body>
</html>
```

在激烈的市场竞争中，Flash 插件以其独特的优势很快成为网页中展示多媒体信息和提供丰富用户体验的主流解决方案。Flash 技术源自于 1993 由 Jonathan Gay 创建的 FutureWave 公司所开发的 Future Splash Animator 二维矢量动画展示工具。1996 年，Macromedia 公司收购了 FutureWave 公司并将其产品改名为 Flash，使得 Flash 与该公司的另外两个产品——Dreamweaver 和 Fireworks 一道成为 Web 客户机端开发的重要工具。

Flash 是一种基于矢量图像的交互式多媒体技术。矢量图像也称为面向对象的图像，它使用称为矢量的直线和曲线来描述图像。矢量图像文件中的图形元素称为对象，每个对象都可具有颜色、形状、大小和屏幕位置等属性。Flash 软件对这些对象的属性进行变化时(包括移动、缩放、变形等)，都可维持对象原有清晰度，同时也不会影响图像中的其他对象。

Flash 最初的应用主要是动画设计，其基本形式是"帧到帧动画"。动画在每一帧中都是单独的一张图片，通过每秒 20 帧以上的连续播放方式达到动画的效果。Flash 文件的扩展名为 .swf，通常文件体积很小，适合插入到 HTML 文档中在网上传播。而随着

Flash 的版本不断更新及其在网页设计中的广泛应用，基于 Flash 的流媒体格式 Flash Video(简称为 FLV)也逐渐取代 Realplayer、Media Player 等插件技术成为众多视频网站的主要技术。

在 HTML 中可以直接使用<embed>元素嵌入 Flash，也可以使用<object>元素来嵌入和配置 Flash 对象，代码分别如下：

```
<html>
<body>
    <object classid = "clsid:D27CDB6E-AE6D-11cf-96B8-444553540000"
        codebase = "http://download.macromedia.com/pub/shockwave
/cabs/flash/swflash.cab#version = 6,0,29,0"
        width = "300" height = "220">
        <param name = "movie" value = "foo.swf">
        <param name = "quality" value = "high">
        <param name = "wmode" value = "transparent">
        <embed src = " foo.swf" width = "300" height = "220" quality = "high"
            pluginspage = "http://www.macromedia.com/go/getflashplayer"
            type = "application/x-shockwave-flash" wmode = "transparent">
        </embed>
    </object>
</body>
</html>
```

Flash 与其他视频格式的一个基本区别就是 Flash 具有交互性，其交互性是通过 Action Script 实现的。ActionScript 脚本语言遵循 ECMAscript 标准，在 Flash 中实现交互、数据处理等功能。ActionScript 源代码可编译成"字节代码"，在 Flash Player 中的 ActionScript 虚拟机(AVM)中执行。

然而，随着 HTML5 标准的制定与应用，通过使用新技术(包括音频元素、视频元素、矢量图形元素、应用缓存)让浏览器直接支持相关的多媒体或交互应用，这种技术的发展趋势必然导致 Flash 等很多传统的插件技术被新的技术标准取代。

2.6　结 构 元 素

2.6.1　结构元素概览

HTML5 中支持多种结构元素来呈现文档中的各节(Sections)内容，这些结构元素包括 HTML4 中已经定义的<body>、<address>、<h1>、<h2>、<h3>、<h4>、<h5>和<h6>元素，以及 HTML5 中新定义的<article>、<section>、<nav>、<aside>、<header>和<footer>元素。

结构元素及其语义说明如表 2-14 所示。

表 2-14　结构元素及其语义说明

元素	语　义	HTML 支持版本
<body>	定义文档的主体	4、5
<h1>到<h6>	定义标题 1 到标题 6	4、5
<address>	定义文档作者或拥有者的联系信息	4、5
<article>	定义外部的内容	5
<section>	定义文档中的节。如章节、页眉、页脚或文档中的其他部分	5
<nav>	定义导航链接的部分	5
<aside>	定义 article 以外的内容，且与 article 的内容相关	5
<header>	定义文档的页眉	5
<footer>	定义文档的页脚	5

2.6.2　<body><h1><h2><h3><h4><h5><h6>元素

<body>元素包含了 HTML 文档中需要在浏览器窗口中显示的全部内容，其他的界面元素可作为<body>元素的子元素而存在。<h1>到<h6>元素定义了不同的标题信息，根据其语义，浏览器会以不同大小的字体来呈现，示例代码如下：

```
<html>
<body>
    <h1>这是标题 1</h1>
    <h2>这是标题 2</h2>
    <h3>这是标题 3</h3>
    <h4>这是标题 4</h4>
    <h5>这是标题 5</h5>
    <h6>这是标题 6</h6>
</body>
</html>
```

显示效果如图 2-12 所示。

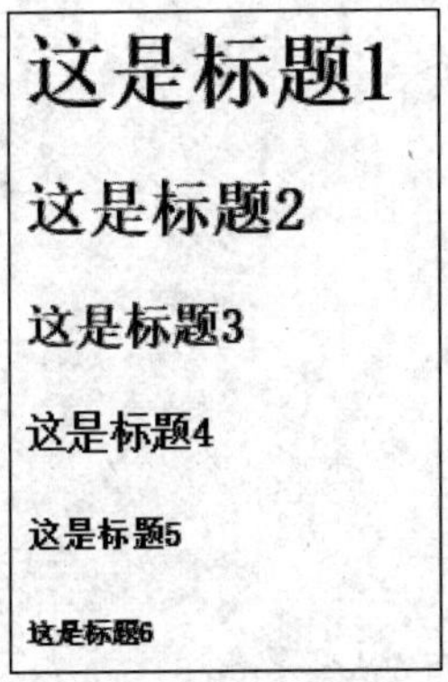

图 2-12　代码运行效果图

2.6.3 <article><section><nav><aside><header><footer>元素

在 HTML5 中新增了<article>、<section>、<nav>、<aside>、<header>、<footer>等新元素，而这些元素的作用主要体现在语义上，主要目的是增加文档的可读性和搜索引擎优化，在内容展示方面并没有特别的改变。

为了方便理解，这里将这些结构元素和 word 文档结构进行类比：<header>相当于页眉，<footer>相当于页脚，<article>相当于正文，<section>是正文中包含的各个部分(可以理解为段落或章节)，<aside>是正文的注解，而<nav>则是网站中经常使用的导航栏。典型的网页布局如图 2-13 所示。

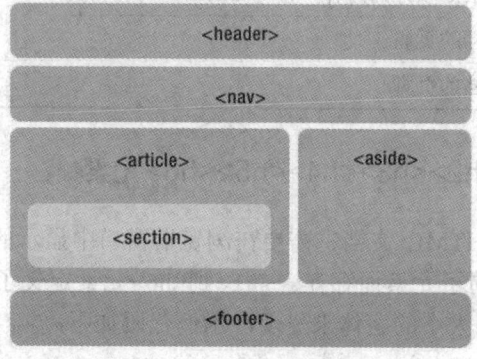

图 2-13　代码运行效果图

下面代码使用一系列结构元素设计了一个典型的网页结构：

```
<html>
<body>
    <header>
        中国文学网
    </header>
    <nav>
        <ul>
            <li>中国古典文学</li>
            <li>中国近代文学</li>
            <li>中国当代文学</li>
        </ul>
    </nav>
    <article>
        <h1>文档标题</h1>
        <p>文档内容</p>
        <aside>
            <h2>作者简介</h2>
            <p>高大，男，陕西西安人。</p>
        </aside>
```

```
    </article>
    <footer>
        <p>版权：中国文学网，2016 年</p>
    </footer>
</body>
</html>
```

　　然而，如果没有 CSS 的配合，这样的代码就不会显示出理想中的网页结构。如果只考虑网页的结构呈现，那么用 HTML4 中已经支持的<div>元素似乎更加方便。虽然<div>元素也可以将整个网页分成多个区域，并可以分别设置这些区域的位置和显示风格，但<div>元素本身并没有任何语义，或者说它的语义仅仅是"区域"或"容器"。如果单纯用<div>元素来布置网页的页眉、页脚、导航栏等区域，并不利于对网站中的一系列网页进行统一的风格设计，也不利于搜索引擎对网页内容的理解。因此，建议在 HTML5 的标准下，尽量采用带有准确语义的结构元素来进行网页区域的定义。

　　虽然 HTML5 新增了这些结构元素，但是<div>元素依然没有被弃用。在不强调语义的情况下，或为了兼容较低版本浏览器，依然可以选择<div>元素作为网页结构定义的主要方式。

2.7　编 辑 元 素

　　HTML5 中的编辑元素(Edits)包括<ins>和<del>，两者配合可以对文档进行更新和修正。表 2-15 是编辑元素及其语义说明。

表 2-15　编辑元素及其语义说明

元素	语　义	HTML 支持版本
ins	定义文档的其余部分之外的插入文本	4、5
del	定义文档中已删除的文本	4、5

编辑元素的示例代码如下：

```
<html>
<body>
    <ins datetime = "2016-03-16 00:00Z">
        <p>我喜欢吃苹果。</p>
    </ins>
    <del datetime = "2015-10-11T01:25-07:00">
        <p>我喜欢吃梨。</p>
    </del>
</body>
</html>
```

显示效果如图 2-14 所示。

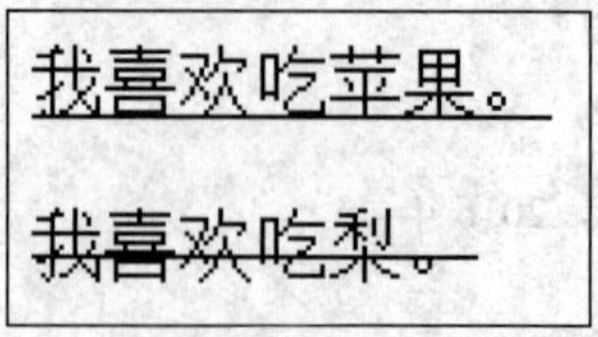

图 2-14　代码运行效果图

与结构元素类似，编辑元素的使用主要是为了强调元素的语义。虽然文本元素中 s 元素也可以在文本上标记出删除线，但<del>元素更具有"删除"的语义，其属性中还可以设置删除的原因(cite)和删除的时间(datetime)。

2.8　表单元素

2.8.1　表单元素概览

<form>元素在页面中可以产生表单，表单提供了用户与 Web 服务器的信息交互功能，是 Web 技术的要素之一。表单接受用户信息后，把信息提供给服务器，然后由服务器端的应用程序处理信息，把处理结果返给用户并向用户显示。

表单的定义元素是<form>。表单中包含<form>、<input>、<label>、<button>、<select>、<datalist>、<optgroup>、<option>、<textarea>、<keygen>、<output>、<progress>、<meter>、<fieldset>、<legend>等子元素。表单元素及其语义说明如表 2-16 所示。

表 2-16　表单元素及其语义说明

元素	语　　义	HTML 支持版本
<form>	定义供用户输入的 HTML 表单	4、5
<input>	定义输入控件	4、5
<label>	为 input 元素定义元素，响应鼠标点击	5
<button>	定义按钮	4、5
<select>	定义选择列表(下拉列表)	4、5
<datalist>	与 input 元素配合使用，定义 input 可能的值	5
<Optgroup>	定义选择列表中相关选项的组合	4、5
<option>	定义选择列表中的选项	4、5
<textarea>	定义多行的文本输入控件	4、5
<keygen>	定义用于表单的密钥对生成器字段	5
<output>	定义不同类型的输出，比如脚本的输出	5
<Progress>	定义运行中的进度	5
<meter>	定义度量衡	5
<fieldset>	将表单内的相关元素分组	4、5
<legend>	定义 fieldset 元素的其余内容的标题	4、5

2.8.2　<form>元素

<form>元素的 4 个主要属性分别是 action、method、enctype、target。例如下面的代码：

```
<form method = "post" action = "URL" enctype = "text/plain" target = "_self" ><form>
```

action 属性在<form>元素中不可缺少，该属性值指定了提交表单时对应的服务器程序地址。

method 属性指定表单中的输入数据的传输方法，它的取值是 get 或 post，默认值是 get。get 或 post 会将表单中的数据发送到 Web 服务器上，具体的方式在前面介绍的"HTTP 协议"中已给出。

enctype 属性指定表单中输入数据的编码方法，该属性在 post 方式下才有作用。默认值为 application/x-www-form-urlencoded，即在发送前编码所有字符。其他的属性值还有 multipart/form-data，即不对字符编码，在使用包含文件上传控件的表单时，必须使用该值。还可取值 text/plain，即空格转换为+加号，但不对特殊字符编码。

target 属性用来指定目标窗口的打开方式，取值及显示方法与超链接元素中的 target 属性相同。

2.8.3　<input>元素

<input>元素定义输入控件，用来搜集用户信息。<input>元素的属性及其功能说明如表 2-17 所示。

表 2-17　<input>元素的属性及其功能说明

属性	功　能	属性	功　能
name	定义输入控件的名称	max	规定可填写的最大值
type	指定控件的类型，默认值是 text	min	规定可填写的最小值
maxlength	规定控件允许输入的字符的最大长度	step	规定数据的步长
minlength	规定控件允许输入的字符的最小长度	list	列出输入的选项
size	规定控件输入域的大小	placeholder	给出文本框的占位字符串，可实现文本框水印效果
readonly	规定用户是否可以修改其中的值	checked	提供复选框和单选按钮的初始状态
required	规定是否是必填信息	value	提供控件输入域的初始值
multiple	规定是否可以填写多个值	src	定义以提交按钮形式显示的图像的 URL
pattern	定义用户输入的字符串模板		

在<input>元素的一系列属性中，type 属性值无疑是最重要的。根据不同的 type 属性值，输入字段拥有很多种形式。

<input>元素的属性 type 的取值及其意义如表 2-18 所示。

表 2-18 <input>元素的属性 type 的取值及其意义

值	功　　能
hidden	隐藏的输入字段，把表单中的一个或多个组件隐藏起来
text	单行的输入文本框，接受任何形式的输入，默认宽度为 20 个字符
tel	电话号码输入
url	网络地址 URL 输入
email	电子邮件地址输入
password	密码字段，该字段中的字符用*替代
date	日期输入
time	时间输入
number	数字输入
range	范围输入
color	颜色输入
checkbox	复选框，提供多项选择
radio	单选按钮，提供单项选择
file	文件上传
submit	提交按钮，单击提交按钮会把表单数据发送到服务器上
image	图像形式的提交按钮，单击图像，发送表单信息提交到服务器上
reset	重置按钮，把表单中的所有数据恢复为默认值
button	可点击按钮，可用于创建提交按钮、复位按钮和普通按钮

下面的示例代码给出了多种 type 取值所体现出的不同输入形式，包括普通的文本、密码、日期、时间、范围、复选、单选、文件上传、数据提交和重置按钮等：

```
<html>
<body>
    <form method = "post" action = "travel.jsp">
        请输入姓名：<input type = "text" name = "textname" size = "12" maxlength = "6" />
        <br />
        请输入密码：<input type = "password" name = "passname" size = "12" maxlength = "6" />
        <br />
        上传的文件：<input type = "file" name = "filename" size = "12" maxlength = "6" />
        <br />
        请选择旅游城市，可多选
        <input type = "checkbox" name = "复选框 1">北京
        <input type = "checkbox" name = "复选框 2">上海
        <input type = "checkbox" name = "复选框 3">西安
```

```
<input type = "checkbox" name = "复选框 4">杭州<br />
请选择付款方式
<input type = "radio" name = "支付方式" id = "card" checked = "checked">
<label for = "card">信用卡</label>
<input type = "radio" name = "支付方式" id = "cash">
<label for = "cash">现金</label>
<br />
出发日期<input type = "date" />
出发时间<input type = "time" />
<br />
<input type = "reset" name = "复位按钮" value = "复位">
<input type = "submit" name = "提交按钮" value = "确定">
<input type = "button" name = "close" value = "关闭当前窗口" onclick = "window.close()">
</form>
</body>
</html>
```

从下面的显示结果可以看出：虽然都是<input>元素，却呈现出不同的形态，即密码不会被直接显示出来；当用户点击出发时间和日期的输入框时，会弹出选择项，范围可通过点击和拖曳的方式输入；复选框和单选框只能接受用户的点击；点击“浏览”按钮会让用户选择上传文件的位置；点击“确定”按钮会将数据传送到服务器上，而点击“复位”按钮则会将之前输入的数据全部恢复为缺省值。上述代码在浏览器中的运行结果如图 2-15 所示。

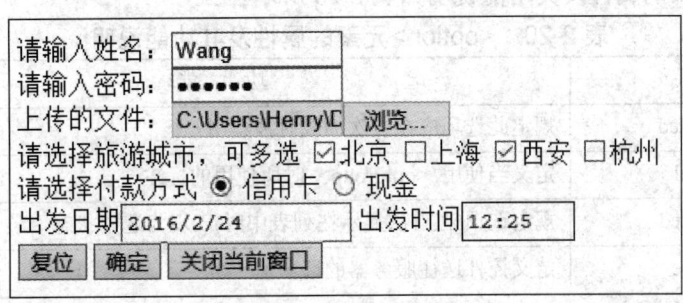

图 2-15　代码运行效果图

在图 2-15 中，travel.jsp 接收了该页面发来的信息，根据用户所填信息，做出判断。单击“关闭当前窗口”时浏览器会弹出一个关闭警告窗口，让用户选择是否关闭。

与 text 类型的<input>元素类似，<textarea>元素也允许用户进行文本的输入。不同的是，<textarea>元素定义了多行的文本输入控件。语法为

　　<textarea cols = " 文本宽度" rows = "文本区行数">文本区中初始显示的值</textarea>

文本区中可容纳无限数量的文本，可以通过 cols 和 rows 属性来规定 textarea 的尺寸。读者可以自己尝试<textarea>元素的用法和显示效果。

2.8.4　<select>元素

<select>元素可以定义下拉式列表框和滚动式列表框。当提交表单时，浏览器会提交选定的项目，或者收集用逗号分隔的多个选项，将其合成一个单独的参数列表。在将<select>表单数据提交给服务器时，同时还包括了<select>元素的 name 属性值。

<select>元素的属性及其功能说明如表 2-19 所示。

表 2-19　<select>元素的属性及其功能说明

属性	功　　能
disabled	规定禁用该下拉列表，被禁用的下拉列表既不可用，也不可点击。可以使用 JavaScript 来清除 disabled 属性，以使下拉列表变为可用状态
multiple	规定可选择多个选项
name	规定下拉列表的名称
size	规定下拉列表中可见选项的数目

<select>元素的语法如下所示：

```
<select name = "下拉列表名称" size = "下拉列表显示的条数">
    <option value = "控件的初始值" selected = "selected"> 选项描述</option>
    <option value = "控件的初始值">选项描述</option>
</select>
```

使用<select>元素定义下拉列表框时，由<option>元素定义列表框的各个选项。<option>元素位于<select>元素内部。一个<select>元素可以包含多个<option>元素。<option>元素要与<select>元素一起使用，否则元素是无意义的。

<option>元素的属性及其功能说明如表 2-20 所示。

表 2-20　<option>元素的属性及其功能说明

属性	功　　能
disabled	规定此选项应在首次加载时被禁用
label	定义当使用 <optgroup> 时所使用的标注
selected	规定选项(在首次显示在列表中时)表现为选中状态
value	定义控件送往服务器的选项值

<optgroup>元素用于定义选项组，当使用一个长的选项列表时，对相关的选项进行组合会更加容易处理。<optgroup>元素的 lable 属性可以为选项组显示一个描述性文本，代码如下：

```
<html>
<body>
    <select>
        <optgroup label = "初中">
            <option value = "初一">初一</option>
            <option value = "初二">初二</option>
            <option value = "初三">初三</option>
```

```
        </optgroup>
        <optgroup label = "高中">
            <option value = "高一">高一</option>
            <option value = "高二">高二</option>
            <option value = "高三">高三</option>
        </optgroup>
    </select>
</body>
</html>
```

　　值得一提的是，使用<input>元素的 list 属性再配合<datalist>和<option>元素，也可以实现类似<select>元素的下拉框选择效果，代码如下：

```
<html>
<body>
    <form method = "post" action = "travel.jsp">
        <input list = "cars" />
        <datalist id = "cars">
            <option value = "BMW" label = "BMW">
            <option value = "Ford" label = "Ford">
            <option value = "Volvo" label = "Volvo">
        </datalist>
    </form>
</body>
</html>
```

　　上述两段代码在浏览器中的运行结果如图 2-16 所示，左图使用了<input>元素，右图使用了<select>元素。

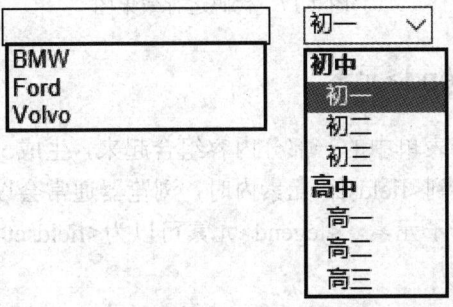

图 2-16　代码运行效果图

　　通过实际运行的两个代码可以看出：虽然两者的显示效果相似，但最大的区别是：<input>元素中的选项只是方便用户输入的手段，用户可以不必选择其中的选项而直接输入其他的数据；<select>元素中的选项是用户唯一的选择范围，用户不能填写其他数据。因此在实际的开发中选用哪种方式要根据用户需求和业务逻辑来确定。

2.8.5 <progress><meter>元素

<progress>和<meter>是在 HTML5 中新增的元素。<progress>元素可以用来显示正在执行的状态或进度情况，配合 JavaScript 程序，可以控制<progress>元素中的 value 属性，以精确地显示进展情况。<meter>元素可以以直方图的形式显示值的大小。为了实现以直方图形式显示，除了需要通过 value 属性给出具体的数值，还需要通过 min 和 max 属性给出该直方图的最小值和最大值，以便可以按比例进行显示。min 和 max 属性的缺省值为 0 和 1。下面的代码给出了<progress>和<meter>的使用方法：

```
<html>
<body>
    下载进度：
    <progress value = "22" max = "100"></progress>
    <p><progress /></p>
    <p>显示度量值：</p>
    <meter value = "3" min = "0" max = "10">3/10</meter><br>
    <meter value = "0.6">60%</meter>
</body>
</html>
```

代码的运行结果如图 2-17 所示。

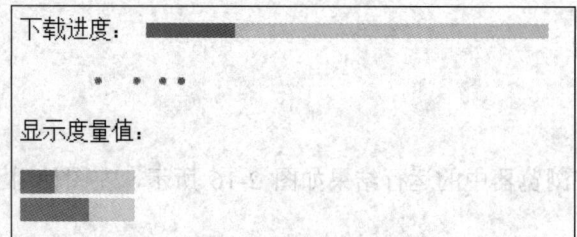

图 2-17　代码运行效果图

2.8.6 <fieldset><legend>元素

<fieldset>元素可以将表单中的一部分内容组合起来，生成一组相关表单的字段。当一组表单元素作为子元素放到<fieldset>元素内时，浏览器通常会以加上边框的方式显示。作为<fieldset>元素的第一个子元素，<legend>元素可以为<fieldset>元素加上标题。示例代码如下：

```
<html>
<body>
    <fieldset>
        <legend>健康信息：</legend>
        <form>
            <label>身高：<input type = "text" /></label>
```

```
            <label>体重：<input type = "text" /></label>
        </form>
    </fieldset>
</body>
</html>
```

代码的显示效果如图 2-18 所示。

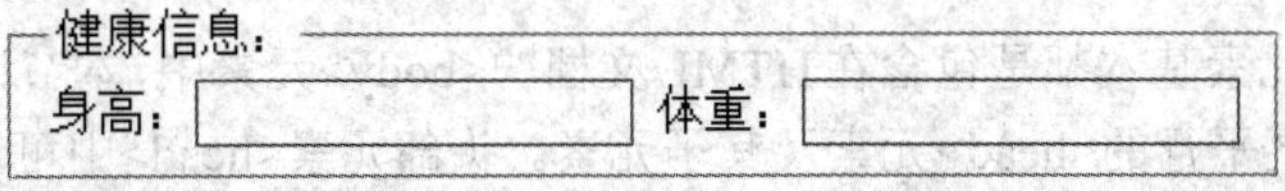

图 2-18　代码运行效果图

2.8.7　<script><noscript><template><canvas>元素

<script>元素中可以嵌入脚本程序，HTML5 中脚本程序是用 JavaScript 语言书写的；若浏览器不支持脚本程序的执行，则会显示<noscript>元素中的内容。<template>元素中可以定义前端模板，通过 JavaScript 代码进行调用。<canvas>元素用来绘制 2D 图形，这与 SVG 的作用相似；不同的是：<canvas>元素的绘图机制依赖于分辨率、不支持事件处理器，但可以按照像素重新生成。<canvas>元素也需要 JavaScript 代码的支持。

关于脚本语言 JavaScript 的语法及程序设计方式将在后面章节中详细阐述，本节只讨论<canvas>元素的使用方法。

画布元素<canvas>是为了客户端矢量图形而设计的。它本身没有封装行为，而是通过 JavaScript 语言制作脚本程序把图形绘制到画布上。<canvas>元素用来定义图形，如图表和其他图像。该元素属性及其功能说明如表 2-21 所示。

表 2-21　　<canvas>元素的属性及其功能说明

属性	值	描　　述
height	pixels	设置 canvas 的高度
width	pixels	设置 canvas 的宽度

下面应用实例说明了<canvas>元素的使用，在浏览器中显示一个红色的矩形，代码如下：

```
<html>
<body>
    <canvas id = "myCanvas"></canvas>
    <script>
        var canvas = document.getElementById('myCanvas');
        var ctx = canvas.getContext('2d');
        ctx.fillStyle = '#FF0000';
        ctx.fillRect(0, 0, 80, 100);
    </script>
</body>
</html>
```

关于使用 JavaScript 在<canvas>元素中绘图的更多例子将在后面的章节中给出。

2.9 头 部 元 素

2.9.1 头部元素概览

前面讨论的元素基本都是包含在 HTML 文档的<body>元素中,本节讨论的是在<body>元素之前,并与之平行的<head>元素及其子元素。头部元素<head>中可以包含多个元素用来描述脚本、链接样式表、提供元信息等,这些信息虽然不能直接在页面上展示,但对于文档的说明、可读性和搜索引擎优化等方面至关重要。<head>元素的子元素包括<title>、<base>、<link>、<meta>和<style>等。头部元素及其语义说明如表 2-22 所示。

表 2-22 头部元素及其语义说明

元素	语　　义	HTML 支持版本
<head>	所有头部元素的容器	4、5
<title>	定义了 HTML 文档的标题	4、5
<base>	描述了页面中所有超链接的默认超链接基地址(用 href 属性指定)和默认目标(用 target 属性指定)	4、5
<link>	定义 HTML 文档和外部资源的关系	4、5
<meta>	给出 HTML 文档的元数据	4、5
<style>	定义样式定义	4、5

2.9.2 <head><title><base>元素

<title>元素定义了 HTML 文档的标题,它的功能包括:该标题将显示在浏览器的标题条中;当用户将该页面加入到收藏夹时将默认使用该标题;很多搜索引擎在显示搜索结果时会将该标题作为页面标题。

<base>元素描述了页面中所有超链接的默认基地址(用 href 属性指定)和默认目标(用 target 属性指定)。假如文档中有指向 a.htm 的超链接,那么浏览器将会到 /a.htm 这一地址中下载相应文件,随后将会(根据 target = "_blank")开辟新的浏览器窗口并显示该网页,其代码如下:

```
<html>
<head>
    <title>Title of the document</title>
    <base href = "http://www.foo.com/htm/" />
    <base target = "_blank" />
</head>
<body>
    The content of the document...
</body>
```

```
</html>
```

2.9.3　<link><style>元素

<link>元素用来定义 HTML 文档和外部资源的关系，通常用来声明 HTML 所引用的 CSS 文档。例如下面的代码中链接了一个名为 mystyle.css 的文档：

```
<head>
    <link rel = "stylesheet" type = "text/css" href = "mystyle.css" />
</head>
```

除了链接，在 HTML 中还可以直接嵌入 CSS 样式代码。下例中使用<style>元素来完成这一任务：

```
<head>
    <style type = "text/css">
        body { background-color: yellow; }
        p { color: blue; }
    </style>
</head>
```

关于 CSS 更详细的说明将在后面章节中专门讨论。

2.9.4　<meta>元素

<meta>元素可以给出 HTML 文档的元数据(metadata)，但元数据不能在网页中显示，只能被浏览器、搜索引擎等程序解析和应用。通过元数据给出了页面的简述、关键词、作者、字符集等信息，代码如下：

```
<head>
    <meta name = "description" content = "Free Web tutorials" />
    <meta name = "keywords" content = "HTML,CSS,XML,JavaScript" />
    <meta name = "author" content = "Hege Refsnes" />
</head>
```

<meta>元素所给出的网页元数据对于用搜索引擎判断网页类型、内容很有帮助。

2.10　HTML 中的颜色设置

HTML 中的颜色是由红(Red)、绿(Green)、蓝(Blue)三种颜色的值组合而成的。RGB 中三个颜色的值分别都可以从 0(十六进制记作 #00)到 255(十六进制记作 #FF)，所以可以组合出 16777216(256 x 256 x 256)种颜色。比如，红色为#FF0000，黄色为#FFFF00，黑色为#000000，白色为#FFFFFF。

在 HTML 标准中，有许多种颜色还可以直接用颜色名称表示，比如 aqua、black、blue、gray、green、purple、red、white 和 yellow 等。

下列代码用三种不同的颜色表示方式给文字加上了黄色的底色。

```
<html>
<body>
    <p style = "background-color: #FFFF00">
        Color set by using hex value
    </p>
    <p style = "background-color: rgb(255,255,0)">
        Color set by using rgb value
    </p>
    <p style = "background-color: yellow">
        Color set by using color name
    </p>
</body>
</html>
```

需要注意的是，虽然在网页设计中可以使用多达一千六百多种颜色，但颜色的运用并非越多越好，网页中的颜色的选择需要根据网站的内容和风格来确定。

2.11　绝对路径与相对路径

图文并茂的网页通常是由一个 HTML 文件和一系列其他文件构成的，包括 CSS 文件、JS 文件、图像文件、声音文件、视频文件、Flash 文件等，另外，超链接的指向通常也是一个具体的 HTML 文件。浏览器在解析 HTML 文件时必须能够明确地知道这些文件的地址，因此我们可以使用 URL 的绝对路径来说明文件的位置，例如：

```
<link rel = "stylesheet" type = "text/css" href = " http://www.foosite.com/css/mystyle.css" />
<img src = " http://www.foosite.com/img/pulpit.jpg" alt = "Pulpit rock"/>
<a href = "http://www.foosite.com/htm/sample/hello.htm">Hello!</a>
```

上述的代码语法正确，也能达到预定的效果，但却不符合软件工程的要求。网站在设计开发和运行维护的过程中需要不断进行适当修改，甚至可能会整体迁移(从一个域名变为另外一个域名)。在这类情况下，绝对路径的缺点会非常明显，不便于系统的开发和维护。因此，在同一个网站中更多的是采用相对路径来描述文件的引用。

相对路径的描述方式分为以下几种情况：

(1) 如果该 HTML 文档和被引用的文档在同一个目录下，则直接写引用文件名即可。

(2) 如果被引用的文档是在该 HTML 文档的下一级目录下，则使用在之前加入子目录的名称即可。例如 "img/abc.jpg"。

(3) 如果被引用的文档是在该 HTML 文档的上一级目录下，则可使用 ".." 来说明。例如 "../abc.htm"。

如果当前的 HTML 文件的绝对路径为：http://www.foosite.com/htm/abc.htm，则本节中前面列举的几个绝对路径的描述可改为如下相对路径：

```
<link rel = "stylesheet" type = "text/css" href = " ../css/mystyle.css" />
<img src = "../img/pulpit.jpg" alt = "Pulpit rock"/>
<a href = "sample/hello.htm">Hello!</a>
```

还有一种路径的声明方式是从网站的根目录开始的，以"/"开头来描述。例如 http://www.foosite.com 就是网站的根目录。这样，上述的例子还可写为

```
<link rel = "stylesheet" type = "text/css" href = "/css/mystyle.css" />
<img src = "/img/pulpit.jpg" alt = "Pulpit rock"/>
<a href = "/htm/sample/hello.htm">Hello!</a>
```

这种方式的好处在于，文件的引用不受该 HTML 文件本身路径的影响，便于开发和维护。

思 考 题

1. HTML 是一种计算机语言，它与同样也是计算机语言的 C 语言等有什么本质的不同？

2. 相对之前的标准，HTML5 的主要变化有哪些？

3. 表格元素在页面设计中非常重要，特别是在商业系统中的数据展示方面尤为适中。分别说明<table>、<tr>、<td>元素的功能。

4. 超链接元素中可以设置 target 属性，分别描述 target 属性的不同取值及功能。

5. HTML 中支持插入的图像文件格式主要有哪些，它们各有什么特点？

6. 在不同的浏览器中测试图像文件格式对 HTML5 音频、视频元素的支持情况，测试音频和视频的编码要求。

7. 试用<iframe>元素在网页中嵌入你所在地区的天气情况。提示：可以在互联网中先找到可以正常显示的小型天气页面，然后将其嵌入。

8. 在什么样的情况下会使用<select>元素？编写代码完成单选和多选的功能。

9. <div>元素常常用来进行页面的布局设计，试应用<div>元素模仿设计一个门户网站(比如新浪或网易等)的页面布局。

10. 分别应用绝对路径和相对路径方式的超链接设计两个页面，并让它们相互指向。

第 3 章　层叠样式表 CSS

【学习提示】

很多网站开发者说，网站设计不光是技术问题，同时也是艺术问题。这个说法很有道理，因为一个网站是否能够被用户接受，它的色彩搭配、结构布局、动态效果等都是非常重要的。CSS 正是负责在网页中设置颜色、布局和效果的，因此很多人认为精通 CSS 就可以让网站在视觉上达到很高的水平。另一方面，CSS 是技术层面的知识，并不能提高开发者的艺术水平，网站的设计还是需要美编人员的直接参与。一旦网站的颜色、布局和效果被设计出来，CSS 就可以隆重登场来进行编码实现。因此可以说，审美的能力是"思想力"，CSS 技术是"执行力"。

CSS 技术符合软件工程的原则，它的产生和应用直接提升了网站的开发效率。越是大型的网站，越重视 CSS 的设计和开发。

3.1　CSS 简介

层叠样式表(Cascaing Style Sheet，CSS)是 W3C 组织所拟定出的一套标准的样式语言规范。

HTML 的主要功能就是以丰富的样式显示各种内容，而有限的 HTML 元素无法满足不断增加的样式需求。这一矛盾的解决方式是在 HTML 之外增加样式表，以描述复杂的网页显示方式。

自从 1990 年代初，HTML 开始应用就出现了各种形式样式表。不同的浏览器结合各自的样式语言让读者来调节网页的显示方式。1994 年，Hakon Wium Lie 提出了 CSS 的最初建议，而此时 Bert Bos 正在设计名为 Argo 的浏览器，他们决定一起合作设计 CSS。与之前的样式语言不同，CSS 是第一个含有"层叠"特性的样式语言。Hakon 于 1994 年第一次公开展示了 CSS 的解决方案，此方案很快被 W3C 所采纳，并由 Hakon 等人作为项目的主要技术负责人开展更加深入的研发工作。1996 年底完成了 CSS 1 的制定，1998 年完成 CSS 2 的制定。目前，越来越多的浏览器和网站开始支持 CSS 3 标准。

随着 CSS 技术技术的使用，HTML 页面真正"活动"了起来。各种浏览器都不断增加和改善对 CSS 的支持。1997 年，Microsoft 发布了 IE 4.0，并将动态 HTML 元素、CSS 和动态对象模型(DHTML Object Model)发展成了一套完整、实用、高效的客户端开发技术体系，Microsoft 称其为 DHTML。而在 HTML 5 中，一些纯粹用作显示效果的元素将取消，因为它们显示效果的工作更适合由 CSS 来担任。

作为一种用于网页展示的样式语言，CSS 增加了更多的样式定义方式来辅助 HTML 语言。定义 CSS 样式表，只要设定某种元素(如：表格、背景、连结、文字、按钮、滚动条等)的样式，各网页相同种类的元素将会呈现出相同的风格。这种方式不仅加快了网站开发的进度，而且便于建立一个风格统一的网站。

CSS 的定义可以直接放在 HTML 元素中，称为内联样式。其形式如下：

```
<p style = "color:sienna;margin-left:20px">This is a paragraph.</p>
```

CSS 的定义也可以放在 HTML 文件的<style>元素中，称为内部样式表。其形式如下：

```
<head>
    <style>
        body {
            background-color: yellow;
        }
    </style>
</head>
```

CSS 的定义也可以独立地保存在一个扩展名为 .css 的文件中，通过链接的方式包含入网页中，称为外部样式表。其形式如下：

```
<head>
    <link rel = "stylesheet" type = "text/css" href = "foo.css">
</head>
```

3.2 选 择 符

一条 CSS 规则中包括两个部分：一个选择符(selector)和一个或多个描述(declaration)，描述之间用分号隔开。每一个描述中又包含属性名(property)和属性值(value)，语法如下：

```
selector {property:value; property:value; ....}
```

下面的 CSS 规则中声明了段落元素<p>的显式方式，包括文本居中、黑色、arial 字体。CSS 中的注释在 “/*” 和 “*/” 之间。

```
p {
    text-align: center;
    color: black;
    font-family: arial;
}
```

在这个例子中，p 是选择符，text-align、color 和 font-family 是属性，这些属性分别被设置了相应的属性值。

1. 类选择符

选择符可以是一种 HTML 元素，例如 “p”、“table” 等，这些可以看做是 HTML 预定义的类。例如下面的 CSS 规则：

```
body {background: #fff; margin: 0; padding: 0; }
p { color: #ff0000; }
```

应用了上述 CSS 的 HTML 文档中所有的\<body>元素(虽然只可能有一个)和所有的\<p>元素都将无需声明而自动遵守上述的 CSS 规则。

2. 子类选择符

选择符可以是一种 HTML 元素的一部分实例，可以理解为基于该类元素（基类）的一个子类。例如下面的 CSS 规则：

td.fancy {background: #666;}

p.rchild {text-align: right}

HTML 应用上述 CSS 规则时，必须声明元素的 class 为某个子类。例如下面代码：

\<td class = "fancy">ABC\<td>

\<p class = "rchild">p 标记中的内容\</p>

如果在定义子类时没有给出基类的名称，则可认为它是任何基类的子类。例如下面的 CSS 规则：

.cchild {text-align: center}

3. 嵌套类选择符

选择符可以是根据元素之间的嵌套关系而确定的类，嵌套关系也可以理解为上下文关系。例如下面的 CSS 规则和相应的 HTML 代码：

td a{ text-align: center;}

\<table border = "1">

    \<tr>

        \<td>\<a href = "a.htm">File A\</a>\</td>

        \<td>\<a href = "b.htm">File B\</a>\</td>

    \</tr>

\</table>

\<a href = "c.htm">File C\</a>

上述 CSS 规则意味着：只有在单元格中的超链接才会应用文字居中的样式，而其他的超链接则会忽略这一规则。

4. id 选择符

选择符可以是 HTML 文档中的一个特定元素，例如用"id"属性标识的某一个段落，这些可以看做是 HTML 元素类的实例对象。例如下面的 CSS 规则和相应的 HTML 代码：

#red {color:red;}

#green {color:green;}

\<p id = "red">这个段落是红色。\</p>

\<p id = "green">这个段落是绿色。\</p>

id 属性为 red 的 p 元素显示为红色，而 id 属性为 green 的 p 元素显示为绿色。

5. 伪类与伪元素选择符

CSS 伪类(Pseudo-class)用于向某些选择器添加特殊的效果。使用伪类选择符的语法如下：

```
selector:pseudo-class {property:value;}
```
常用的 CSS 伪类及其描述如表 3-1 所示。

表 3-1　常用的 CSS 伪类及其描述

伪　类	描　　　述
:active	向被激活的元素添加样式
:hover	当鼠标悬浮在元素上方时，向元素添加样式
:link	向未被访问的链接添加样
:visited	向已被访问的链接添加样式

下面的代码给出了伪类用于超链接的显式效果，在不同的状态下超链接的颜色不同：

```
<html>
<head>
    <style type = "text/css">
        a:link { color: #FF0000; }      /* 未访问的超链接 */
        a:visited { color: #00FF00; }     /* 已访问的超链接*/
        a:hover { color: #FF00FF; }      /* 鼠标位于超链接之上 */
        a:active { color: #0000FF; }     /* 鼠标在超链接上按键 */
    </style>
</head>
<body>
    <a href = "default.jsp">这是一个由伪类装饰的超链接</a>
</body>
</html>
```

与伪类相似，伪元素(Pseudo element)也用于向某些选择器添加特殊的效果。常用的 CCS 的伪元素及其描述如表 3-2 所示。

表 3-2　常用的 CSS 伪元素及其描述

属性	描　　　述
:first-letter	向文本的第一个字母添加特殊样式
:first-line	向文本的首行添加特殊样式
:before	在元素之前添加内容
:after	在元素之后添加内容

下面为伪元素用于设定首字母(或第一个汉字)的代码，显式效果如图 3-1 所示。

```
<html>
<head>
    <style type = "text/css">
        p:first-letter {
            color: #ff0000;
```

```
        font-size: xx-large;
      }
    </style>
  </head>
  <body>
    <p>伪类用于首字母的显式效果，第一个字符将显示为红色大字。</p>
  </body>
</html>
```

伪元素的显示效果如图 3-1 所示。

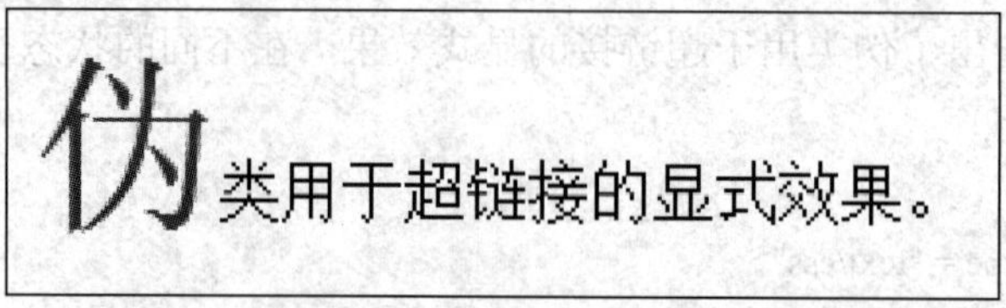

图 3-1 伪元素的显示效果

6. 选择符分组

如果需要将多个类或 id 设置成相同的样式，我们就可以对多个选择符进行分组设置。被分组的选择符用逗号隔开，共享相同的声明。下面的例子中所有的标题元素都会以绿色显示，段落和表格中的字体也被一起设定为 9pt 大小。

```
h1,h2,h3,h4,h5,h6 { color: green; }
p, table{ font-size: 9pt }
```

3.3 CSS 的层叠性与优先次序

CSS 允许以多种方式规定样式信息，包括内联样式、内部样式表、外部样式表等。如果在同一个 HTML 文档内部以不同的方式应用了多个 CSS 的定义，且对同一个 HTML 元素存在不止一次样式定义，那么浏览器会使用哪个样式呢？通常，这些来源不同的样式将根据一定的优先规则层叠于一个虚拟样式表中，且其优先顺序从高到低为

- 内联样式(在 HTML 元素内部定义样式)
- 内部样式表(在 HTML 文档头部<style>元素中定义样式)
- 外部样式表(在 HTML 文档头部<link>元素中链接 CSS 文件)
- 浏览器默认设置(每个浏览器都对各种元素有默认的显示样式)

需要注意的是，虽然内联样式拥有最高的优先权，但在开发中尽量不要采用这种方式，因为分散在 HTML 文档中各元素内部的样式定义不便于维护和更改。

HTML 元素之间可以嵌套，比如 table 元素中可以直接嵌套 tr 元素、间接嵌套 td 元素。被嵌套的元素都可以称为子元素，而子元素在多数浏览器中会继承父元素的样式。比如对 table 的字体进行了设置，则每个 td 中的字体也都会随这种样式显示，除非 td 元素自己有不同的设置。

对于某一个 HTML 元素，如果多个选择符都对它进行了样式说明，浏览器则将根据一定的优先次序决定最终的样式。多数浏览器支持的选择符优先次序从高到低为：id 选择符、子类选择符、类选择符。例如下面的代码：

```
<html>
<head>
    <style type = "text/css">
        p { color: #FF0000; }
        .blue { color: #0000FF; }
        #yellow { color: #FFFF00; }
    </style>
</head>
<body>
    <p class = "blue" id = "yellow">根据优先次序，文件将以黄色显示。</p>
</body>
</html>
```

根据选择符的层叠性，在实际的开发中常常先使用类选择符来大范围设置样式，然后使用子类选择符来设置小部分元素的样式，最后再使用 id 来针对个别元素进行特别设置。这种"从一般到特殊"的顺序非常便于开发和维护。

3.4　常用属性及其应用实例

3.4.1　CSS 文本属性

在 CSS 中，文本属性可定义文本的外观，如，改变文本的颜色、对齐文本、装饰文本、对文本进行缩进等，主要包括 text-indent、text-align、word-spacing、letter-spacing、text-transform、text-decoration、white-space、direction 等。CSS 文本属性及其描述如表 3-3 所示。

表 3-3　CSS 文本属性及其功能描述

属　　性	描　　述
color	设置文本的颜色
text-indent	规定文本块首行的缩进
text-align	对齐元素中的文本
word-spacing	设置字间距
letter-spacing	设置字符间距
text-transform	控制元素中的字母
text-decoration	向文本添加修饰
white-space	设置元素中空白的处理方式
direction	设置文本方向

  text-indent 属性可以实现 web 页面上段落的第一行缩进一个给定的长度，该长度甚至可以是负值。下面的规则会使所有段落的首行缩进 5em：p{text-indent: 5em;}。该属性可以应用在所有块级元素中，但无法应用于行内元素和图像之类的替换元素。当缩进的长度是负值时，可以实现很多有趣的效果，比如"悬挂缩进"，即第一行悬挂在元素中余下部分的左边。此时为了避免出现因为设置负值而导致首行的某些文本超出浏览器窗口的左边界这种显示问题，建议针对负缩进再设置一个外边距或一些内边距：p {text-indent: -5em; padding-left: 5em;}。

  letter-spacing 属性与 word-spacing 的区别在于，前者修改的是字符或字母之间的间隔，后者修改的是字(单词)之间的标准间隔。

  text-transform 属性处理文本的大小写。这个属性有 4 个值：none、uppercase、lowercase、capitalize。默认值 none 对文本不做任何改动，将使用源文档中的原有大小写。顾名思义，uppercase 和 lowercase 将文本转换为全大写和全小写字符。最后，capitalize 只对每个单词的首字母大写。

  text-decoration 有 5 个值：none、underline、overline、line-through、blink。其中，underline 会对元素加下划线，就像 HTML 中的 U 元素一样。overline 的作用恰好相反，会在文本的顶端画一个上划线。line-through 则在文本中间画一个贯穿线，等价于 HTML 中的 S 和 strike 元素。blink 会让文本闪烁，类似于 Netscape 支持的颇招非议的 blink 标记。

  white-space 属性会影响到用户代理对源文档中的空格、换行和 tab 字符的处理。从某种程度上讲，默认的 XHTML 处理已经完成了空白符处理：它把所有空白符合并为一个空格。

  direction 属性可以用来设定块级元素中文本的书写方向、表格中列的布局方向、元素框中内容的方向等。

  结合以上常用属性，可以实现文本的特殊效果，代码如下：

```
<html>
<head>
    <style type = "text/css">
        p { line-height: 0.5;     text-indent: 1cm; }
        h1 {    text-decoration: overline;    }
        h2 {    text-decoration: line-through;    }
        h3 {    text-decoration: underline;    }
        h4 {    text-decoration: blink;    }
        h5 {    letter-spacing: 20px;    }
    </style>
</head>
<body>
    <p>清明
        <h5>作者：杜牧</h5>
        <h1>清明时节雨纷纷，</h1>
        <h2>路上行人欲断魂。</h2>
```

```
<h3>借问酒家何处有，</h3>
        <h4>牧童遥指杏花村。</h4>
    </p>
</body>
</html>
```

上述代码运行效果如图 3-2 所示。

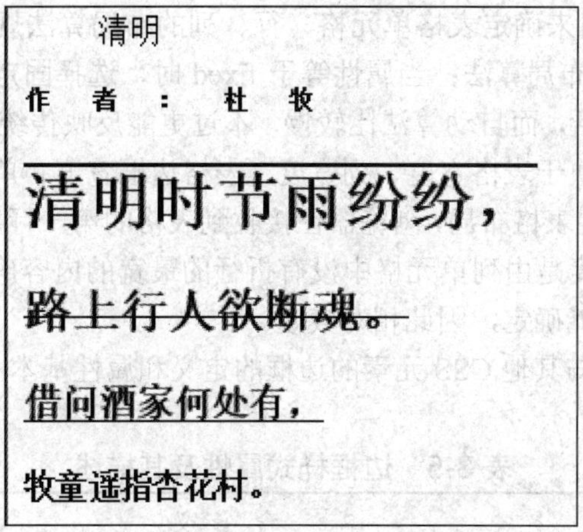

图 3-2　CSS 文本属性效果图

3.4.2　CSS 表格属性

CSS 样式表中允许设置表格的属性，以确定表格的布局。与表格有关的特有属性有 border-collapse、border-spacing、caption-side、empty-cells、table-layout。CSS 表格属性及其如表 3-4 所示。

表 3-4　CSS 表格属性及其描述

属　性	描　述
border-collapse	设置是否把表格边框合并为单一的边框
border-spacing	设置分隔单元格边框的距离
caption-side	设置表格标题的位置
empty-cells	设置是否现实表格中的空单元格
table-layout	设置显示单元，行和列的算法

border-collapse 属性可以确定表格的边框是否被合并为一个单一的边框。参数的可选值为 separate、collapse 和 inherit。当参数值为 separate 时，表格各部分的边框将分开显示，同时浏览器不会忽略对 border-spacing 和 empty-cells 属性的设置。当参数值为 collapse 时，边框会合并为一个单一的边框，同时浏览器会忽略对 border-spacing 和 empty-cells 属性的设置。当参数值为 inherit 时，意味着属性将从父元素的 border-collapse 属性继承属性值。

border-spacing 属性可以确定相邻单元格的边框间的距离。通过指定两个长度值，可以分别定义水平间隔和垂直间隔。虽然这个属性只应用于表格元素,但可以被表格中的所有元素继承。

caption-side 属性可以确定表格标题的位置。当属性等于默认值 top 时,表格标题定位在表格最上面,当属性等于 bottom 时,表格标题定位在表格最下面。

empty-cells 属性可以确定是否显示表格中的空单元格。当属性等于默认值 show 时,表格在空单元格周围绘制边框,当属性等于 hide 时,不在空单元格周围绘制边框。

table-Layout 属性用来确定表格单元格、行、列的布局算法规则。当属性等于默认值 automatic 时,选择自动布局算法;当属性等于 fixed 时,选择固定布局算法。固定布局算法比较快,但是不太灵活,而自动算法比较慢,不过更能反映传统的 HTML 表格。在固定布局中,水平布局仅取决于表格宽度、列宽度、表格边框宽度、单元格间距,与单元格的内容无关。通过使用固定表格布局,浏览器在接收到表格的第一行数据后就可以显示表格。在自动布局中,列的宽度是由列单元格中没有折行的最宽的内容确定的,需要当表格中所有的行都传输完毕后才能确定,因此相对较慢。

CSS 中表格的边框与其他 CSS 元素的边框的定义和属性基本一致。边框样式属性及其描述如表 3-5 所示。

表 3-5　边框样式属性及其描述

属性	含　义
none	默认值,无边框,不受任何指定的 border-width 值影响
hidden	隐藏边框,用于解决和表格的边框之间的冲突
dotted	点面线
dashed	虚线
solid	实线边框
double	双线边框。两条单线与其间隔的和等于指定的 border-width 值
groove	根据 border-color 的值画 3D 凹槽
ridge	根据 border-color 的值画 3D 凸槽
inset	根据 border-color 的值画 3D 凹边
outside	根据 border-color 的值画 3D 凸边

下面的例子说明了 table-layout 和 border-collapse 属性的作用,代码如下:

```
<html>
<head>
    <style type = "text/css">
        table.one {
            table-layout: automatic;
            border-collapse: collapse;
        }
        table.two {
```

```
                table-layout: fixed;
                border-collapse: separate;
            }
        </style>
    </head>
    <body>
        <table class = "one" border = "1" width = "100%">
            <tr>
                <td width = "20%">AAA</td>
                <td width = "40%">BBB</td>
                <td width = "40%">CCC</td>
            </tr>
        </table>
        <br />
        <table class = "two" border = "1" width = "100%">
            <tr>
                <td width = "20%">DDD </td>
                <td width = "40%">FFF</td>
                <td width = "40%">GGG</td>
            </tr>
        </table>
    </body>
</html>
```

上述代码运行结果如图 3-3 所示。

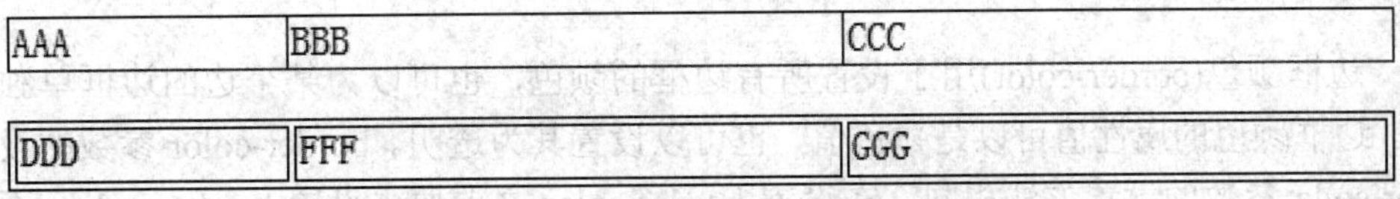

AAA	BBB	CCC

DDD	FFF	GGG

图 3-3 CSS 边框属性效果图

3.5 CSS 盒子模型和网页布局方式

3.5.1 盒子模型简介

盒子模型对于 CSS 控制页面起着举足轻重的作用。熟练掌握盒子模型,以及盒子模型各个属性的含义和应用方法后,就可以轻松地控制页面中每个元素的位置。下面将介绍盒子模型的概念及其属性的含义和使用方法。

CSS 中盒子模型用于描述一个为 HTML 元素形成的矩形盒子。盒子模型是由 margin(边界)、border(边框)、padding(空白)和 content(内容)4 个属性组成的。盒子模型的示意图如图 3-4 所示。

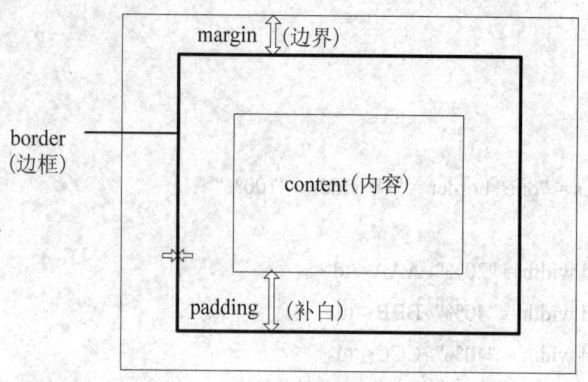

图 3-4　盒子模型示意图

在盒子模型中最重要的是内容，内容是必不可少的一部分，其他几个属性是可选项。其中，content(内容)可以是文字、图片等元素；padding(补白)，也称内边距、空白，用于设置盒子模型的内容与边框之间的距离；border(边框)，即盒子本身，该属性用于设置内容边框线的粗细、颜色和样式等；margin(边界)，也称外边距，用于设置四周的外边距布局。

在用 CSS 定义盒子模型时，设置的高度和宽度是对内容区域高度和宽度的设置。并不是内容、边距、边框和边界的综合。从盒子模型的组成属性看，一个盒子的模型就是把上、下、左、右四个方面的全部设置值加起来。

Border(边框)是围绕在内容和边界之间的一条或多条线。使用边框属性可以定义边框的样式、颜色和宽度。边框分为上边框、下边框、左边框和右边框，而每个边框又包含 3 个属性，即边框样式、边框颜色和边框宽度。

- 边框样式(border-style)用于设置所有边框的样式，也可以单独地设置某个边的边框样式。
- 边框颜色(border-color)用于设置所有边框的颜色，也可以为某个边的边框单独设置颜色。边框颜色的属性值可以是颜色值，也可以设置其为透明。border-color 参数的设置与 border-style 参数的设置方法相同，在设置 border-color 之前要先设置 border-style，否则所设置的 border-color 将不会显示出来。
- 边框宽度(border-width)用于设置所有边框的宽度(即边框的粗细程度)，也可以单独设置某个边的边框宽度。其属性值有 4 个：medium，使用默认宽度；thin，小于默认宽度；thick，大于默认宽度；length，由浮点数字和单位标识符组成的长度值，不可为负值。border-width 参数的设置与 border-style 参数的设置方法相同。

CSS 中的 padding 属性用于定义内容与边框之间的距离，该属性不允许使用负值，但可以使用长度和百分比值。当设置值为百分数时，该设置值是基于其父元素的宽度计算得出的，即该盒子模型的上一级宽度。

padding 是一个简写属性，用于设置四个边的内边距。如果只有一个设置值，则该设置值将作用于四个边；如果有两个设置值，则第一个设置值作用于上、下两边，第二个设置值作用于左、右两边；如果有三个设置值，则第一个值作用于上边，第二个值作用于左、右边，第三个值作用于下边；如果有四个设置值，则将按照上—右—下—左的顺序依次作用于四个边。

padding 是一个简写属性，用于设置四个边的内边距。如果只有一个设置值，则该设置值将作用于四个边；如果有两个设置值，则第一个设置值作用于上、下两边，第二个设置值作用于左、右两边；如果有三个设置值，则第一个值作用于上边，第二个值作用于左、右边，第三个值作用于下边；如果有四个设置值，则将按照上-右-下-左的顺序依次作用于四个边。

margin(边界)属性用于设置页面中元素之间的距离。margin 的属性值可以为负值。如果设置某个元素的边界是透明的，则不能为其添加背景色。

margin 也是一个简写属性，可以同时定义上、下、左、右四个边的边界。其属性值可以是 length，由浮点数字和单位标识组成的长度值；也可以是百分数，基于父层元素的宽度值；还有 auto，是浏览器自动设置的值，多为居中显示。margin 属性值的设置与 padding 属性值的设置相同，这里不再赘述。

3.5.2　CSS 的定位功能

在网页设计中，能否将各个模块控制到在页面中合理的位置非常关键。这些模块只有放置在正确的位置，网页的布局看起来才够美观。网页中的各种元素都必须有自己合理的位置，才能搭建出整个页面的结构。

使用 CSS 的定位功能，可以相对地、绝对地或者固定地对任何一个元素进行定位。在文本流中，任何一个元素都被文本流设置了其自身的位置，但通过 CSS 的定位就可以改变这些元素的位置。可以通过某个元素的上、下、左、右移动对其进行相对定位。进行相对定位后，虽然元素的表现区脱离了文本流，但在文本流内却为该元素保留一块空间位置，这个位置不能随着文本流的移动而移动。

相对定位只可以在文本流中进行位置的上、下、左、右移动，同样存在一定的局限性。如果希望元素放弃在文本流内为其留下的空间位置，就要用绝对定位。绝对定位不仅可以使其脱离文本流，而且在文本流内不会为该元素留下空间位置，移出去的部分就成了自由体。绝对定位可以通过上、下、左、右移动设置元素，使之可以处在任何一个位置。在父层 position 属性为默认值时，元素将以 body 的坐标原点为起始点进行上、下、左、右的偏移。

当元素被设为相对定位或绝对定位后，将自动产生层叠，其层叠级别高于文本流的级别。

有时，在实际应用中，既希望定位元素有绝对定位的特征，又希望绝对定位的坐标原点可以固定在网页中的某一个点，当这个点被移动时，绝对定位的元素能保证相对于这个坐标原点的相对位置，即需要该绝对定位随着网页的移动而移动。要实现这种效果，就要将这个绝对定位的父级设置为相对定位。此时，绝对定位的坐标就会以父级为坐标起始点。

固定定位，即 position：fixed，就是把一些特殊的效果固定在浏览器的视框位置。例如，让一个元素随着页面的滚动而不断改变自己的位置。目前高级浏览器都可以正确地解析这个 CSS 属性。

3.5.3　CSS 的定位方式

在 CSS 中对元素的定位，可以通过 position 属性设置。

position：static | relative | absolute | fixed

• static 参数：是所有元素定位的默认值，无特殊定位，对象遵循 HTML 定位规则，不能通过 z-index 进行层次分级。

• relative 参数：相对定位。对象不可层叠，可以通过 left、right、bottom、top 等属性指定该元素在正常文档流中的偏移位置，并可以通过 z-index 进行层次分级。

• absolute 参数：绝对定位。脱离文档流，通过 left、right、bottom、top 等属性进行定位。选取其最近的父级定位元素，当父级元素的 position 为 static 时，该元素将以 body 坐标原点进行定位，并可以通过 z-index 进行层次分级。

• fixed 参数：固定定位。该参数固定的对象是可视窗口，而并非 body 或父级元素，可通过 z-index 进行层次分级。

相对定位的概念并不难理解。如果对一个元素进行相对定位的设定，这个元素将"相对于"它的起点进行移动。下例将元素的 top 属性设置为 20px，则元素将移动到原位置顶部下方 20 像素的地方；同时，将该元素的 left 设置为 30px，则该元素将向右移动 30 像素，效果如图 3-5 所示。

```
#box_relative {
    position: relative;
    left: 30px;
    top: 20px;
}
```

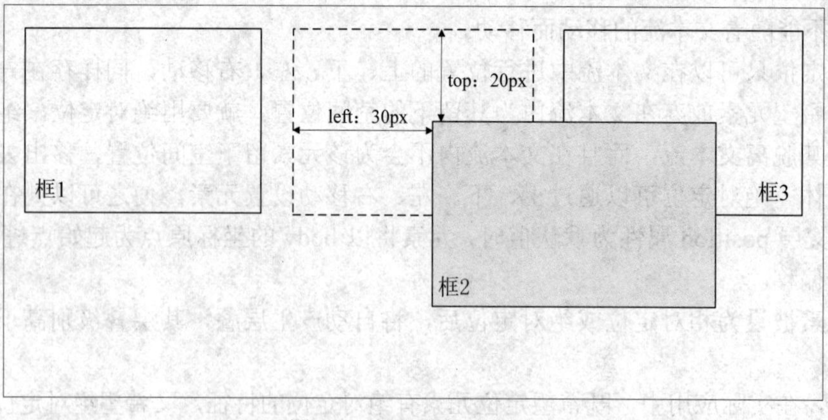

图 3-5　相对定位示意图

在使用相对定位时，无论是否进行移动，元素仍然占据原来的空间。因此，通过相对定位移动元素时可能会导致它覆盖其他元素。

绝对定位使元素的位置与文档流无关，因此不占据空间。这一点与相对定位不同，文本流中其他元素的布局就像绝对定位的元素不存在一样，如图 3-6 所示。

```
#box_relative {
    position: absolute;
```

```
        left: 30px;
        top: 20px;
    }
```

绝对定位元素的位置是根据该元素的父元素所在位置进行计算的。若该元素没有的父元素，那么它的位置就是按照整个页面内容的左上角进行计算的。

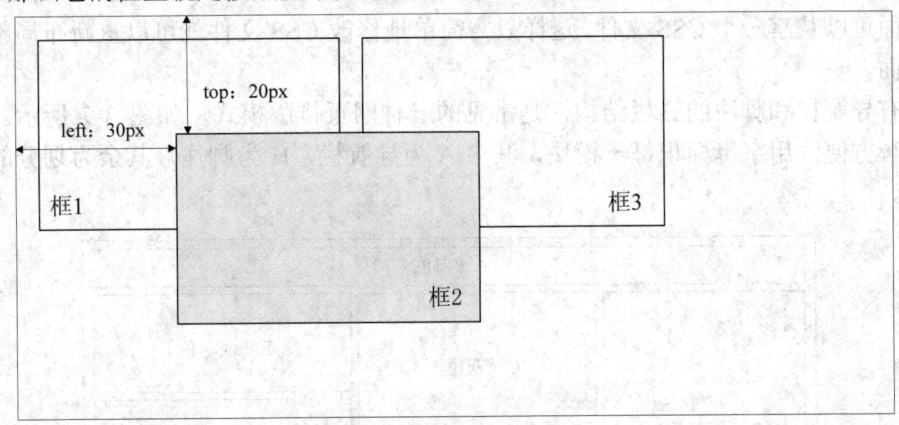

图 3-6　绝对定位示意图

使用 float 定位元素只能在水平方向上定位，而不能在垂直方向上定位。float 的定位方式有两种值：float：left 和 float：right，即让元素在父元素(或页面)中居左或居右。

如果不想让 float 下面的其他元素浮动环绕在该元素的周围，就可以清除该浮动。使用 clear 方法可以将浮动清除。clear 清除浮动有三种值：clear：left 清除左浮动；clear：right 清除右浮动；clear-both 清除所有浮动。

在 CSS 中，可以处理元素的高度、宽度和深度三个纬度。其高度的处理用 height 属性，宽度的处理用 width 属性，而深度的处理则要用 z-index 属性。z-index 属性用于设置元素堆叠的次序，其原理是为每个元素指定一个数字，数字较大的元素将叠加在数字较小的元素之上。其使用格式如下：

```
    z-index：auto | number;
```

其中，auto 为默认值，表示遵从其父对象的定位。number 是一个无单位的整数值，可以为负数，如果两个绝对定位的元素的 z-index 属性具有相同的 number 值，则依据该元素在 HTML 文档中声明的顺序进行层叠；如果绝对定位的元素没有指定 z-index 属性，则此属性的 number 值为正数的对象会在该元素之上，而 number 值为负数的对象在该元素之下；如果将参数设置为 null，可以消除此属性。该属性只作用于 position 的属性值为 relative 或 absolute 的对象，不作用于窗口控件。

3.5.4　网页布局方式实例

进行网页布局时，普遍采用的方法有两种：第一种是传统的 table 布局法，利用 table 表格的嵌套完成对网页的分块布局。第二种是 DIV+CSS 布局法，充分发挥了 div 元素的灵活性。将页面用 div 分块后，再使用 CSS 对分布的块进行定位。对比两种方法，我们可以清楚的看到：table 布局法简单、制作速度快。设计者可以直接通过图像编辑器画图、切图，最后再由图像编辑器自动生成表格布局的页面。但用 table 布局的页面，源代码中存在大量的冗余，使页面结构与表现混杂在一起，非常不利于查找信息和管理，更不利于修改。DIV+CSS 的出现弥补了 table 布局的不足，具有以下两个方面的显著优势：① 提高页面浏览速度对于同一个页面视觉效果，采用 DIV+CSS 重构的页面大小要比 table 编码的页面文件小得多，浏览器就不用去解析大量冗长的元素；② 易于维护和改版。由于多个页面可以共享一个 CSS 文件，这样只需简单地修改 CSS 文件就可以重新布局整个网站的页面。

含有导航栏和脚注的三栏结构，是常见的一种网页排版模式，如图 3-7 所示。为了下文讲解方便，用字母标识每一模块，其中 A 为导航栏，H 为脚注，其余为划分的各内容板块。

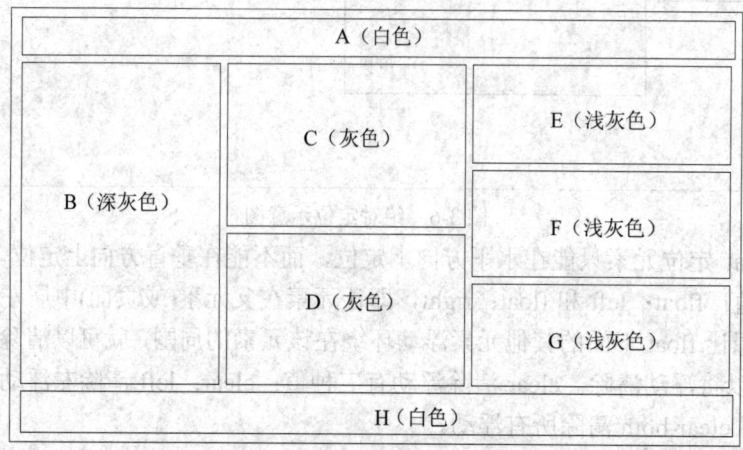

图 3-7　常见的网页排版模块图

为了完成如上需求的布局，我们做如下的工作：

首先，用 div 元素对整个网页进行分块。八个 div 块分别对应图中 A、B、C、D、E、F、G、H，将它们装进一个大的 div 块中。通过设置大的 div 块的属性，可以使其中所有的 div 块都居中显示。其关键代码如下：

```
<body>
    <div id = "container">
        <div id = "header">
            <h1>A</h1>
        </div>
        <div id = "left">
            <h1>B</h1>
        </div>
        <div id = "middle">
            <h1>C</h1>
        </div>
        <div id = "Div1">
```

```
            <h1>D</h1>
        </div>
        <div id = "right">
            <h1>E</h1>
        </div>
        <div id = "Div2">
            <h1>F</h1>
        </div>
        <div id = "Div3">
            <h1>G</h1>
        </div>
        <div id = "footer">
            <h1>H</h1>
        </div>
    </div>
</body>
```

其次，用 CSS 对分布的 div 块进行定位。其中 B 模块采用 float 定位，C、D、E、F、G、H 模块采用相对定位。其关键代码如下：

```
#container {
    width: 1000px;
    height: 960px;
    border: #000000 solid 1px;
    margin: 0 auto;
}
#header {
    clear: both;
    height: 10%;
    padding: 1px;
    background-color: #FFFFFF;
}
#left {
    float: left;
    top: 10%;
    left: 0;
    margin: 0;
    width: 20%;
    height: 81%;
    background-color: #666666;
}
```

```
#right {
    position: relative;
    top: -80.8%;
    right: -60%;
    margin: 1px;
    padding: 2px;
    width: 39.5%;
    height: 26.5%;
    background-color: #CCCCCC;
}
#middle {
    position: relative;
    top: 0;
    left: 20%;
    width: 39.6%;
    height: 40%;
    margin: 1px;
    padding: 1.5px;
    background-color: #999999;
}
#footer {
    position: relative;
    top: -83%;
    left: 0;
    width: 100%;
    height: 8.5%;
    background-color: #FFFFFF;
}
```

综上所述，将网页用 div 元素进行分块是网页布局设计的第一个步骤。它不涉及网页的设计样式，只是对网页的内容进行结构划分。第二步骤使用 CSS 则真正的对网页进行布局设计，它对每个 div 分块分别进行样式设计，然后在网页上为其安排合适的位置。可见 CSS 和 div 在网页布局中的分工不同，负责部分也不同，正是由于这种严格的分工，才真正地实现了网页内容与表现样式的分离，以及网页的结构化设计。

以上的布局方式中，核心观念就是"盒子模型"。任何一个元素都可以理解成为一个"盒子"，例如，段落、图片、表格等。通过"盒子模型"的边界等属性对每个"盒子"进行设置，所以 CSS 除了对不同元素的样式属性的设置不同外，其排版都可按照分块、定位、设置来完成。理解了上面的布局方式，就可以从网页层把握 CSS 对各种元素的排版规则，无需呆板的死记不同元素的样式属性及设置方法。只有很好地掌握了盒子模型，以及其每个元素的用法，才能真正地控制页面中各元素的位置，从而更加准确地对各元素进行定位。

思　考　题

1. CSS 文本属性可以设置文字的样式，HTML 中的文本元素也可以对文字样式进行设置。试比较这两种方式的主要不同之处。

2. CSS 的层叠性是如何体现的？试举例说明。

3. 从软件工程的角度来分析，用 CSS 进行网页显示样式的设计有何优点？

4. 简述 CSS 盒子模型的主要思路。

第 4 章　脚本语言 JavaScript

【学习提示】

如果说 HTML 文档创建了网页中的对象、CSS 设置了这些对象的属性值，那么 JavaScript 就可以让这些对象活起来，并按照规定的程序动起来，因为 JavaScript 是一种程序设计语言。作为一个热门的计算机语言，JavaScript 拥有大量的特性和优点，开发人员还可以在此基础上扩展出各种复杂的应用。在很多云计算的环境中，我们看到了用 JavaScript 作为主要开发工具实现的在线文档编辑器(类似 Word)、可交互的地图以及各种社交网络软件。

鉴于初学者的需要和知识结构的考虑，本章着重介绍 JavaScript 语言的最核心的特性和程序开发方法，特别是讨论了其对浏览器对象的操纵。在此基础上，还介绍了几种目前流行的 JavaScript 框架。

4.1　JavaScript 简介

JavaScript 是由 Netscape 公司开发一种基于对象、事件驱动并具有相对安全性的客户端脚本语言。JavaScript 可以让网页产生动态、交互的效果，从而改善用户体验。目前，JavaScript 已成为 Web 客户端开发的主流脚本语言。

JavaScript 由 JavaScript 核心语言、JavaScript 客户端扩展和 JavaScript 服务器端扩展三部分组成。核心语言部分包括 JavaScript 的基本语法和 JavaScript 的内置对象，在客户端和服务器端均可运行。客户端扩展部分支持浏览器的对象模型 DOM，可以很方便地控制页面上的对象。服务器端扩展部分包含了在服务器上运行的对象，这些对象可以和数据库连接，可以在应用程序之间交换信息，也可以对服务器上的文件进行操作。本书主要讨论 JavaScript 核心语言和 JavaScript 客户端扩展的部分。

JavaScript 和 Java 表面上看似存在某些联系，但是本质上讲，它们是两种不同的语言。JavaScript 是 Netscape 公司的产品，是一种解释型的脚本语言。而 Java 是 Sun 公司(现在已归于 Oracle 麾下)的产品，是一种面向对象程序设计语言。从语法风格上看，JavaScript 比较灵活自由，而 Java 是一种强类型语言，语法比较严谨。它与 Java 名称上的近似，是当时 Netscape 为了营销考虑与 Sun 公司达成协议的结果。

JavaScript 程序是纯文本、无需编译的，任何文本编辑器都可以编辑 JavaScript 文件。在 JavaScript 中并不强调完整的面向对象的概念，但是 JavaScript 使用了一种叫"原型化继承"的模型，并且 JavaScript 中也有作用域、闭包、继承、上下文对象等概念。

JavaScript 通过<script>元素在 HTML 文档中嵌入脚本代码，有两种方法嵌入脚本：第一种方法，直接在 HTML 文档中编写 JavaScript 代码。例如：

```
<script type = "text/JavaScript">
    document.write("这是 JavaScript! 采用直接插入的方法! ");
</script>
```

为了避免不支持 JavaScript 的浏览器将 JavaScript 程序解译成纯文字，书写代码时可以将 JavaScript 程序放在 HTML 的注释标签“<!--　-->”之间。例如：

```
<script language = "JavaScript" type = "text/JavaScript">
    <!-- document.write("这是 JavaScript! 采用直接插入的方法! "); -->
</script>
```

第二种方法，可以通过文件引用的方式将已经编写好的 JavaScript 文件(通常以.js 为扩展名)引入进来。这种方式可以提高代码的重用性和可读性。例如：

```
<script src = "foo.js" language = "JavaScript" type = "text/JavaScript"></script>
```

其中，src 属性值就是脚本文件的地址。需要说明的是，如果在<script>元素中指定了 src 属性，<script>元素中的其他内容都会被忽略，即在一个<script>元素中要么将 JavaScript 程序直接写入 HTML 文档，要么通过文件引用的方式来实现，二者不能同时生效。例如：

```
<script src = "foo.js" language = "JavaScript" type = "text/JavaScript">
    document.write("这段脚本将不会被执行! ");
</script>
```

另外，虽然一个 HTML 文档上的<script>块的数量没有明确的限制，但是应该按照功能的划分将一组相互依赖的或者功能相近的模块写在一个<script>块中，将功能相对独立彼此孤立的代码分开写入不同的<script>块中。

4.2　JavaScript 的基本语法

JavaScript 语言的语法类似于 C 语言和 Java 语言，但 JavaScript 的语法远不如 C 语言等严格。如果程序中有错误，浏览器会忽略错误的部分，而不是停止执行。与 C 语言一样，JavaScript 是对大小写敏感的语言。

4.2.1　常量和变量

JavaScript 程序中的数据根据值的特征分为常量和变量，常量是那些在程序中可预知结果的量，不随程序的运行而变化，而变量则正好相反。常量和变量共同构成了程序操作数据的整体。

JavaScript 中的常量更接近“直接量”，它可以是数值、字符串或者布尔值。一般来说，JavaScript 的常量是那些只能出现在赋值表达式右边的那些量。例如：3.1415、"Hello world"、true、null 等都是常量。

JavaScript 中用标识符来命名一个变量，合法标识符可以由字母、数字、下划线以及$ 符号组成，其中首字符不能是数字。在代码 var a = 5，b = "test"，c = new Object()中，标识符 a、b、c 都是变量，它们可以出现在赋值表达式的左侧。严格地说，有一个例外，在 JavaScript 中，undefined 符号可以出现在赋值号的左边，但是根据它的标准化含义，还是将它归为常量。

JavaScript 内部定义的保留字不能用作变量名，例如：

break　case　catch　continue　default　delete　do　else　finally
for　function　if　in　with　new　return　switch　this　throw
try　typeof　var　void　while　instanceof　implements　abstract
boolean　byte　char　class　debugger　double　enum　export
extends　fimal　float　goto　const　synchronized　int　interface
long mative　package　private　protected　public　short　static
super　import　throws　transient　volatile

不同于 C/C++ 和 Java，JavaScript 是一种"弱类型"语言，即 JavaScript 的变量可以存储任何类型的值。也就是说，对于 JavaScript 而言，数据类型和变量不是绑定的，变量的类型通常要到运行时才能决定。在 JavaScript 中既可以在声明变量时初始化，也可以在变量被声明后赋值，例如：

    var   num = 3

或者：

    var   num
    num = 3

因为 JavaScript 变量没有类型规则的约定，所以从语法上来讲 JavaScript 的使用就比较简单灵活。但同时，由于没有变量类型的约束，因而对程序员也提出了更高的要求，尤其是在编写比较长而复杂的程序时，谨慎地管理变量和它所指向的值的类型，是一件非常重要的事情。

4.2.2　数据类型

JavaScript 中的数据类型主要包括基本数据类型和引用数据类型。基本数据类型包括数值、字符串和布尔型，引用数据类型包括数组和对象。

1. 数值

数值是最基本的数据类型，它们表示的是普通的数。JavaScript 的数值并不区别整型或是浮点型，也可以理解为：所有的数值都是由浮点型表示的，是精度 64 位浮点型格式(等同于 Java 和 C++ 中的 double 类型)。

十六进制整数常量的表示方法是，以"0X"或者"0x"开头，其后跟随十六进制数字串。十六进制数是用数字 0～9 以及字母 A～F 来表示的，其中字母大小写均可。例如：0xff，0xCAFE911。

JavaScript 中浮点型数值可以采用科学计数法表示，例如：3.14，234.3333，6.02e23，1.4738e-23。

除了基本的数值之外，JavaScript 还支持一些特殊的数值，比如常量 Infinity 的含义为"无穷大"。

2. 字符串

JavaScript 中的字符串数据类型是由 Unicode 字符组成的序列。与 C++ 或 Java 不同，

JavaScript 没有 char 类型的数据，字符串是表示文本数据的最小单位。

　　JavaScript 的字符串常量是用单引号或双引号括起来的字符序列，其中可以含有 0 个或多个 Unicode 字符。字符串中可以使用转义符，比如 "\n"。与 C 语言类似，反斜线(\)为转义字符了，例如 "\n" 表示换行符。

　　当用单引号来界定字符串时，字符串中如果有单引号字符，就必须用转义序列(\')来进行转义。反之，当用双引号来界定字符串时，字符串中如果有双引号字符，就要使用转义序列(\")来进行转义。例如：

　　　　Alert('\'');　　　(实际输出的字符串为一个单引号)

　　　　alert("\"\\");　　(实际输出的字符串为一个双引号和一个反斜线)

表 4-1 列出了 JavaScript 转义序列以及它们所代表的字符。

表 4-1　JavaScript 转义序列以及所代表的字符

序列	所代表的字符
\0	NULL 字符
\b	退格符
\t	水平制表符
\n	换行符
\v	垂直制表符
\f	换页符
\r	回车符
\"	双引号
\'	单引号
\\	反斜线
\xXX	由两位十六进制数值指定的 Latin-1 字符
\uXXXX	由四位十六进制数值指定的 Unicode 字符
\XXX	由一位到三位八进制数指定的 Latin-1 字符。 ECMAScript v3 不支持，不推荐使用

3. 布尔型

　　布尔型是最简单的一种基本数据类型，它只有两个常量值，即 true 和 false，代表着逻辑上的"真"和"假"。

4. 数组

　　数组是元素的集合，数组中的每一个元素都具有唯一下标并用来标识，可以通过下标来访问这些数值。数组下标是从 0 开始的连续整数。在 JavaScript 中，数组的元素不一定是数值，它可以是任何类型的数据(甚至可以是数组，进而构建成为二维数组)。

　　可以通过数组的构造函数 Array() 来创建一个数组，数组一旦被创建，就可以给数组的任何元素赋值。与 Java 以及 C++ 明显不同的是：JavaScript 的一个数组中多个元素不必具有相同的类型，例如：

```
var a = new Array();
a[0] = 1.2;
a[1] = "JavaScript";
a[2] = true;
```

5. 对象

对象是 JavaScript 中的一种引用数据类型，也一种抽象和广义的数据结构。JavaScript 对象是一个非常重要的知识，将在后面章节专门讨论。在这里仅先讨论对象的基本形式和基本语法。

JavaScript 中，对象是通过调用构造函数来创建的。理论上任何 JavaScript 函数都可以作为构造函数来创建。例如：

```
var o = new Object();
var time = new Date();
```

对象一旦创建，就可以根据自己的意愿设计并使用它们的属性了。

4.2.3　表达式和运算符

JavaScript 的表达式是由变量、常量、布尔量和运算符按一定规则组成的集合。JavaScript 中有三种表述式：算术表达式、串表达式和逻辑表达式。例如：

```
number++
"Hello " + "you are welcome !"
(a > 5) && (b = 2)
```

JavaScript 中的运算符有：赋值运算符、算术运算符、逻辑运算符、比较运算符、字符串运算符和位运算符等。

1. 算术运算符

算术运算符用于执行变量与(或)值之间的算术运算。表 4-2 给出了算术运算符的使用说明。

表 4-2　JavaScript 中算术运算符

运算符	描　述	例　子
+	加	x = y+2
-	减	x = y-2
*	乘	x = y*2
/	除	x = y/2
%	求余数 (保留整数)	x = y%2
++	累加	x = ++y
--	递减	x = --y

2. 赋值运算符

赋值运算符用于给 JavaScript 变量赋值。表 4-3 给出了赋值运算符的使用说明。

表 4-3　JavaScript 中赋值运算符

运算符	例子	等价于
=	x = y	
+=	x += y	x = x+y
-=	x -= y	x = x-y
*=	x *= y	x = x*y
/=	x /= y	x = x/y
%=	x %= y	x = x%y

3. 逻辑运算符与比较运算符

逻辑运算符与比较运算符都可返回布尔型的值。逻辑运算符用于测定变量或值之间的逻辑。表 4-4 给出了逻辑运算符的使用说明。

表 4-4　JavaScript 中逻辑运算符

运算符	描　述	例　子
&&	逻辑"与"	(x<10&&y>1)
||	逻辑"或"	(x==5 || y==5)
!	逻辑"非"	!(x==y)

比较运算符在逻辑语句中使用。表 4-5 给出了比较运算符的使用说明。

表 4-5　JavaScript 中比较运算符

运算符	描　述	例　子
==	等于	x==8
!=	不等于	x!=8
>	大于	x>8
<	小于	x<8
>=	大于或等于	x>=8
<=	小于或等于	x<=8

4. 符串运算符

JavaScript 只有一个字符串运算符"+"，使用字符串运算符可以把几个串连接在一起。例如，"hello" + ", world"的返回值就是"hello, world"。

5. 位运算符

位运算符是对数值的二进制位进行逐位运算的一类运算符。它们用于二进制数操作，在 JavaScript 的程序设计中并不常用。表 4-6 给出了位运算符的使用说明。

表 4-6 JavaScript 中位运算符

运算符	描 述	例 子
&	按位与运算	A&B
|	按位或运算	A|B
^	按位异或运算	A^B
~	按位取反	~A
<<	左移运算	A<<B
>>	右移运算	A>>B

6. 条件运算符

条件运算符是 JavaScript 中唯一的三目运算符。它的表达式如下：

    test ? 语句 1 : 语句 2

其中，test、语句 1、语句 2 是它的三个表达式。条件运算符首先计算它的第一个表达式 test 的值，如果它的值为 true，则执行语句 1 并返回其结果；否则执行语句 2 并返回其结果。例如，下面代码可根据当前的时间返回 am 或 pm 的标志。

    var now = new Date();
    var mark = (now.getHours() > 12) ? "pm" : "am";

7. 逗号运算符

逗号运算符是一个双目运算符，它的作用是连接左右两个运算数，先计算左边的运算数，再计算右边的运算数，并将右边运算数的计算结果作为表达式的值返回。因此，

    x = (i = 0, j = 1, k = 2)

等价于：

    i = 0; j = 1; x = k = 2;

运算符一般是在只允许出现一个语句的地方使用，在实际应用中，逗号运算符常与 for 循环语句联合使用。

8. 对象运算符

对象运算符是指作用于实例对象、属性或者数组以及数组元素的运算符。JavaScript 中对象运算符包括 new 运算符、delete 运算符、in 运算符、.运算符和[]运算符。

4.2.4 循环语句

循环语句是 JavaScript 中允许执行重复动作的语句。JavaScript 中，循环语句主要有 while 语句和 for 语句两种形式。

while 语句的基本形式如下：

    while(expression)
    statement

while 语句首先计算 expression 的值。如果它的值是 false，那么 JavaScript 就转而执行

程序中的下一条语句。如果值为 true，那么就执行循环体的 statement，然后再计算 expression 的值，一直重复以上动作直到 expression 的值为 false 为止。下面是一个 while 循环的例子：

```
var i = 10;
while (i--) {
    document.write(i);
}
```

for 语句抽象了结构化语言中大多数循环的常用模式，这种模式包括一个计数器变量，在第一次循环之前进行初始化，在每次循环开始之时检查这个计数器的值，决定循环是否继续，最后在每次循环结束之后通过表达式更新这个计数器变量的值。for 语句的基本形式如下：

```
for(initialize; test_expr; increment)
    statement
```

在循环开始之前，for 语句先计算 initialize 的值，在实际的程序中，initialize 通常是一个 var 变量声明和赋值语句，每次循环开始前要先计算表达式 test_expr 的值，如果它的值为 true，那么就执行循环体的 statement，最后计算表达式 increment 的值。这个表达式通常是一个自增/自减运算或赋值表达式。例如：

```
for (var i = 0; i < 10; i++) {
    document.write(i);
}
```

在 for 循环中，也允许使用多个计数器并在一次循环中同时改变它们的值，这种情况下通常需要逗号运算符的配合。例如：

```
for (var i = 0, j = 0; i + j < 10; i++, j += 2) {
    document.write(i + "" + j + "<br>");
}
```

除了基本形式之外，for 语句还有另一种形式：

```
for(variable in object)
    statement
```

在这种情况下，for 语句可以枚举一个数组或者一个对象的属性，并把它们赋给 in 运算符左边的运算数，同时执行 statement。这种方法常用来穷举数组的所有元素和遍历对象的属性，包括原生属性和继承属性，前提是元素和属性是可枚举的。for/in 的存在不但为 JavaScript 提供了一种很强大的反射机制，也使得 JavaScript 的集合对象使用起来可以像哈希表一样方便。

4.2.5　条件语句

条件语句是一种带有判定条件的语句，根据条件的不同，程序选择性地执行某个特定的语句。条件语句和后循环语句都是带有从句的语句，它们是 JavaScript 中的复合语句。JavaScript 中的条件语句包括 if 语句和 switch 语句。

if 语句是基本的条件控制语句，这个语句的基本形式如下：

```
        if(expression)    statement
```

在这个基本形式中，expression 是要被计算的表达式，statement 是一个句子或者一个段落，如果计算的结果不是 false 且不能转换为 false，那么就执行 statement 的内容，否则就不执行 statement 的内容。例如：

```
        if (a != null && b != null) {
            a = a + b;
            b = a - b;
        }
```

除了基本形式外，if 语句还具有扩展形式，在扩展形式下，if 语句允许带有 else 从句：

```
        if(expression)    statement1
        else    statement2
```

如果 expression 的计算结果不是 false 且不能够被转换为 false，那么执行 statement1 语句；否则执行 statement2 语句。

理论上讲，结构化语言的任何一种条件逻辑结构都能用 if 和 if 与 else 组合来实现。但是，当程序的逻辑结构出现多路分支时，如果依赖于层层嵌套的 if 语句，那么程序的逻辑结构最终将变得极其复杂。如果此时多个分支都依赖于同一组表达式，那么 JavaScript 提供的 switch 语句将比 if 语句嵌套更为简洁。switch 语句的基本形式如下：

```
        switch(expression)
        {
            statements
        }
```

其中，statements 从句通常包括一个或多个 case 语句，以及零个或一个 default 语句。case 语句和 default 语句都要用一个冒号来标记。当执行一个 switch 语句时，先计算 expression 的值，然后查找和这个值匹配的 case 语句，如果找到了相应的语句，就开始执行语句后代码块中的第一条语句并依次顺序执行，直到 switch 语句的末尾或者出现跳转语句为止。如果没有查找到相应的标签，就开始执行标签 default 后的第一条语句并依次顺序执行，直到 switch 语句的末尾或者出现跳转语句为止。如果没有 default 标签，它就跳过所有的 statements 代码块。下面是一个具体的 switch 控制语句的例子。

```
<html>
<head>
    <title>switch 控制语句</title>
</head>
<body>
    <script type = "text/JavaScript">
    function convert(x) {
        switch (typeof x) {
            case 'number': return x.toString(16); //把整数转换成十六进制的整数
                break;
            case 'string': return ' " ' + x + ' " ';        //返回引号包围的字符串
```

```
        break;
    case 'boolean': return x.toString().toUpperCase();//转换为大写
        break;
    default: return x.toString();     //直接调用 x 的 toString()方法进行转换
    }
}
document.write(convert(110) + "<br/>");          //转换数值
document.write(convert("ab") + "<br/>");         //转换字符串
document.write(convert(true) + "<br/>");         //转换布尔值
</script>
</body>
</html>
```

上述代码的执行效果如图 4-1 所示。

```
6e
"ab"
TRUE
```

图 4-1　switch 语句的执行效果图

上面程序中出现了 break 语句，break 语句是 JavaScript 中的跳转语句，它会使运行的程序立即退出包含在最内层的循环或者 switch 语句。在本例中，遇到 break 语句之后就会结束 switch 语句，如果没有 break 语句程序，则会继续执行接下来的 case 语句。跳转语句是用来让程序逻辑跳出所在分支、循环或从函数调用返回的语句。除了 break 语句，JavaScript 中还有 continue 和 return 这两种跳转语句。

continue 语句的用法和 break 语句非常类似，唯一的区别是，continue 不是退出循环而是开始一次新的迭代。continue 语句只能用在循环语句的循环体中，在其他地方使用都会引起系统级别的语法错误。执行 continue 语句时，封闭循环的当前迭代就会被终止，开始执行下一次迭代。例如：

```
for (var i = 1; i < 10; i++)
{
    if (i % 3 != 0)
    continue;
    document.write(i + "<br>");
}
```

上面的代码意思是对于每次迭代的 i 值如果不能被 3 整除，则跳过当前循环（不执行 document 语句）而进入下一次循环。代码的输出为"3 6 9"。

4.2.6　函数

函数是封装在程序中可以多次使用的模块。函数必须先定义，后使用。通过 function

语句来定义函数有两种方式，分别是命名方式和匿名方式，例如：

```
function f1(){alert()};                    //命名方式
var f1 = function(){alert()};              //匿名方式
```

有时候也将命名方式定义函数的方法称为"声明式"函数定义，而把匿名方式定义函数的方法称为引用式函数定义或者函数表达式。命名方式定义函数的方法是最常用的方法，其基本形式如下：

```
function  函数名(参数列表)
{
    函数体
}
```

定义一个函数时，函数的参数列表中的多个参数要用逗号分开。调用一个函数时，需要把相应的零个或多个参数值放在括号中，同样是用逗号隔开的。

return 语句用来指定函数的返回值，把这个值作为函数调用表达式的值。例如：

```
function square(x)
{
    //定义一个函数 square()，计算 x 的平方值并返回该计算结果
    return x * x;
}
```

return 语句的 expression 可以省略，缺省 expression 的 return 语句仅仅是从函数调用中返回，不带任何值。

4.3 JavaScript 的面向对象特性

JavaScript 是一种基于对象的语言。所谓"基于对象"，通常指该语言不一定支持面向对象的全部特性，比如不支持面向对象中"继承"或"多态"的特点。JavaScript 具有封装的特点，并可以使用封装好的对象，调用对象的方法，设置对象的属性。笼统地说："基于对象"也是一种"面向对象"。

4.3.1 类和对象

对象是对具有相同特性的实体的抽象描述，实例对象是具有这些特征的单个实体。对象包含属性(properties)和方法(methods)两种成分。属性是对象静态特征的描述，是对象的数据，以变量表征；方法是对象动态特征的描述，也可以是对数据的操作，用函数描述。JavaScript 中的对象可通过函数由 new 运算符生成。生成对象的函数被称为类或者构造函数，生成的对象被称为类的实例对象，简称为对象。

通过 new 运算符可以构造对象，例如：

```
var a = new Object();
a.x = 1, a.y = 2;
```

也可以通过对象直接量来构造对象，这种方式使用了对象常量，实际上可以看成是 new 运算符方法的快捷表示法。例如：

```
var b = {x:1, y:2};
```

以上方法都是通过实例化一个 Object 来生成对象的，然后通过构造基本对象直接添加属性的方法来实现。JavaScript 是一种弱类型的语言，一方面体现在 JavaScript 的变量、参数和返回值可以是任意类型的，另一方面也体现在 JavaScrip 可以对对象任意添加属性和方法，这样无形中就淡化了"类型"的概念。例如：

```
var a = new Object();
var b = new Object();
a.x = 1, a.y = 2;
b.x = 1, b.y = 2, b.z = 3;
```

在这种情况下既没有办法说明 a、b 是同一种类型，也没办法说明它们是不同的类型，而在 C++ 和 Java 中，变量的类型是很明确的，在声明时就已经确定了它们的类型和存储空间。JavaScript 允许给对象添加任意的属性和方法，这使得 JavaScript 对象变得非常强大。在 JavaScript 中，几乎所有的对象都是同源对象，它们都继承自 Object 对象。

对象运算符"new"是一个单目运算符，用来根据函数原型创建一个新对象，并调用该函数原型初始化它。用于创建对象的函数原型既是这个对象的类，也是这个对象的构造函数。

下面是构造和使用对象的例子：

```
<html>
<head>
    <title>对象和对象的构造</title>
</head>
<body>
    <script type = "text/JavaScript">
        var o = new Date();                       // o 是一个 Date 对象
        Complex = function (r, i)                 //自定义 Complex 类型，表示复数
        {
            this.re = r;
            this.im = i;
        }
        var c = new Complex(1, 2);                // c 是一个复数对象
        document.writeln(o.toLocaleString());
        document.write("<br>");
        document.write(c.re + "," + c.im);
    </script>
</body>
</html>
```

上述代码执行后将在网页上显示出年月日时分秒的信息。

对象运算符 "delete" 是一个单目运算符，它将删除运算数所指定的对象属性、数组元素或者变量。如果删除成功，它将返回 true，否则将返回 false。

对象运算符 "." 和 "[]" 都是用来存取对象和数组元素的双目运算符。它们的第一个运算数都是对象或者数组。它们的区别是运算符 "." 将第二个运算数作为对象的属性来读写，而 "[]" 将第二个运算数作为数组的下标来读写。运算符 "." 要求第二个运算数只能是合法的标识符，而运算符 "[]" 的第二个运算数可以是任何类型的值甚至 undefined，但不能是未定义的标识符。例如：

```
var a = new Object();
a.x = 1;
alert(a["x"]);                        // a.x 和 a["x"] 是等价的表示形式
var b = [1, 2, 3];
alert(b[1]);                          //对于数组 b，b[1]通过下标 "1" 访问数组的第二个元素
```

上述代码执行时，会弹出对话框以显示数组 a 和 b 的值。

另一种构造对象的方法是先定义类型，再实例化对象。例如：

```
function Point(x, y) {
    this.x = x;
    this.y = y;
}
var p1 = new Point(1, 2);
var p2 = new Point(3, 4);
```

上述代码使用 function 定义了一个构造函数 Point，实际上也同时定义了 Point 类型。p1 和 p2 是同一种类型的对象，它们都是 Point 类的实例。

4.3.2　JavaScript 的内置对象

JavaScript 核心中提供了丰富的内置对象，除了之前出现的 Object 对象外，最常见的有 Math 对象、Date 对象、Error 对象、String 对象和 RegExp 对象。

1. Math 对象

Math 对象是一个静态对象，这意味着不能用它来构造实例。程序可以通过调用 Math.sin() 这样的静态函数来实现一定的功能。Math 对象主要为 JavaScript 核心提供了对数值进行代数计算的一系列方法(比如三角函数、幂函数等)以及几个重要的数值常量(比如圆周率 PI 等)。

2. Date 对象

Date 对象是 JavaScript 中用来表示日期和时间的数据类型。可以通过几种类型的参数来构造它，最简单的形式是缺省参数：

```
var now = new Date();
```

其次可以是依次表示 "年"、"月"、"日"、"时"、"分"、"秒"、"毫秒" 的数值，这些数值除了 "年" 和 "月" 之外，其他的都可以缺省。例如：

```
var time = new Date(1999, 1, 2);
```

　　以这种形式构造日期时应当注意的是，JavaScript 中的月份是从 0 开始计算的，因此上面的例子构造的日期是 2 月 2 日，而不是 1 月 2 日。

　　第三种构造日期的方式是通过一个表示日期的字符串，例如：

```
var d = new Date("1999/01/02 12:00:01");          //这一次表示的是 1 月份
```

　　JavaScript 为 Date 对象提供了许多有用的方法，下面通过一个例子给出了构造 Date 对象和使用 Date 对象方法的示范。

```
<html>
<head><title>测试</title></head>
<body>
    <script>
        var today = new Date();
        var year = today.getFullYear();          //获取年份
        var month = today.getMonth() + 1;        //JavaScript 中月份是从 0 开始的
        var date = today.getDate();              //获取当月的日期
        //表示星期的中文
        var weeks = ["星期日", "星期一", "星期二", "星期三", "星期四", "星期五", "星期六"];
        //输出结果
        document.write("今天是:");
        document.write(year);
        document.write("年");
        document.write(month);
        document.write("月");
        document.write(date);
        document.write("日");
        document.write("" + weeks[today.getDay()]);
    </script>
</body>
</html>
```

　　上述代码的输出将在页面中显示日期和星期,比如"今天是:2016 年 6 月 5 日星期日"。

3. String 对象

　　字符串对象是 JavaScript 基本数据类型中最复杂的一种类型，也是使用频率很高的数据类型。String 对象有两种创建方式：一是直接声明方式，二是通过构造函数 new String() 创建一个新的字符串对象。例如：

```
var s1 = "abcdef";
var s2 = new String("Hello, world");
```

　　String 对象的属性不多，常用的是 lenth 属性，用于标识字符串的长度。String 对象的方法比较多，而且功能也比较强大，表 4-7 列出了 String 对象的方法。可以看出，很多函数是与字符串的显示有关的。

表 4-7　JavaScript 中 String 对象的方法

方　法	描　　述
anchor()	创建 HTML 锚
big()	用大号字体显示字符串
blink()	显示闪动字符串
bold()	使用粗体显示字符串
charAt()	返回在指定位置的字符
charCodeAt()	返回在指定的位置的字符的 Unicode 编码
concat()	连接字符串
fixed()	以打字机文本显示字符串
fontcolor()	使用指定的颜色来显示字符串
fontsize()	使用指定的尺寸来显示字符串
fromCharCode()	从字符编码创建一个字符串
indexOf()	检索字符串
italics()	使用斜体显示字符串
lastIndexOf()	从后向前搜索字符串
link()	将字符串显示为链接
localeCompare()	用本地特定的顺序来比较两个字符串
match()	找到一个或多个正在表达式的匹配
replace()	替换与正则表达式匹配的子串
search()	检索与正则表达式相匹配的值
slice()	提取字符串的片断，并在新的字符串中返回被提取的部分
small()	使用小字号来显示字符串
split()	把字符串分割为字符串数组
strike()	使用删除线来显示字符串
sub()	把字符串显示为下标
substr()	从起始索引号提取字符串中指定数目的字符
substring()	提取字符串中两个指定的索引号之间的字符
sup()	把字符串显示为上标
toLocaleLowerCase()	把字符串转换为小写
toLocaleUpperCase()	把字符串转换为大写
toLowerCase()	把字符串转换为小写
toUpperCase()	把字符串转换为大写
toSource()	代表对象的源代码
toString()	返回字符串
valueOf()	返回某个字符串对象的原始值

4. Error 对象

JavaScript 中的 Error 对象是用来在异常处理中保存异常信息的。Error 对象包括 Error 及其派生类的实例，Error 的派生类是 EvalError、RangeError、TypeError 和 SyntaxError。

5. RegExp 对象

在 JavaScript 中，正则表达式由 RegExp 对象表示，它是对字符串执行模式匹配的强大工具。每一条正则表达式模式对应一个 RegExp 实例。

4.3.3　异常处理机制

所谓异常(exception)，是指一个信号，说明当前程序发生了某种意外状况或者错误。抛出(throw)一个异常就是用信号通知运行环境，程序发生了某种意外。捕捉(catch)一个异常，就是处理它，采取必要或适当的动作从异常状态恢复。JavaScript 异常总是沿调用堆栈自下向上传播，直到它被捕获或者传播到调用堆栈顶部为止。被传播到调用顶部的异常将会引发一个运行时错误，从而终止程序的执行。

异常通常是由运行环境自动引发的，原因可能是出现了语法错误、对一个错误的数据类型进行操作或者其他的一些系统错误，比如"被零除"、"函数参数不匹配"等。

JavaScript 的异常处理机制是标准的 try/catch/finally 模式。try 语句定义了需要处理异常的代码块，catch 从句跟随在 try 块后，当 try 块内某个部分发生了异常时，catch 能够"捕获"它们。finally 块一般跟随在 catch 从句之后，不管是否产生异常，finally 块中所包含的代码都会被执行。虽然 catch 和 finally 从句都是可选的，但是 try 从句之后至少应当有一个 catch 块或 finally 块。下面是一个异常处理的例子。

```
try{
    Bug                           //这里将会引发一个 SystaxError
}
catch(e) {                        //产生的 SystaxError 在这里会被接住
    alert(e);                     //异常对象将被按照默认的方式显示出来
}
finally{
    alert("finally");             //不论如何，程序最终执行 finally 语句
}
```

4.4　JavaScript 在浏览器中的应用

4.4.1　浏览器对象

在开发网站前台程序时，对浏览器对象的调用是必不可少的。浏览器对象的结构如图 4-2 所示。下面分别介绍两个最常用的浏览器对象——window 对象和 document 对象。

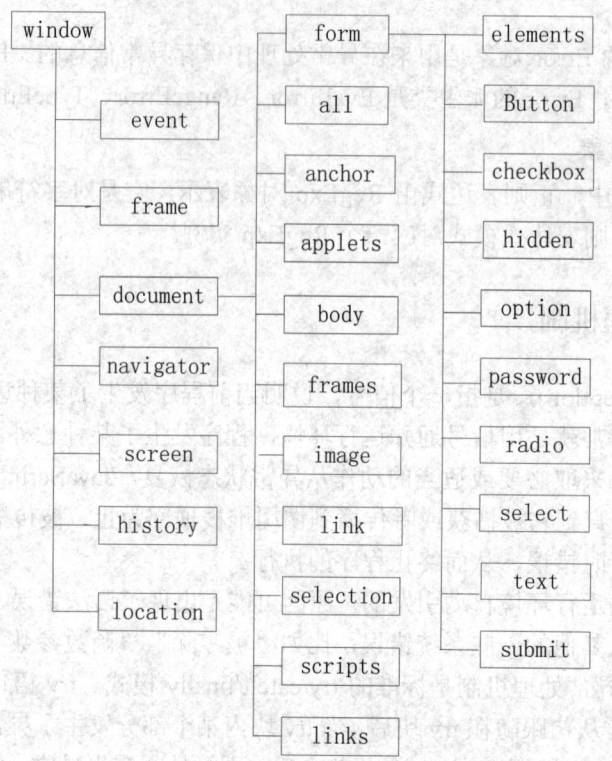

图 4-2　浏览器对象的结构

1. window 对象

window 对象是浏览器提供的第一类对象，它的含义是浏览器窗口，每个独立的浏览器窗口或者窗口中的框架都是用一个 window 对象的实例来表示的。window 对象是内建对象中的最顶层对象，它的下层对象有 event 对象、frame 对象、document 对象等，其中最主要的是 document 对象，它指的是 HTML 页面对象。

window 对象提供了丰富的属性和方法。它主要常见的属性有：name、parent、self、top、status 和 defaultStatus 等；它的主要方法有：alert()、confirm()、close()、open()、prompt()、setTimeout()和 clearTimeout()等。表 4-8 列举了 window 对象的主要属性和它们的应用说明；表 4-9 列举了 window 对象的主要方法以及它们的应用说明。

表 4-8　window 对象的主要属性

属性名称	说　明	范　例
name	当前窗口的名字	window.name
parent	当前窗口的父窗口	parent.name
self	当前打开的窗口	self.status = "你好"
top	窗口集合中的最顶层窗口	top.name
status	设置当前打开窗口状态栏的显示数据	self.status = "欢迎"
defaultStatus	当前窗口状态栏的显示数据	self.defaultStatus = "欢迎"

表 4-9　window 对象的主要方法

方法名称	说　　明	范　　例
alert()	创建一个带"确定"按钮的对话框	window.alert('输入错误! ')
confirm()	创建一个带"确定"和"取消"按钮的对话框	window.confirm('是否继续! ')
close()	关闭当前打开的浏览器窗口	window.close()
open()	打开一个新的浏览器窗口	window.open(URL, '新窗口名', '新窗口属性设置')
prompt()	创建一个带"确定"、"取消"按钮及输入字符串字段的对话框	window.prompt('请输入姓名')
setTimeout()	设置一个时间控制器	window.setTimeout("fun()", 3000)
clearTimeout	清除原来时间控制器内的时间设置	window.clearTimeout()

window 对象方法中的 alert()、prompt()和 confirm()方法，用作 JavaScript 的接口元素，用来显示用户的输入，并完成用户和程序的对话过程。

Alert()：显示一个警告框，其中"提示"是可选的，是在警告框内输入的内容。

Confirm()：显示一个确认框，等待用户选择按钮。"提示"也是可选的，是在提示框中显示的内容，用户可以根据提示选择"确定"或"取消"按钮。

Prompt()：显示一个提示框，等待输入文本，如果选择"确定"按钮，返回文本框中的内容；如果选择"取消"按钮，返回一个空值。它的"提示"和"默认值"都是可选的，"默认值"是文本框的默认值。

下面是一个 window 对象的综合应用案例。

```
<!DOCTYPE HTML PUBLIC "-//W3C//DTD HTML 4.01 Transitional//EN"
"http://www.w3.org/TR/html4/loose.dtd">
<html>
<head>
    <title>window 对象示例</title>
</head>
<body>
    <button id = "btn" onclick = "link('张三') ">Click Me!</button>
    <script type = "text/JavaScript">
        var btn = document.getElementById("btn");
        btn.value = "点击我";
        function link(str)
        {
            var myStr = prompt("请输入姓名");
            if (myStr == str)
```

```
        {       //如果验证姓名输入正确
            if (confirm(myStr + "你好！你想打开新的窗口？"))
                window.open("http://www.baidu.com");
        }
        else {
            alert("对不起，用户名信息错误！");
        }
        return;
        }
    </script>
</body>
</html>
```

程序中，var myStr = prompt("请输入姓名")语句可以获取用户输入的字符串。如果用户选择"确定"按钮，在提示框中输入的数据将会赋值给变量 myStr，如果用户选择"取消"按钮，则将默认值赋给 myStr，如图 4-3 所示。

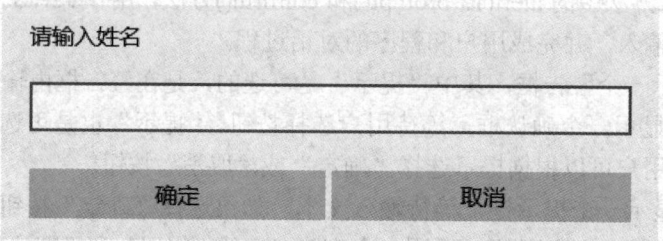

图 4-3 prompt 语句的执行效果图

如果用户输入的不是"张三"，则通过 alert("对不起，用户名信息错误！")函数显示信息；否则通过 confirm(myStr + "你好！你想打开新的窗口？")函数在浏览器中弹出新的对话框，提示用户打开新窗口，如图 4-4 所示。

图 4-4 alert 与 confirm 函数的执行效果图

程序中，window.open("http://www.baidu.com")调用了 window 对象的 open 方法，其作用是打开一个新的窗口。

2. document 对象

document 对象是浏览器的一个重要对象，它代表着浏览器窗口的文档内容。浏览器装载一个新的页面时，总是初始化一个新的 document 对象。Window 对象的 document 属性总是引用当前已初始化的 document 元素。

Document 对象的属性可以用来设置 Web 页面的特性，例如标题、前景色、背景色和超链接颜色等。其主要用来设置当前 HTML 文件的显示效果。表 4-10 列举了 document 对象的主要属性和它们的使用说明。

表 4-10　document 对象的主要属性

属性名称	说　明	范　例
alinkColor	页面中活动超链接的颜色	document. alinkColor = "red"
bgColor	页面背景颜色	document.bgColor = "ff0000"
fgColor	页面前景颜色	document.bgColor = "ff000f"
linkColor	未访问的超链接的颜色	document.linkColor = "red"
vlinkColor	已访问的超链接的颜色	document. vlinkColor = "green"
lastModified	最后修改页面的时间	date = lastModified
location	页面的 URL 地址	url_inf = document.location
title	页面的标题	title_inf = document.title

document 对象的方法主要是用于文档的创建和修改操作，表 4-11 列举了 document 对象的主要方法和它们的使用说明。

表 4-11　document 对象的主要方法

方法名称	说　明	范　例
clear()	清楚文档窗口内的数据	document.clear()
close()	关闭文档	document. Close()
open()	打开文档	document. Open()
write()	向当前文档写入数据	document. Write("你好! ")
writeln()	向当前文档写入数据，并换行	document. Writeln("你好!!")

4.4.3　JavaScript 在 DOM 中的应用方式

DOM(Document Object Model，文档对象模型)，是以面向对象的方式描述的文档模型。DOM 可以以一种独立于平台和语言的方式访问和修改一个文档的内容和结构，它是表示和处理一个 HTML 或 XML 文档的常用方法。DOM 定义了表示和修改文档所需的对象、对象的行为和属性以及它们之间的关系。根据 W3C DOM 规范，DOM 是 HTML 与 XML

的应用编程接口(API)，DOM 将整个页面映射为一个由层次节点组成的文件。DOM 的设计是以对象管理组织(OMG)的规约为基础的，因此可以用于任何编程语言。DOM 技术使得用户页面可以动态地变化，如可以动态地显示或隐藏一个元素，改变它们的属性，增加一个元素等。DOM 技术使得页面的交互性大大地增强。下面构建一个非常基本的网页，其代码如下：

```
<!DOCTYPE html PUBLIC "-//W3C//DTD XHTML 1.0 Transitional//EN"
"http://www.w3.org/TR/xhtml1/DTD/xhtml1-transitional.dtd">
<html>
<head>
    <meta http-equiv = "Content-Type" content = "text/html; charset = gb2312" />
    <title></title>
</head>
<body>
    <h3>例子</h3>
    <p title = "选择你最喜欢的运动">你最喜欢的运动是?</p>
    <ul>
        <li>篮球</li>
        <li>乒乓球</li>
        <li>足球</li>
    </ul>
</body>
</html>
```

上述代码的输出效果如图 4-5 所示。

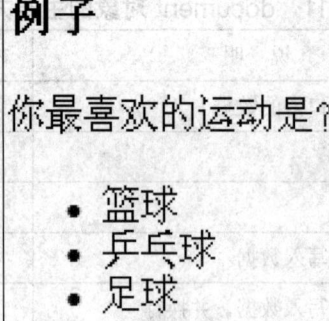

图 4-5　代码运行效果图

可以把上面的 HTML 描述为一棵 DOM 树，在这棵树中，<h3>、<p>、<ul>以及<ul>的 3 个<li>子节点都是树的节点，可以通过 JavaScript 中的 getElementById 或者 getElementByTagName 方法来获取元素，这样得到的元素就是 DOM 对象。DOM 对象可以使用 JavaScript 中的方法和属性。getElementById 方法是通过节点的 id 值来获取该节点元素，getElementByTagName 是通过标签的名称获取所有与之相同标签的节点，返回的是一个数组。将上述代码修改如下：

```
<!DOCTYPE html PUBLIC "-//W3C//DTD XHTML 1.0 Transitional//EN"
"http://www.w3.org/TR/xhtml1/DTD/xhtml1-transitional.dtd">
<html>
<head>
    <meta http-equiv = "Content-Type" content = "text/html; charset = gb2312" />
    <title></title>
</head>
<body>
    <h3>例子</h3>
    <p title = "选择你最喜欢的运动">你最喜欢的运动是?</p>
    <ul>
        <li>篮球</li>
        <li>乒乓球</li>
        <li>足球</li>
    </ul>
    <div id = "dom">
    </div>
    <script type = "text/JavaScript">
        var uls = document.getElementsByTagName("ul");
        uls[0].style.listStyle = "none";
        var domObj = document.getElementById("dom");
        domObj.innerHTML = "<h1>hello, world!</h1>"
    </script>
</body>
</html>
```

通过 getElementById 方法获取 id 值为 dom 的 div 节点，然后可以对其进行相应的操作。例如：

```
var domObj = document.getElementById("dom");
domObj.innerHTML = "<h1>hello,world!</h1>";
```

上述代码将会在 div 中填充相应 HTML 代码，并且可以通过 getElementByTagName 获取标签的节点。例如：

```
var uls = document.getElementsByTagName("ul");
uls[0].style.listStyle = "none";
```

上面代码可获取所有 ul 标签的节点，虽然这里只有一个 ul 标签但返回的是一个数组，通过对数组下标的操作可以对具体标签进行操作,上面 uls[0]标示对第一个 ul 标签的引用,uls[0].style.listStyle 是将 ul 标签的 listStyle 样式修改为 none。需要说明的是,通过 JavaScript 修改 HTML 标签样式的时候，样式属性的名称和 CSS 中有所区别。CSS 中 listStyle 样式对应着 list-style,可通过 JavaScript 修改样式时，应该去掉连字符，并且去掉连字符后的每个首字母必须大写。修改后的效果如图 4-6 所示。

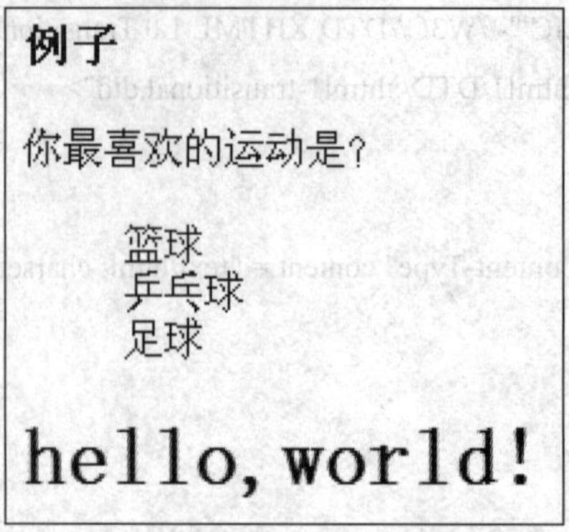

图 4-6   代码的执行效果图

HTML 文档中不同的元素类型分别对应不同类型的 DOM 节点，在 JavaScript 中，这些节点是作为实现了特定的 Node 接口的 DOM 对象来操作的。每个 Node 对象都有一个 nodeType 属性，这些属性指定了节点类型。Node 的种类一共有 12 种，可通过 Node.nodeType 的取值来确定，表 4-12 给出了 HTML 文档中常见的几种节点类型。

表 4-12   HTML 文档中常见的几种节点类型

nodeType 常量	nodeType 值	备　　注
Node.ELEMENT_NODE	1	元素节点
Node.TEXT_NODE	3	文本节点
Node.DOCUMENT_NODE	9	document
Node.COMMENT_NODE	8	注释的文本
Node.DOCUMENT_FRAGMENT_NODE	11	document 片断
Node.ATTRIBUTE_NODE	2	节点属性

DOM 树的根节点是 Document 对象，该对象的 documentElement 属性引用表示文档根元素的 Element 对象，对于 HTML 文档来说，它就是<html>标记。JavaScript 操作 HTML 文档的时候，document 即指向整个文档，<body>、<table>等节点类型即为 Element。Comment 类型的节点则是指文档的注释。

Document 定义的方法采用的是工厂化的设计模式，主要用于创建可以插入文档中的各种类型的节点。常用的 Document 方法如表 4-13 所示。

表 4-13   Document 对象的常用方法

方　　法	描　　述
createAttribute()	用指定的名字创建新的 Attr 节点
createComment()	用指定的字符串创建新的 Comment 节点
createElement()	用指定的标记名创建新的 Element 节点
createTextNode()	用指定的文本创建新的 TextNode 节点
getElementById()	返回文档中具有指定 id 属性的 Element 节点
getElementsByTagName()	返回文档中具有指定标记名的所有 Element 节点

对于 Element 节点，可以通过调用 getAttribute()、setAttribute()、removeAttribute()方法来查询、设置或者删除一个 Element 节点的性质，比如<table>标记的 border 属性。表 4-14列出 Element 常用的方法。

表 4-14　Element 对象的常用方法

方 法	描 述
getAttribute()	以字符串形式返回指定属性的值
getAttributeNode()	以 Attr 节点的形式返回指定属性的值
as Attribute()	如果该元素具有指定名字的属性，则返回 true
removeAttribute()	从元素中删除指定的属性
removeAttributeNode()	从元素的属性列表中删除指定的 Attr 节点
setAttribute()	把指定的属性设置为指定的字符串值，如果该属性不存在则添加一个新属性
setAttributeNode()	把指定的 Attr 节点添加到该元素的属性列表中

Attr 对象代表文档元素的属性，有 name、value 等属性，可以通过 Node 接口的 attributes属性或者调用 Element 接口的 getAttributeNode()方法来获取。不过，在大多数情况下，使用 Element 元素属性的最简单方法是 getAttribute()和 setAttribute()两个方法，而不是 Attr 对象。

下面通过另一个实例来说明 JavaScript 是如何通过 DOM 来操作 HTML 文档的。

```
<html>
<head>
    <meta http-equiv = "Content-Type" content = "text/html; charset=gb2312" />
    <title>DOM 操作 HTML 文档示例</title>
    <script type = "text/JavaScript">
    function addMore() {
        var td = document.getElementById("more");      //获取 id 为 more 的节点
        var br = document.createElement("br");          //创建 br 元素
        var input = document.createElement("input");    //创建 input 元素
        var button = document.createElement("input");
        input.type = "file";                            //指定 input 这个 DOM 对象的类型
        input.name = "file";                            //指定名称
        button.type = "button";                         //指定 button 这个 DOM 对象的类型
        button.value = "Remove";                        //指定其 value
        td.appendChild(br);                             //将创建好的三个元素插入节点中
        td.appendChild(input);
        td.appendChild(button);
        button.onclick = function () {                  //为 button 按钮注册 onclick 事件
            td.removeChild(br);                         //删除 br 元素
            td.removeChild(input);                      //删除 input 元素
```

```
                    td.removeChild(button);              //删除 button 元素
                }
            }
        </script>
    </head>
    <body>
        <form action = "#" enctype = "multipart/form-data" method = "post">
            <table border = "1">
                <caption>文件上传示例</caption>
                <tr>
                    <td>  file:
                    </td>
                    <td id = "more">
                        <input type = "file" />
                        <input type = "button" value = "add More" onclick = "addMore();" />
                    </td>
                </tr>
                <tr>
                    <td>
                        <input type = "submit" value = "提交" />
                    </td>
                    <td>
                        <input type = "reset" value = "重置" />
                    </td>
                </tr>
            </table>
        </form>
    </body>
</html>
```

上面的代码是简单实现一个动态的添加附件的前台页面，就是说当附件的数量不确定时，可以动态地添加<input type="file" >这样的元素，也可以根据需要删除相应的表单元素。在本例中出现了 appendChild 和 removeChild 方法，它们分别是将创建的元素插入到节点中和从节点中删除相应元素。运行效果如图 4-7 所示。

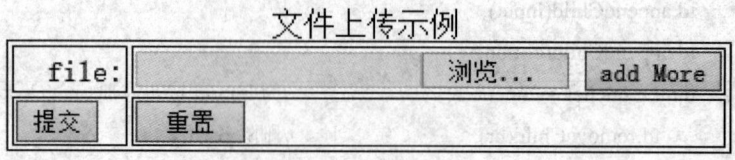

文件上传示例

图 4-7　代码的执行效果图

4.4.3　事件驱动与界面交互

在浏览器文档模型中，事件是指因为某种具体的交互行为发生，而导致文档内容需要作某些处理的场合。在这种情况下，通常由被作用的元素发起一个消息，并向上传播，在传播的途径中，将该消息进行处理的行为，被称为事件响应或者事件处理。浏览器事件的种类很多，包括鼠标点击、鼠标移动、键盘输入、失去与获得焦点、装载、选中文本等。浏览器的 DOM 提供了基本的事件处理方式，它被广泛应用于 Web 应用程序的开发中。

HTML 标准规定了每个元素支持多种不同的事件类型。表 4-15 归纳整理了常见的事件类型。

表 4-15　JavaScript 中常见的事件类型

事件代理	事件说明	支持的 HTML 标记
onabort	图片装载被中断	<img><object>
onblur	元素失去焦点	<button><input><label><select><textarea><body>
onchange	元素内容发生改变	<input><select><textarea>
onclick	单击鼠标	大部分标记
ondbclick	双击鼠标	大部分标记
onerror	图片装载失败	<img><object>
onfocus	元素获得焦点	<button><input><label><select><textarea><body>
onkeydown	键盘被按下	表单元素和 body
onkeypress	键盘被按下并释放	表单元素和 body
onkeyup	键盘被释放	表单元素和 body
onload	文档装载完毕	<body><frameset><iframe><img><object>
onmousedown	鼠标被按下	大部分标记
onmousemove	鼠标在元素上移动	大部分标记
onmouseout	鼠标移开元素	大部分标记
onmouseover	鼠标移到元素上	大部分标记
onmouseup	鼠标被释放	大部分标记
onreset	表单被重置	<form>
onresize	调整窗口大小	<body><frameset><iframe>
onselect	选中文本	<input><textarea>
onsubmit	表单被提交	<form>
onunload	写在文档或框架	<body><frameset><iframe>

把一个脚本函数与事件关联起来被称为事件绑定，被绑定的脚本函数成为事件的句

柄。在简单事件模型里，JavaScript 支持两种不同的事件绑定方式。

HTML 元素的事件属性可以将合法的 JavaScript 代码字符串作为值，这一种绑定被称为"静态绑定"，例如下面代码中 onclick 的属性值：

```
<button id = "btn" onclick = "link('张三')">Click Me!</button>
```

除了静态绑定之外，JavaScript 还支持直接对 DOM 对象的事件属性赋值，对应地，这种绑定称为"动态绑定"，例如：

```
<html>
<body>
    <button id = "btn">Click Me!</button>
    <script type = "text/JavaScript">
        btn.onclick = function () {
            alert("hello");
        }
    </script>
</body>
</html>
```

上面例子是在脚本中直接调用了 id 为"btn"的按钮对象 onclick 事件，也可以直接将事件写在对象中，直接在对象中调用事件函数，例如：

```
<html>
<body>
    <button id = "btn" onclick = "pgload()">Click Me!</button>
    <script type = "text/JavaScript">
        function pgload() {
            alert("hello");
        }
    </script>
</body>
</html>
```

上面的代码是将函数 pgload()注册给了 onclick 事件。

4.5 JavaScript 在 HTML5 中的应用

4.5.1 HTML5 绘图的应用

在前面的章节中，我们已经简单地描述了 HTML 5 中非常重要的 canvas 元素。Canvas API 是基于 canvas 元素的一套 JavaScript 函数库，它是提供了基本的绘图功能，支持创建文本、直线、曲线、多边形和椭圆，并可以设置其边框的颜色和填充色。下面的例子用 JavaScript 和 canvas 元素创建了一个在商业报表中常见的直方图，如图 4-8 所示。

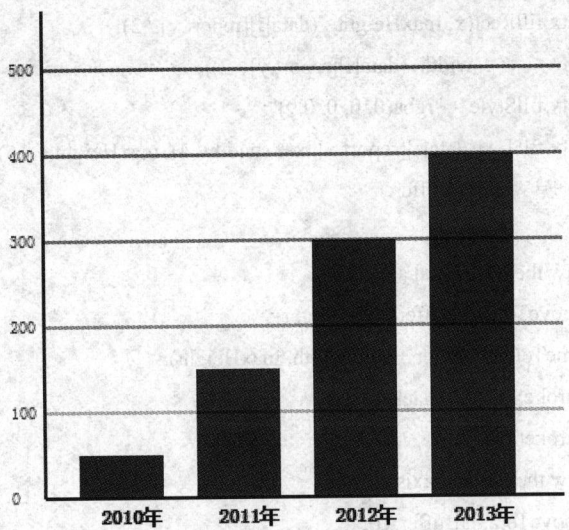

图 4-8 Canvas 创建的直方图

其代码如下：

```
<!DOCTYPE html>
<html>
<head>
    <meta http-equiv = "Content-Type" content = "text/html; charset = UTF-8" />
    <meta name = "viewport" content = "width = device-width; initial-scale = 1.0;
        maximum-scale = 1.0; user-scalable = 0;" />
    <title>HTML 5 报表</title>
    <script type = "text/javascript">
    function graph(report, maxWidth, maxHeight) {
        var data = report.values;
        var canvas = document.getElementById("graph");
        var axisBuffer = 20;
        canvas.height = maxHeight + 100;
        canvas.width = maxWidth;
        var ctx = canvas.getContext("2d");
        var width = 50;
        var buffer = 20;
        var i = 0;
        var x = buffer + axisBuffer;
        ctx.font = "bold 12px 宋体";
        ctx.textAlign = "start";
        for (i = 0; i < data.length; i++)
        {
            ctx.fillStyle = "rgba(0, 0, 200, 0.9)";
```

```
            ctx.fillRect(x, maxHeight - (data[i][report.y] / 2),
                    width, (data[i][report.y] / 2));
            ctx.fillStyle = "rgba(0, 0, 0, 0.9)";
            ctx.fillText(data[i][report.x], x + (width / 4), maxHeight + 15);
            x += width + buffer;
        }
        // draw the horizontal axis
        ctx.moveTo(axisBuffer, maxHeight);
        ctx.lineTo(axisBuffer + maxWidth, maxHeight);
        ctx.strokeStyle = "black";
        ctx.stroke();
        // draw the vertical axis
        ctx.moveTo(axisBuffer, 0);
        ctx.lineTo(axisBuffer, maxHeight);
        ctx.stroke();
        // draw gridlines
        var lineSpacing = 50;
        var numLines = maxHeight / lineSpacing;
        var y = lineSpacing;
        ctx.font = "10px 宋体";
        ctx.textBaseline = "middle";
        for (i = 0; i < numLines; i++)
        {
            ctx.strokeStyle = "rgba(0,0,0,0.25)";
            ctx.moveTo(axisBuffer, y);
            ctx.lineTo(axisBuffer + maxWidth, y);
            ctx.stroke();
            ctx.fillStyle = "rgba(0,0,0, 0.75)";
            ctx.fillText("" + (2 * (maxHeight - y)), 0, y);
            y += lineSpacing;
        }
    }
    function init()
    {
        var data = [{ year: "2010 年", sales: 50 },
            { year: "2011 年", sales: 150 },
            { year: "2012 年", sales: 300 },
            { year: "2013 年", sales: 400 }];
        var report = {
```

```
                    x: "year",
                    y: "sales",
                    values: data
                };
                graph(report, 350, 300);
            }
        </script>
    </head>
    <body onload="init()">
        <canvas id = "graph"></canvas>
    </body>
</html>
```

在上述代码的 graph 函数中，首先通过 document.getElementById("graph")函数获取了这个图形所需要的 canvas 对象，并设置了画布的宽度和高度等属性，然后通过循环访问 data 数组获得了相应的数据，并根据数据绘制出柱状图。

在代码中，使用 rgba 函数设置了颜色值及 alpha 值，颜色值包括红(R)、绿(G)、蓝(B)三个部分，而 alpha 值则是颜色的透明度(代码中为 0.9，即 90%)。

代码中使用 fillRect 函数创建了柱状图，函数的参数为矩形的起点(x,y)、高度和宽度；使用 fillText 函数在画布上绘制文本；使用 moveTo 函数设置开始绘制直线的起始点；使用 lineTo 函数和 stroke 函数从当前点到指定点之间绘制了一条直线。

4.5.2　本地存储

传统的 HTML 使用 cookie 作为本地存储(浏览器端存储)的方式。通过 cookie 可以保存用户访网站的信息，例如个人资料等。每个 cookie 的格式都是"键/值对"(或称为"名称/值对")，即：<cookie 名>=<值>，名称和值都必须是合法的标示符。从 JavaScript 的角度看，cookie 就是一些字符串，可以通过 document.cookie 来读取或设置这些信息。由于 cookie 多用在客户端和服务端之间进行通信，所以除了 JavaScript 以外，服务端的语言(如 JSP)也可以存取 cookie。

使用 cookie 需要注意它的如下特性：

每个 cookie 所存放的数据不能超过 4 KB。

cookie 是以文件形式存放在客户端计算机中的，对于客户端的用户来说，这些信息可以被查看和修改，因此，通常在 cookie 中不能存放与安全或隐私有关的重要信息。

cookie 存在有效期。默认情况下，一个 cookie 的生命周期就是在浏览器关闭的时候结束。如果想要 cookie 能在浏览器关掉之后还可以使用，就必须要为该 cookie 设置有效期。

cookie 通过域和路径来设置相应的访问控制。通过域的设置防治不同域之间不能互相访问 cookie 信息(除非特别设置)，通过路径的设置，使得一个网页所创建的 cookie 只能被同一目录的其他网页访问。

下面代码介绍了如何设置和获取 cookie 的值。cookie 的值可以由 document.cookie 直接获得，得到的将是以分号隔开的多个"键/值对"所组成的字符串。其代码如下：

```
<!DOCTYPE html>
<html>
<head></head>
<body onload = "init()">
    <script type = "text/JavaScript">
        document.cookie = "userId=828";
        document.cookie = "username = hulk";
        var strcookie = document.cookie;
        alert(strcookie);
    </script>
</body>
</html>
```

关于服务器端的 cookie 访问，将在后面的章节中专门介绍。

应用 cookie 可以方便地存储用户的信息，但它本身也有明显的缺陷与不足。比如存储空间小：每个站点大小限制在 4 KB 左右；有时间期限：需要设置失效时间；在请求网页时 cookie 会被附加在每个 HTTP 请求的 header 中，增加了流量；在 HTTP 请求中的 cookie 是明文传递的，具有安全隐患。

HTML5 的新标准提供了比 cookie 更好的本地存储解决方案，主要包括四种：localstorage、sessionstorage、webSQL 和 indexedDB。由于浏览器的兼容性问题，基于 HTML5 标准的本地存储机制并不是在所有浏览器中都已得到支持，因而在实际使用时需要对前端环境进行测试。

4.6　常用的 JavaScript 框架

在软件工程中提高代码重用性对缩短开发周期、降低开发难度、提高开发质量等都有明显的作用。在开发一定规模的基于 JavaScript 的浏览器端程序时也需要重视代码的重用性，一方面需要将在不同 HTML 文件中多次重用的 JavaScript 代码保存到独立的文件中，另一方面也可充分利用由其他机构开发出的 JavaScript 框架(类库)。目前常用的 JavaScript 框架包括 jQuery 和 ExtJS 等。

jQuery 是一个优秀的轻量级 JavaScript 框架，它压缩后只有 21 KB，便于浏览器下载和执行。jQuery 框架兼容 CSS3 和多种浏览器，可以让开发者更方便地处理对象、事件和 AJAX 等效果。在开发时，通过定义 HTML 对象的 ID 值，jQuery 能够使程序代码和 HTML 内容更加方便地分离，适合团队协作开发。

ExtJS 是一种用于创建浏览器端用户界面的 JavaScript 框架。ExtJS 库中提供了功能丰富的的界面控件，特别是在信息系统开发中常用的控件，比如表格控件、树形结构控件等。在 ExtJS 表格控件中可以完成很多界面效果，包括：对行进行单选或多选、高亮显示选中的行、推拽改变列宽度、按列排序、支持 checkbox 全选、本地以及远程分页、对单元格进行渲染、添加新行、删除一或多行等。

　　为了提高开发效率，开发者除了使用适合的 JavaScript 框架以外还需选择使用适合的 JavaScript 调试工具。Firebug 是一个 Firefox 浏览器插件，它集 HTML 查看和编辑、JavaScript 控制台、网络状况监视器于一体，可帮助开发者对 JavaScript 程序进行开发和调试。JSEclipse 是针对 Eclipse 开发平台的插件，它支持 JavaScript 的代码编写、大纲浏览、错误报告等功能。

思 考 题

1. JavaScript 语言和 C 语言的异同有哪些？
2. JavaScript 语言的面向对象的特性主要表现在哪些方面？
3. JavaScript 语言有哪些内置对象？
4. 试举例说明 JavaScript 语言异常处理机制。
5. 编写代码练习：在网页中实现一个浮动的小图片，让其保持 45°角的匀速直线运动，当碰到浏览器边框时会被反弹到另一个方向。(提示：首先在 HTML 中用 DIV 声明一个层，在这一层中放置一个小图片，DIV 声明的矩形区域的大小与图片的大小相同；然后通过 JavaScript 语句来控制 DIV 层的横纵坐标，驱动的事件来自内置的 Timer 对象。)

第 5 章　XML 技术基础

【学习提示】
　　与网站设计技术刚刚兴起的时候不同,现在学习网站设计已经无法绕开 XML 技术了。从名字就可以看出,XML 与 HTML 有一定的相关性,它们都来自同一家族——SGML。随着网站技术的广泛应用,单纯的 HTML 已无法满足应用的需求,XML 技术临危受命,担当起打破技术瓶颈、提供扩展能力的重要角色。
　　目前,XML 不仅在网站设计的前台、后台发挥重要的作用,这项技术已广泛应用于互联网、物联网、大数据、云计算等重要领域。

5.1　XML 简介

　　为了使异构系统间的数据交换更加容易实现,W3C 于 1998 年正式推出了可扩展标记语言(Extensible Markup Language,XML)。作为标准通用标记语言(SGML)经过优化后的一个子集,XML 具有简明的结构、良好的可扩展性、通用性和开放性,因而逐步成为信息交换和共享的重要手段。目前,XML 已被广泛地应用于网站开发中的许多环节,包括服务器配置、业务流程描述、程序代码编写和数据库接口设计等方面。

　　XML 的产生与 HTML 在应用过程中产生的瓶颈问题直接相关。虽然 HTML 是 Web 的“数据类型”,但同时还具有如下不足:

　　(1) HTML 是专门为描述主页的表现形式而设计的,它疏于对信息语义及其内部结构的描述,不能适应日益增多的信息检索要求和存储要求。

　　(2) HTML 对形式的描述能力实际也还是非常不够的,它无法描述矢量图形、科技符号和一些其他的特殊显示效果。

　　(3) HTML 的元素日益臃肿,文件结构混乱而缺乏条理,导致浏览器的设计越来越复杂。

　　HTML 源自于 SGML,且后者是描述各种电子文件的结构及内容的成熟的国际标准,因此 SGML 便很自然地成为解决 HTML 瓶颈问题的思路。但 SGML 并非为 Internet 应用而设计,它的体系也太过复杂和庞大,很难被 Internet 应用所广泛使用。于是,经过多次国际会议和多个国际组织的努力,于 1998 年形成了针对 Internet 进行优化的 SGML“子集”——XML。XML 去除了 SGML 中繁杂而保持其优点,使其可以方便地应用于各种基于 Internet 的系统中。

　　XML 文档的层次结构容易被软件所解析,同时,它还非常易于人的阅读。图 5-1 记事本中的代码给出了一所大学的院系设置。

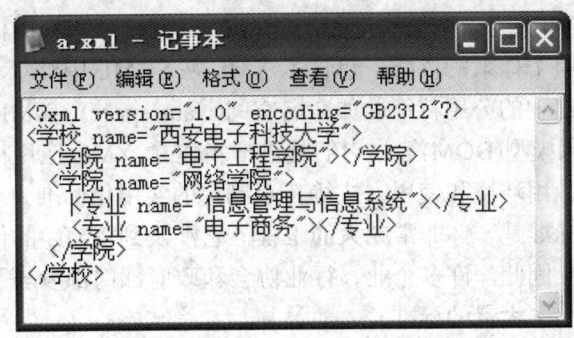

图 5-1　典型的 XML 代码

XML 继承了 SGML 具有的可扩展性、结构性及可校验性，这也是与 HTML 的主要区别：

(1) 可扩展性方面：HTML 不允许用户自定义标识或属性，而在 XML 中，用户能够根据需要，自行定义新的标识和属性名，以便更好地从语义上修饰数据。

(2) 结构性方面：HTML 不支持深层的结构描述，XML 的文件结构嵌套可以复杂到任意程度。

(3) 可校验性方面：传统的 HTML 没有提供规范文件以支持应用软件对 HTML 文件进行结构校验；而 XML 文件可以包括一个语法描述，使应用程序可以对此文件进行结构确认。

虽然 XML 较 HTML 具有很多优势，但这并不能得到"XML 将取代 HTML"的结论。虽然 XML 也可以用来描述表现形式，但这种描述的方式(具体的标签和语法)也必须通过标准固定下来，而 HTML 就是这种完成特定任务的"固化"的标准。事实上，W3C 确实制定了一个应用标准——XHTML，用以规范网页设计。

由于 XML 的开放特性，任何一个信息发布者(包括企业或个人)都可以制定自己的信息描述标准并按这一标准提交 XML 文档，这会造成了相同信息内容的不同格式版本，文档之间也难以相互兼容。这种结果必然制约 XML 的通用性，阻碍信息的交流。因此，根据不同行业的特点制定一系列 XML 应用标准是很有必要的。

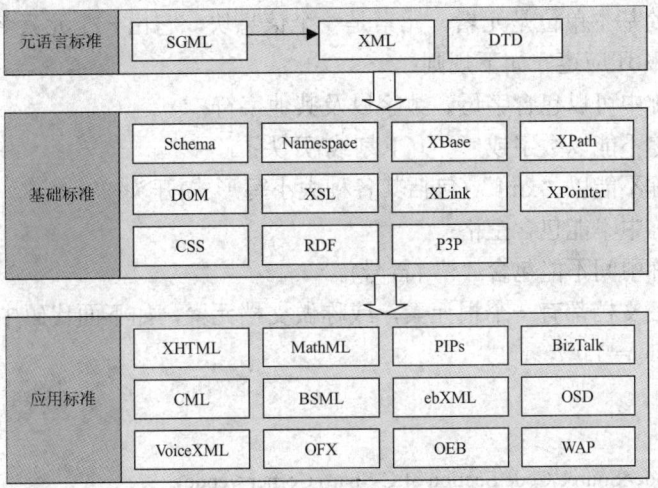

图 5-2　XML 技术标准体系

　　XML 的技术标准可分为三个层次：元语言标准、基础标准和应用标准，如图 5-2 所示。其中，元语言标准是整个体系的核心，包含了 XML 从 SGML 中继承和扩展的语言特性；基础标准规定了 XML 中的公用特征，如命名空间(Namespace)、XML 联接(Xlink)、架构(Schema)以及文档对象模型(DOM)等，它们是进一步建立 XML 应用标准的基础；应用标准是基于文档特性、应用环境和使用方式等特点制定的实用化标准。

　　制定 XML 应用标准是一件非常庞大的工程，它涉及到 XML 的体系结构、应用环境以及行业特点等问题。因此，许多企业、行业协会和政府部门都参与了标准的制定，并针对不同的应用环境推出了大量的标准。

5.2　XML 语法与结构

5.2.1　处理指令

　　XML 的处理指令是用来给处理 XML 文档的应用程序提供信息的。处理指令遵循下面的格式：

```
<?指令名  指令信息?>
```
例如：
```
<?xml version = "1.0" encoding = "GB2312" standalone = "yes"? >
<?xml-stylesheet type = "text/xsl" href = "mystyle.xsl"?>
```

　　例子中的第一个处理指令由<?xml>标签描述的 XML 声明，其中的信息为：该文档遵守 XML 版本 1.0；文档所使用的编码方式为 GB2312(默认为 UTF-8)；Standalone 属性说明文档不需要从外部导入文件；例子中的第二个处理指令指定了与 XML 文件配套使用 XSL 文件 mystyle.xsl。

5.2.2　XML 元素

　　XML 文档的基本单位是元素。元素是一个信息块，它由一个元素名和一个元素内容构成。元素的名称还应遵守如下规则：

(1) 元素名称中可以包含字母、数字以及其他字符；

(2) 元素名称不能以数字或 "_" (下划线)开头；

(3) 元素名称不能以 "xml" (包括其各种大小写形式)开头；

(4) 元素名称中不能包含空格；

(5) 元素名称中间不能包含 ":" (冒号)。

每一个 XML 文档都有一个根元素，或称做文档元素，如下面代码中的<Sections>。

```
<?xml version="1.0"?>
<Sections>
    <ado>
        <code>Source Code Section of C-Sharp Corner</code>
        <articles>Source Code Section of C-Sharp Corner</articles>
```

```
        </ado>
    <Graphics>
        <code>GDI+ source Code Section of C-Sharp Corner</code>
        <articles>Source Code Section of C-Sharp Corner</articles>
    </Graphics>
    </Sections>
```

按照 XML 元素所包含的内容，可以将 XML 元素分为以下四种形式：

(1) 包含数据内容的元素：这些元素中只包含数据。例如<x>abc</x>。

(2) 包含子元素内容的元素：元素包含一个或多个子元素。例如<x><y></y></x>。

(3) 空元素：元素中既不包含数据内容又不包含子元素。例如<x> </x>，可以简写为<x/>。

(4) 包含混合内容的元素：元素既包含数据内容又包含子元素。例如<x>abc<y></y></x>。

元素中的数据内容通常是一般的字符串，但如果这些字符串的内容与 XML 文档本身会产生二义性，则需要采用 CDATA(character data)来声明。例如：

```
    <x> <![CDATA[<AUTHOR name = "Joey"> </AUTHOR>]]> </x>
```

通过这种方式，将整个字符串"<AUTHOR name = "Joey"> </AUTHOR>"声明为<x>元素的数据内容。

空元素看似没有实质意义，但与元素属性配合则可描述具有一定特征的元素。另外，虽然 XML 的语法支持包含混合内容的元素，但这种形式在数据语义上容易造成混乱，不建议使用。

XML 与 HTML 有很多相似性，但在语法上 XML 比 HTML 更为严格。所以在编写 XML 文档时需要注意下列细节：

(1) XML 是大小写敏感的，例如<table>和<TABLE>是不同的元素；

(2) XML 中的每一个元素都必须有对应的结束标签，即使是空元素也必须要写一对标签；

(3) XML 中的元素之间可以嵌套而形成子元素，但不能交叉。例如This text is bold and italic在 XML 的语法中是错误的；

(4) 空格也可以是 XML 文档的数据内容。

5.2.3　元素属性

XML 属性提供一种定义复杂元素的解决方案。属性由属性名和属性值组成。元素的属性说明只能在元素起始标签或空元素标签中出现，属性值必须放置在一对双引号中，例如：

```
    <code language = "C# ">Source Code Section of C-Sharp Corner</code>
```

与元素名一样，属性名也对大小写敏感。如果属性名为"ID"，则说明该属性可以作为元素的索引。

对于 XML 元素来说，属性并不是必须的。有时我们也可以将相同的信息放到一个子元素中，但对于比较简单的上下文信息，使用属性比使用子元素更方便，而且表达的意思也更清晰。

5.3 命名空间

命名空间(Namespaces)是 XML 规范的重要组成部分，它可以对 XML 元素或属性的命名进行扩展：采用命名空间方式后，XML 的元素名称将由一个前缀名称和一个本地名称组成，它们用冒号分隔。前缀名称采用统一资源标识符(URI)的格式，相当于整个名称中的"姓"；本地名称则是一个普通的字符串，相对于整个名称中的"名"，但要求在同一个前缀名称中不能重复。在互联网中，由于不同公司或组织的统一资源标识符(URI)不同，加上在同一公司或组织内部的本地名称保持唯一，则前缀名称和本地名称的命名组合可以生成互联网中的唯一名称。

有两种类型的 URI——统一资源定位器(URL)和统一资源名称(URN)都可以用作命名空间标识符，其中 URL 的方式更为常用。命名空间标识符仅仅是字符串，并不代表在互联网中可以访问到相应的资源。当两个命名空间标识符中的各个字符都完全相同时，它们就被视为相同。

命名空间的语法如下：

    xmlns:[prefix] = "[url of name]"

其中，"xmlns:"是必须的属性。"prefix"是命名空间的别名。例如：

    <sample xmlns:ins = "http://www.lsmx.net.ac">

        <ins:batch-list>

            <ins:batch>Evening Batch</ins:batch>

        </ins:batch-list>

    </sample>

上述代码中，batch-list、batch 等元素都是在 http://www.lsmx.net.ac 命名空间中定义的，而该命名空间的别名为 ins。

5.4 文档类型定义与校验

对文档的格式和数据有效性验证可以对应用程序之间的数据交换提供保障。XML 标准先后推荐了两种 XML 文档验证方式，即文档类型定义(DTD)和 XML 架构(XML Schema)。

5.4.1 文档类型定义

文档类型定义(Document Type Definition，DTD)是一套语法规则，它可以作为 XML 文档的模板，同时也是 XML 文档的有效性(valid)校验标准。在 DTD 中可以定义一系列文档规则，包括文档中的元素及其顺序、属性等。当我们打开很多网站的页面源代码时，可能会看到 HTML 文档的第一行文字如下：

    <!DOCTYPE html PUBLIC "-//W3C//DTD XHTML 1.0 Transitional//EN" "http://www.w3.org/TR/xhtml1/DTD/xhtml1-transitional.dtd">

这便是 XHTML 的文档类型定义声明，浏览器根据这一声明决定如何解析页面元素。例如，假定要使用以下 XML 词汇描述员工信息：

```
<employee id = "555-12-3434">
    <name>Mike</name>
    <hiredate>2007-12-02</hiredate>
    <salary>42000.00</salary>
</employee>
```

以下 DTD 文档描述了 XML 文档的结构：

```
<!-- employee.dtd -->
<!ELEMENT employee (name, hiredate, salary)>
<!ATTLIST employee    id CDATA #REQUIRED>
<!ELEMENT name (#PCDATA)>
<!ELEMENT hiredate (#PCDATA)>
<!ELEMENT salary (#PCDATA)>
```

由于 DTD 语法本身不符合 XML 的语法规范，所以不能使用标准的 XML 解析器来处理 DTD 文档。基于 XML 的文档定义方式——XML 架构的产生弥补了这一缺陷。

5.4.2　XML 架构

XML 架构(XML Schema)是一种文档类型定义方式，与 DTD 的最大区别在于：XML 架构本身也是 XML 文档。XML 架构文档之于 XML 实例文档如同面向对象系统中对象类之于实例对象。因此，一个 XML 架构文档往往对应了多个 XML 实例文档。

架构定义中使用的元素来自 http://www.w3.org/2001/XMLSchema 命名空间，为使用方便，通常将其赋予别名 xsd。XML 架构文件的结构如下：

```
<xsd:schema xmlns:xsd = "http://www.w3.org/2001/XMLSchema"
    targetNamespace = "http://example.org/employee/">
<!-- definitions go here -->
</xsd:schema>
```

XML 架构定义中必须具有一个根 xsd:schema 元素。根元素可包含的子元素包括 xsd:element、xsd:attribute 和 xsd:complexType 等。例如我们要描述以下这类 XML 实例文档：

```
<tns:employee xmlns:tns = "http://example.org/employee/"
    tns:id="555-12-3434">
<tns:name>Monica</tns:name>
<tns:hiredate>1997-12-02</tns:hiredate>
<tns:salary>42000.00</tns:salary>
</tns:employee>
```

可以看出，XML 架构的描述较 DTD 而言要"繁琐"一些，但"繁琐"的方式却可带来更加灵活和强大的文档定义功能。比如，XML 架构中可以使用更加丰富的数据类型，子元素的出现次数和排序的定义也更加灵活，代码的重用性和可维护性也较高。

5.5　XML 文档样式转换

5.5.1　在 XML 中使用 CSS

HTML 将数据内容与表现融为一体，而 XML 主要用于数据内容的描述。但当用户希望以一定方式(比如网页方式)观看数据时，就需要将 XML 的表现方式与其内容进行结合。使用 CSS 可以为 XML 文档提供样式描述。

例如，下面为一个关于音乐 CD 的 XML 文档(cd_catalog.xml)：

```
<?xml version = "1.0" encoding = "iso-8859-1"?>
<CATALOG>
    <CD>
        <TITLE>Empire Burlesque</TITLE>
        <ARTIST>Bob Dylan</ARTIST>
        <COUNTRY>USA</COUNTRY>
        <COMPANY>Columbia</COMPANY>
        <PRICE>10.90</PRICE>
        <YEAR>1985</YEAR>
    </CD>
    <CD>
        <TITLE>Hide your heart</TITLE>
        <ARTIST>Bonnie Tyler</ARTIST>
        <COUNTRY>UK</COUNTRY>
        <COMPANY>CBS Records</COMPANY>
        <PRICE>9.90</PRICE>
        <YEAR>1988</YEAR>
    </CD>
</CATALOG>
```

针对这一 XML 文档建立一个 CSS 文件(cd_catalog.css)说明各个元素的显示方式，其内容如下：

```
CATALOG {
    background-color: #ffffff;
    width: 100%;
}
CD {
```

```
        display: block;
        margin-bottom: 30pt;
        margin-left: 0;
    }
    TITLE {
        color: #FF0000;
        font-size: 20pt;
    }
    ARTIST {
        color: #0000FF;
        font-size: 20pt;
    }
    COUNTRY, PRICE, YEAR, COMPANY {
        display: block;
        color: #000000;
        margin-left: 20pt;
    }
```

在 cd_catalog.xml 文件中添加 CSS 说明指令，形成以下文件：

```
<?xml version = "1.0" encoding = "ISO-8859-1"?>
<?xml-stylesheet type = "text/css" href = "cd_catalog.css"?>
<CATALOG>
    ⋮
</CATALOG>
```

在浏览器中展现该 XML 文档，其结果如图 5-3 所示。

Empire Burlesque Bob Dylan
USA
Columbia
10.90
1985

Hide your heart Bonnie Tyler
UK
CBS Records
9.90
1988

图 5-3　XML 加上 CSS 文件在浏览器中的显示

可以看出，应用 CSS 可以描述 XML 文档的样式，但其效果较为简单。更符合 XML 自身特点的样式描述可以由 XSL 来完成。

5.5.2 在 XML 中使用 XSL

可扩展样式语言(XML Style Language，XSL)可以将 XML 文件作为原料，使用选择、测试和匹配等方式，将 XML 转换为目标文档，比如 HTML。

要从 XML 里提取相关的数据进行样式转换，就要用到 XSL 提供的模式查询语言。所谓模式查询语言，就是通过相关的模式匹配规则表达式从 XML 里提取数据的特定语句。模式查询语言可分为三种：

- 选择模式：<xsl:for-each>、<xsl:value-of>和<xsl:apply-templates>
- 测试模式：<xsl:if>和<xsl:when>
- 匹配模式：<xsl:template>

选择模式语句将数据从 XML 中提取出来，是一种简单获得数据的方法。选择模式语句的元素中都有 select 属性，它设定了选择的条件。应用 XSL 选择模式语句找出文档中满足设定条件的元素或元素的集合进行样式转换。

仍以上小节中音乐 CD 的 XMl 文档为例，可以采用 XSL 对文件进行样式转换。新建文件 cd_catalog.xsl，其内容如下：

```
<?xml version = "1.0" encoding = "ISO-8859-1"?>
<xsl:stylesheet version = "1.0" xmlns:xsl = "http://www.w3.org/1999/XSL/Transform">
  <xsl:template match = "/">
    <html>
      <body>
        <h2>My CD Collection</h2>
        <table border = "1">
          <tr bgcolor = "#9acd32">
            <th>Title</th>
            <th>Artist</th>
          </tr>
          <xsl:for-each select = "catalog/cd">
            <tr>
              <td>
                <xsl:value-of select = "title"/>
              </td>
              <td>
                <xsl:value-of select = "artist"/>
              </td>
            </tr>
          </xsl:for-each>
        </table>
      </body>
    </html>
```

```
        </xsl:template>
    </xsl:stylesheet>
```

经过 XSL 转换后的结果如下，在浏览器中的显示如图 5-4 所示。

```
    <html>
    <body>
        <h2>My CD Collection</h2>
        <table border = "1">
            <tr bgcolor = "#9acd32">
                <th>Title</th>
                <th>Artist</th>
            </tr>
            <tr>
                <td>Empire Burlesque</td>
                <td>Bob Dylan</td>
            </tr>
            <tr>
                <td>Hide your heart</td>
                <td>Bonnie Tyler</td>
            </tr>
        </table>
    </body>
    </html>
```

图 5-4　XML 加上 XSL 文件在浏览器中的显示

5.6　XML 文档的解析

5.6.1　DOM 解析器

文档对象模型(Document Object Model，DOM)为编程语言提供了一个读写 XML 文档的接口，通过这一接口可以访问到 XML 文档内容、结构以及样式数据。DOM 是以树形结构的视角看待 XML 文档，XML 文档中的每个成分都是树中的一个节点，也是对应的一个

DOM 对象。应用程序通过存取这些对象就能够存取 XML 文档的内容。以下是 XML 文档
中各成分与树形结构节点之间的对应关系:

(1) 整个 XML 文档是一个文档节点;

(2) 每个 XML 元素是一个节点;

(3) 包含在 XML 元素中的数据内容是文本节点;

(4) 每一个 XML 属性是一个属性节点;

(5) 注释属于注释节点。

在程序设计中,不同的 XML 解析器所提供的 DOM 类库大致相同。以 JAXP(Java API
for XML Processing)为例,DOM 的基本对象有 5 个: Document, Node, NodeList, Element
和 Attr, 如图 5-5 所示。

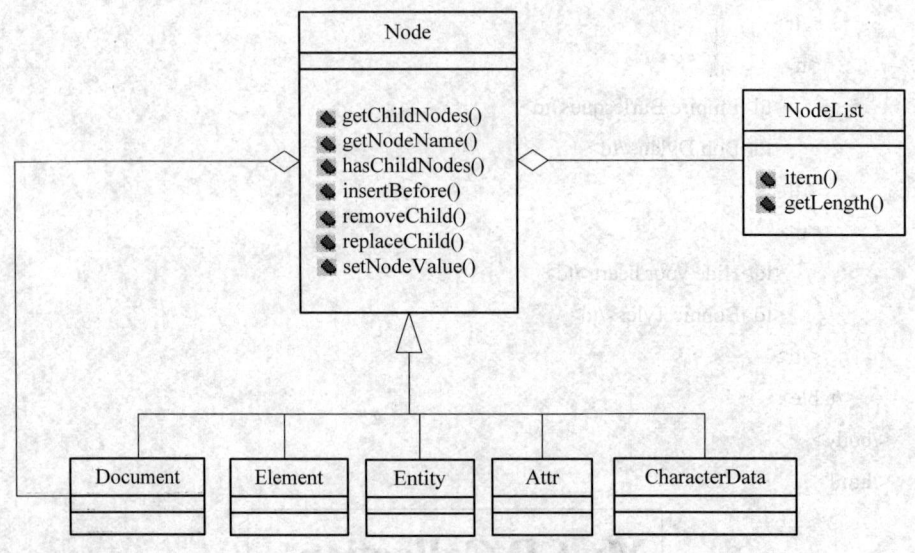

图 5-5　DOM 的基本对象

Document 对象代表了整个 XML 的文档,所有其他的 Node,都以一定的顺序包含在
Document 对象之内,排列成一个树形的结构,程序员可以通过遍历这颗树来得到 XML 文
档的所有的内容,这也是对 XML 文档操作的起点。我们总是先通过解析 XML 源文件而
得到一个 Document 对象,然后再来执行后续的操作。此外,Document 还包含了创建其他
节点的方法, 比如 createAttribut()用来创建一个 Attr 对象。

Node 对象是 DOM 结构中最为基本的对象,代表了文档树中的一个抽象的节点。在实
际使用的时候,很少会真正用到 Node 这个对象,而是用到诸如 Element、Attr、Text 等 Node
对象的子对象来操作文档。Node 对象为这些对象提供了一个抽象的、公共的根。虽然在
Node 对象中定义了对其子节点进行存取的方法,但是有一些 Node 子对象,比如 Text 对象,
它并不存在子节点, 这一点是要注意的。

NodeList 对象中可以包含一个或多个 Node 对象,可以看做是一个 Node 数组。通过调
用相应的函数, 应用程序可以获得 NodeList 中的各个 Node 对象。

Element 对象代表的是 XML 文档中的元素,继承于 Node,亦是 Node 的最主要的子
对象。在标签中可以包含有属性,因而 Element 对象中有存取其属性的方法,而任何 Node
中定义的方法, 也可以用在 Element 对象上面。

　　Attr 对象代表了某个元素中的属性。Attr 继承于 Node，但是因为 Attr 实际上是包含在 Element 中的，它并不能被看做是 Element 的子对象，因而在 DOM 中 Attr 并不是 DOM 树的一部分，所以 Node 中的 getparentNode()，getpreviousSibling()和 getnextSibling()返回的都将是 null。也就是说，Attr 其实是被看做包含它的 Element 对象的一部分，它并不作为 DOM 树中单独的一个节点出现。这一点在使用的时候要同其他的 Node 子对象相区别。

　　CharacterData 是文本节点类的接口，其中定义了文本相关的函数。Text 和 Comment 两个文本节点类实现了此接口。由于只是接口而不是类，CharacterData 并不能被直接实例化，而只能通过实现了此接口的类(Text 和 Comment)进行实例化。

　　Entity 可以代表 XML 中的实体，也可以是由 DTD 定义的一个实体类实例，例如 <!ENTITY foo "foo"> 中定义的 foo 就是一个实体类实例。

　　需要说明的是，上面所说的 DOM 对象在 DOM 中都是用接口定义的，在定义的时候使用的是与具体语言无关的 IDL 语言来定义的。因而，DOM 其实可以在任何面向对象的语言中实现，只要它实现了 DOM 所定义的接口和功能就可以了。同时，有些方法在 DOM 中并没有定义，是用 IDL 的属性来表达的，当被映射到具体的语言时，这些属性被映射为相应的方法。

5.6.2　SAX 解析器

　　SAX(Simple API for XML)并不是由 W3C 所提出的标准，它是一种技术社区的产物。与 DOM 比较而言，SAX 是一种轻量型的方法。如前面所描述的，采用 DOM 处理 XML 文档时需要读入整个 XML 文档，然后在内存中创建 DOM 树，并生成每个 Node 对象。如果 XML 文档非常大，那么运行的效率和资源的消耗都不够理想。一个较好的替代解决方法就是 SAX。

　　SAX 是以事件驱动的方式处理 XML 文档的。也就是说，SAX 并不需要一次性读入整个文档，而文档的读入过程也就是 SAX 的解析过程，如图 5-6 所示。

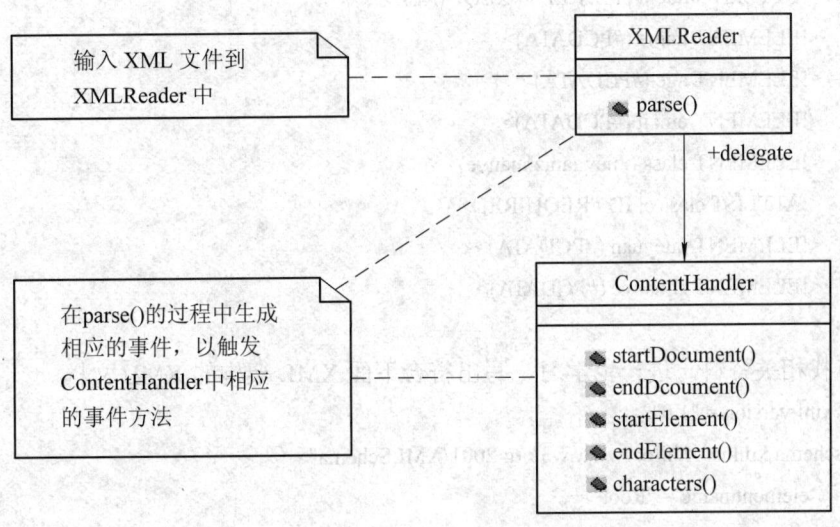

图 5-6　SAX 的解析过程

解析开始之前，需要向 XMLReader 注册一个 ContentHandler，也就是相当于一个事件监听器，在 ContentHandler 中定义了很多方法，比如 startDocument()，它定制了当在解析过程中，遇到文档开始时应该处理的事情。在处理 XML 文档的过程中，先由 XMLReader 对象读入 XML 文档，通过 parse()方法不断触发相应事件，并将这个事件的处理权代理交给 ContentHandler 对象，最后由 ContentHandler 对象调用相应的函数对事件进行响应。

总的来说，DOM 编程相对简单，但是速度比较慢，占用内存多，而 SAX 编程复杂一些，但是速度快，占用内存少。所以，我们应该根据不同的环境选择使用不同的方法。

思 考 题

1. XML 的产生和发展与 HTML 的局限性有关系，请列举 HTML 的主要不足？
2. 简述 XML 继承 SGML 的主要特性。
3. XML 元素在命名时需要遵守哪些原则？
4. XML 命名空间的作用是什么？
5. 查找相关资料，进一步学习，写出符合下面 DTD 声明的 XML 文档。

```
<?xml version = "1.0" encoding = "gb2312"?>
<!DOCTYPE school [
    <!ELEMENT school (students,classes)>
    <!ELEMENT students (student*)>
    <!ELEMENT classes (class*)>
    <!ELEMENT student (name,age,email)>
    <!ATTLIST student id ID #REQUIRED>
    <!ATTLIST student cl IDREFS #REQUIRED>
    <!ELEMENT name (#PCDATA)>
    <!ELEMENT age (#PCDATA)>
    <!ELEMENT email (#PCDATA)>
    <!ELEMENT class (xueyuan,zhuanye)>
    <!ATTLIST class cl ID #REQUIRED>
    <!ELEMENT xueyuan (#PCDATA)>
    <!ELEMENT zhuanye (#PCDATA)>
]>
```

6. 查找相关资料，进一步学习，写出符合下面 XML 架构的 XML 文档。

```
<?xml version = "1.0"?>
<schema xmlns = "http://www.w3.org/2001/XMLSchema">
<element name = "Root">
    <complexType>
        <sequence>
```

```xml
<element name = "Row" maxOccurs = "unbounded">
    <complexType>
        <sequence>
            <element name = "Column1" type = "string" />
            <element name = "Column2" type = "string" />
            <element name = "Column3" type = "string" />
        </sequence>
    </complexType>
</element>
        </sequence>
    </complexType>
</element>
</schema>
```

第 6 章　开发运行环境

【学习提示】

采用 Web 浏览器端技术(如 HTML、CSS 和 JavaScript 等)编写的静态网页可以直接通过浏览器(如 IE 等)打开，查看网页的显示效果。当需要将开发好的网站发布出去，让他人通过 Internet 运用浏览器访问我们做好的网页时，就要搭建 Web 服务器，并将网页等相关文件放到特定的目录中，而且运行 Web 服务器端技术(如 ASP、JSP、PHP 等)编写的动态页面时也必须通过 Web 服务器。目前常用的 Web 服务器软件有 IIS、Apache、Tomcat 等，其对应的服务器端开发技术和操作系统不同。

工欲善其事，必先利其器。为了能够规范、快速、系统地开发网站，在设置好 Web 服务器后，还必须搭建集成开发环境(如 Eclipse、Microsoft Visual Studio)。本章以 JDK + Tomcat + MyEclipse 为例讲解 Java Web 应用的开发运行环境配置过程。最后一节介绍 Web 应用的概念和部署方法，在后面学习 Servlet 时会有更切身的体会。

6.1　JDK 的安装与配置

6.1.1　JDK 简介

JDK(Java Development Kit)是 ORACLE 公司(原来由 SUN 公司开发 JDK，2010 年 1 月被 ORACLE 公司收购)提供的针对 Java 开发员的产品。自从 Java 推出以来，JDK 已经成为使用最广泛的 Java SDK(Software Development Kit，软件开发工具包)。JDK 是整个 Java 的核心，包括了 Java 运行环境、Java 工具和 Java 基础的类库。

JDK 目前有三个版本：

(1) SE(J2SE)，standard edition，标准版，是最常用的一个版本，从 JDK 5.0 开始，改名为 Java SE。

(2) EE(J2EE)，enterprise edition，企业版，使用这种 JDK 开发 J2EE 应用程序，从 JDK 5.0 开始，改名为 Java EE。

(3) ME(J2ME)，micro edtion，主要用于移动设备、嵌入式设备上的 java 应用程序，从 JDK 5.0 开始，改名为 Java ME。

JDK 包含的基本组件有：

• javac——编译器，将源程序转成字节码。

• jar——打包工具，将相关的类文件打包成一个文件。

• javadoc——文档生成器，从源码注释中提取文档。

• jdb——debugger，查错工具。

- java——运行编译后的 java 程序(.class 后缀的)。

6.1.2　JDK 安装

本书的所有范例程序均基于 JDK8 开发和测试。JDK 的安装程序可以到 Oracle 的官方网站 http://www.oracle.com/technetwork/java/javase/downloads/index.html 上下载。

下面讲解 JDK8 在 Windows 操作系统上的安装与配置步骤:

(1) 双击"jdk-8u121-windows-x64.exe"文件图标,开始安装,如图 6-1 所示。

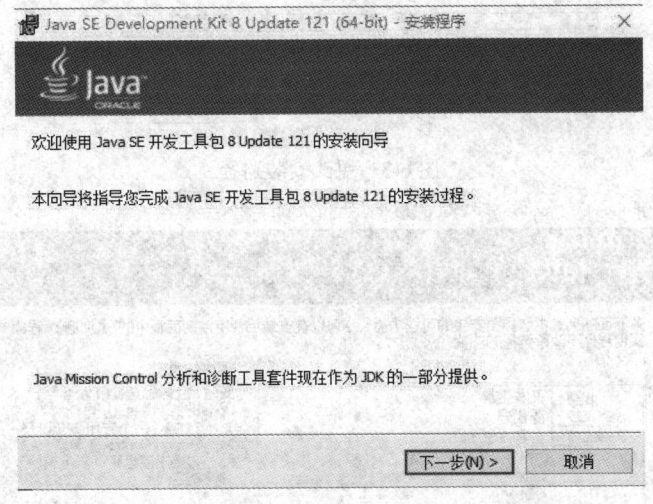

图 6-1　运行"jdk-8u121-windows-x64.exe"

(2) 单击"下一步"按钮,选择安装路径及安装内容,如图 6-2 所示。单击"更改"按钮可以修改 JDK 的安装路径,在这里我们把 JDK 安装在 "C:\Program Files\Java\jdk1.8.0_121"目录下,如图 6-3 所示,单击"确定"按钮,跳转到如图 6-4 所示的界面。

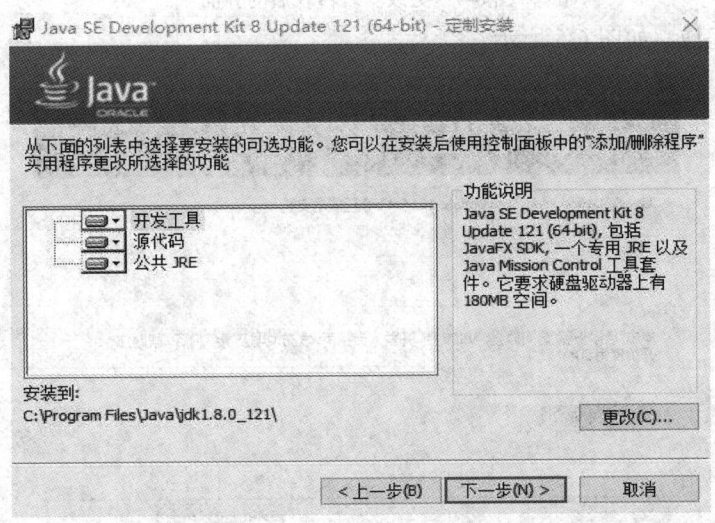

图 6-2　选择安装路径及安装内容

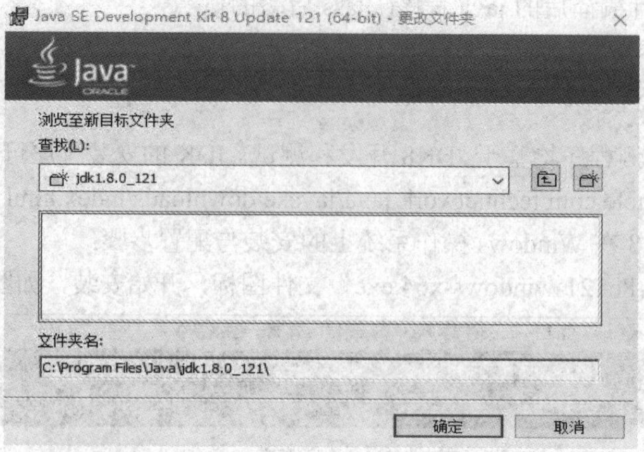

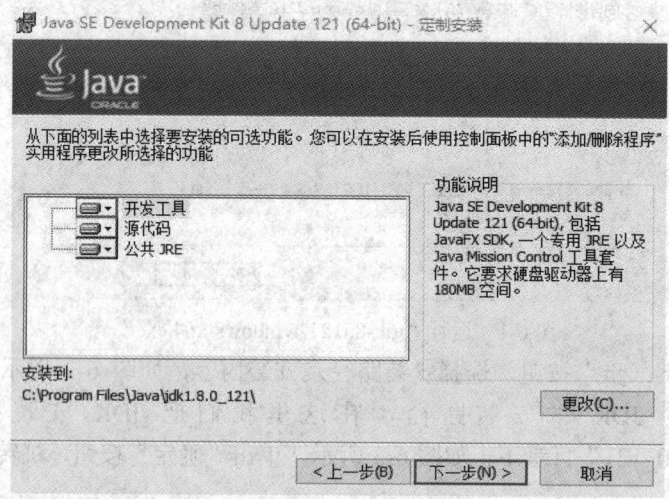

图 6-3　更改安装路径

图 6-4　更改安装目录后的界面

(3) 安装完成,如图 6-5 所示。

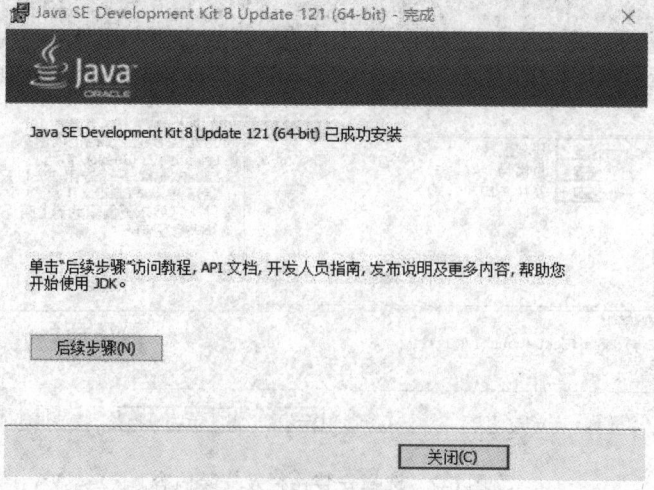

图 6-5　安装完成

(4) 设置系统环境变量，包括 Path、CLASSPATH 和 JAVA_HOME。

• Path 变量。该变量使用户能够在系统中的任何地方运行 java 应用程序，如 javac、java 等，这就要找到安装 JDK 的目录，因此要把 C:\Program Files\Java\jdk1.8.0_121\bin 这个目录加到 Paht 环境变量中。具体配置过程如下：

首先，在桌面上右击"我的电脑"，在下拉菜单中选择"属性"→"高级系统设置"，弹出如图 6-6 所示"系统属性"窗口。

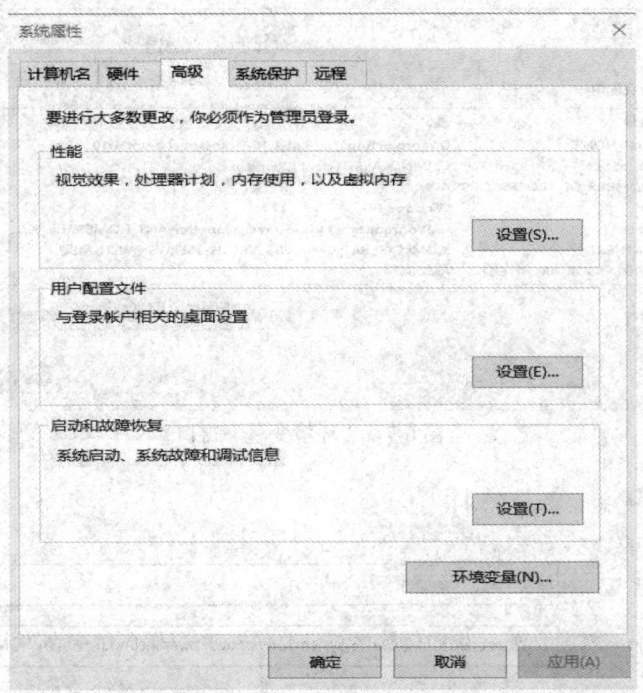

图 6-6　"系统属性"窗口

然后在图 6-6 所示的窗口中选择"高级"标签，单击"环境变量"按钮，弹出如图 6-7 所示的"环境变量"窗口，在"系统变量"列表框中选择"Path"参数，并单击"编辑"按钮，弹出如图 6-8 所示的"编辑系统变量"窗口，在变量值后面加入 Java 的路径"%JAVA_HOME%\lib;"，然后单击"确定"按钮。注意：当 Path 有多个值时，不同值之间用分号隔开。这里的 JAVA_HOME 相当于一个路径，可以直接使用"%JAVA_HOME%"来指定 JAVA_HOME 代表的那个路径。

• JAVA_HOME 变量。一是为了方便引用，例如，JDK 安装在 C:\Program Files\Java\jdk1.8.0_121 目录里，设置 JAVA_HOME 为该目录路径，那么以后要使用这个路径的时候，只需输入%JAVA_HOME%即可，避免每次引用都输入很长的路径串。二是归一原则，当 JDK 路径改变的时候，仅需更改 JAVA_HOME 的变量值即可，否则，就要更改任何用绝对路径引用 JDK 目录的文档。三是第三方软件会引用约定好的 JAVA_HOME 变量，否则，不能正常使用该软件。

具体设置步骤：单击如图 6-7 所示的"新建"按钮，弹出如图 6-9 所示的窗口，输入变量名为 JAVA_HOME，变量值为"C:\Program Files\Java\jdk1.8.0_121"，单击"确定"按钮。

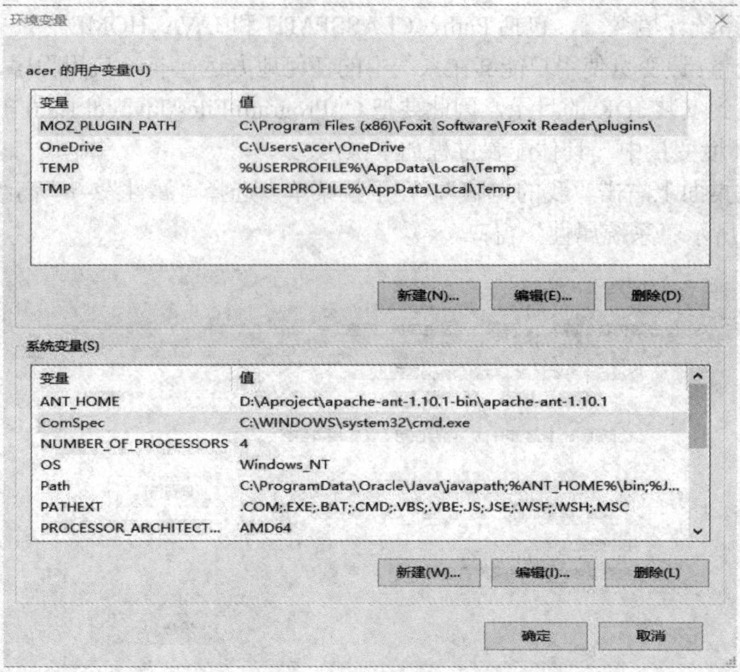

图 6-7　"环境变量"窗口

图 6-8　"编辑系统变量"窗口

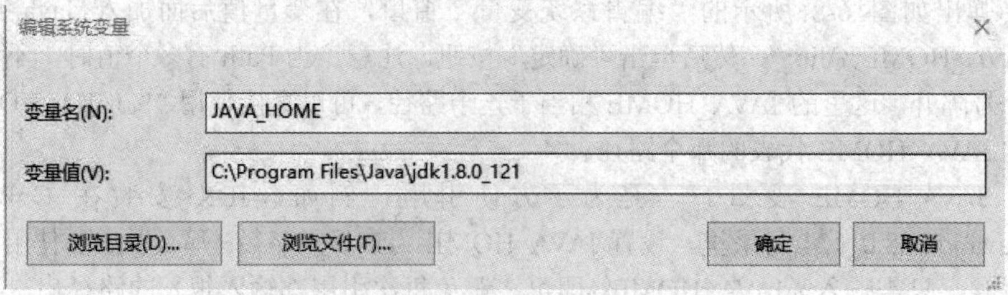

图 6-9　新建系统变量 JAVA_HOME

· CLASSPATH 环境变量。当我们在开发 java 程序时需要引用别人写好的类时，要让 java 解释器知道到哪里去找这个类。当系统变量中没有 CLASSPATH 时，单击如图 6-7 所示的"新建"按钮，弹出如图 6-10 所示窗口，变量名为 CLASSPATH，变量值为 ".;%JAVA_HOME%\lib;%JAVA_HOME%\lib\dt.jar;%JAVA_HOME%\lib\tools.jar"，单击"确定"按钮。

图 6-10 "新建系统变量" CLASSPATH

(5) 测试 JDK 是否安装成功,在命令行中输入"java -version",如果能够正常显示 JDK 的版本号,则表示安装成功,如图 6-11 所示。

图 6-11 测试成功

6.2 Tomcat 的安装及配置

6.2.1 Tomcat 简介

Tomcat 是 Apache 软件基金会(Apache Software Foundation,ASF)的一个开源项目,由 ASF 与其他一些公司及个人共同开发而成。作为支持 Servlet 和 JSP 规范的 Web 应用服务器,Tomcat 性能稳定、占用的系统资源小、扩展性好、支持负载平衡、功能较全面,得到开发者和软件开发商的认可。

Tomcat 不仅是一个可以运行 JSP 和 Servlet 程序的容器,而且与 IIS、Apache 等 Web 服务器一样,具有处理 HTML 页面的功能,因此特别适合在中小型系统或开发调试 JSP 程序的场合使用。

Tomcat 可以独立运行,也可以与 Apache Web 服务器(通常简称为 Apache)协作运行。Apache 本身只支持静态 HTML 服务,但其处理静态页面的效率较高。Apache 和 Tomcat 整合使用时,如果客户端请求的是静态页面,则只需要 Apache 服务器响应请求;如果客户端请求的是动态页面,则由 Tomcat 服务器响应请求。

在市场上,类似 Tomcat 的软件产品还包括:IBM 的 Web Sphere、BEA(被 Oracle 收购)

的 WebLogic 以及 Sun(被 Oracle 收购)的 Jrun 等。

6.2.2　Tomcat 的安装

本书所有的范例均使用 Tomcat8.5.13 作为 Web 服务器。Tomcat8.5.13 的官方网站下载地址为 http://tomcat.apache.org/download-60.cgi。Windows 平台可以下载 ZIP 包或者 Installer 安装文件。Linux 平台下载 TAR 包。

注意：在安装 Tomcat 之前必须成功安装 JDK，而且如果下载的是 Tomcat ZIP 包，则必须为 JDK 配置 JAVA_HOME 环境变量。

1. Tomcat ZIP 包的安装步骤

(1) 解压缩下载到的 Tomcat 压缩包，将解压缩后的文件夹放在任意路径下。这种安装方式可以看到 Tomcat 启动、运行时控制台的输出。

解压缩后 tomcat 目录结构如下：

/bin：存放 Windows 或 Linux 平台上启动和关闭 Tomcat 的脚本文件。

/conf：存放 Tomcat 服务器的各种全局配置文件，其中最重要的是 server.xml 和 web.xml。

/lib：支持文件运行的 JAR 文件。

/logs：存放 Tomcat 执行时的日志文件。

/temp：临时文件存放位置。

/webapps：Tomcat 的主要 Web 发布目录，默认情况下把 Web 应用文件放于此目录

/work：存放 JSP 编译后产生的 class 文件

(2) 启动 Tomcat。对于 Windows 平台，只需要双击 Tomcat 安装路径下 bin 路径中的 startup.bat 文件即可。

启动 Tomcat 之后，打开浏览器，在地址栏中输入 http://localhost:8080，然后回车，浏览器中出现如图 6-12 所示的界面，即表示 Tomcat 安装成功。

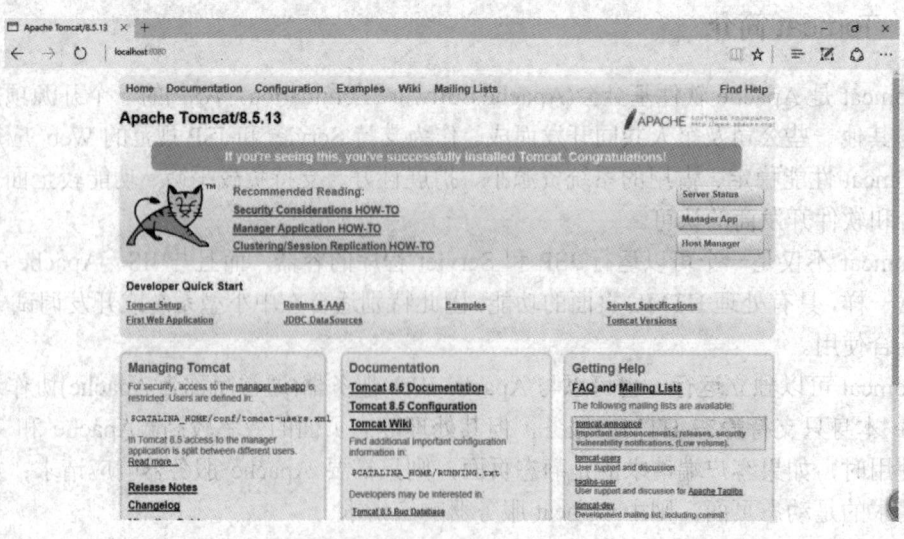

图 6-12　测试成功

2. Tomcat 安装文件的安装步骤

(1) 双击"apache-tomcat-8.5.13.exe"文件图标，开始安装，如图 6-13 所示。

图 6-13　开始安装

(2) 单击"Next"按钮，进入"License Agreeement"窗口，如图 6-14 所示。

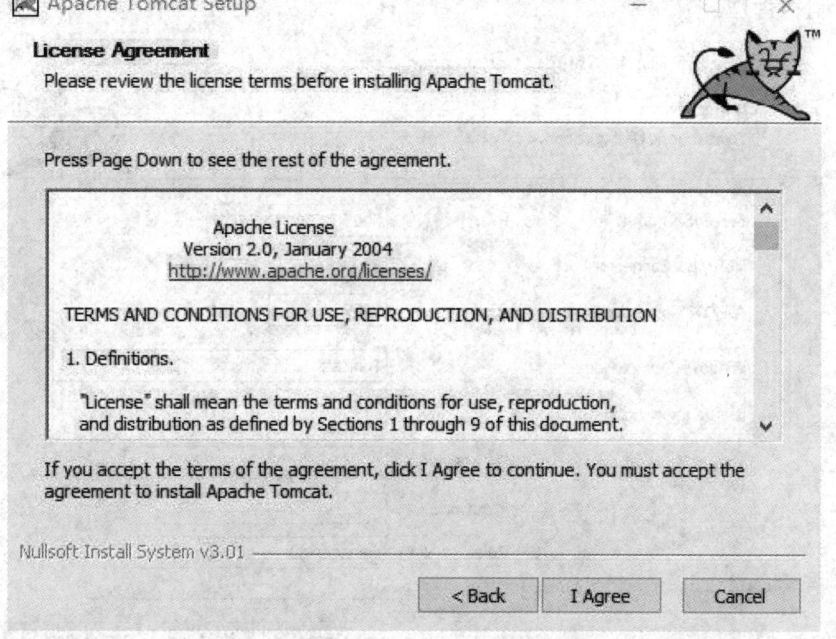

图 6-14　授权许可窗口

(3) 单击"I Agree"按钮，进入选择安装路径窗口，如图 6-15 所示。

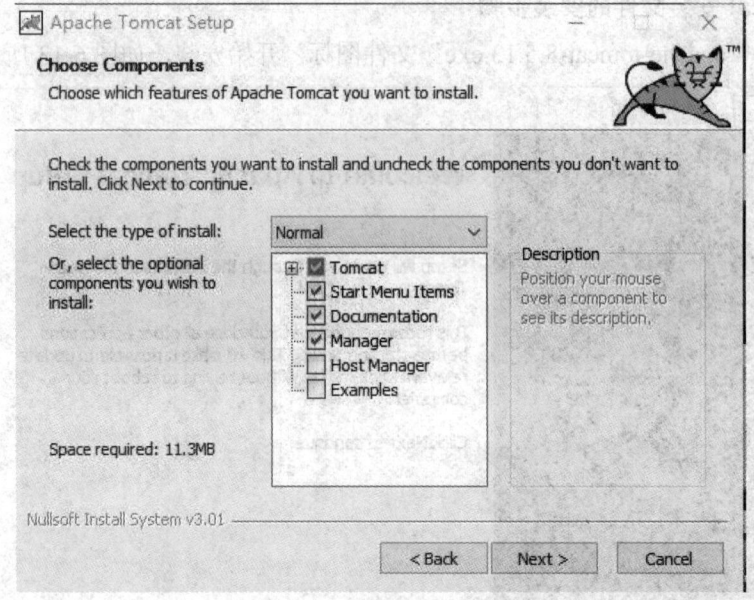

图 6-15　选择安装路径

(4) 选择好要安装的内容之后，单击"Next"按钮，进入基本配置窗口，如图 6-16 所示。在该窗口中可以对 Tomcat 的基本属性值进行修改，其中最常用的是"HTTP/1.1 Connector Port"即 HTTP 协议的访问端口号，Tomcat 默认该端口号为 8080，在不出现冲突的情况下可以将该值改为 80 (IIS 中 HTTP 协议的默认端口号是 80)。此外，还可以设置 Tomcat 管理员的用户名和密码，运用该身份用户能对 Tomcat 的运行状态以及 Web 应用部署进行控制和管理。

图 6-16　基本配置窗口

(5) 单击"Next"按钮，进入设定 Tomcat 使用的 JVM(Java Virtual Machine, Java 虚拟机) 窗口，在这里要选择刚才安装 JDK 所在的目录，如图 6-17 所示。

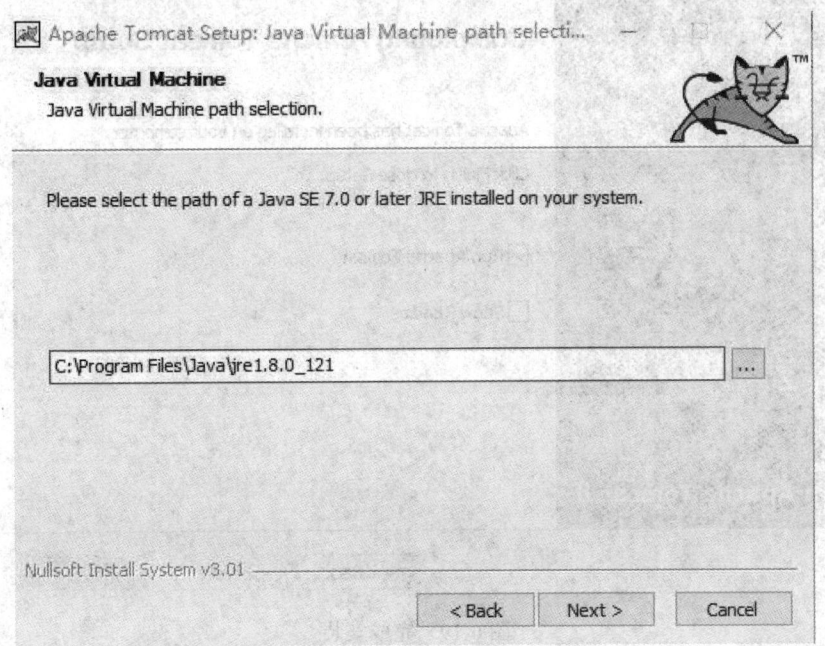

图 6-17　设定 Tomcat 使用的 JVM

(6) 单击"Next"按钮，进入选择 Tomcat 安装路径窗口，如图 6-18 所示。

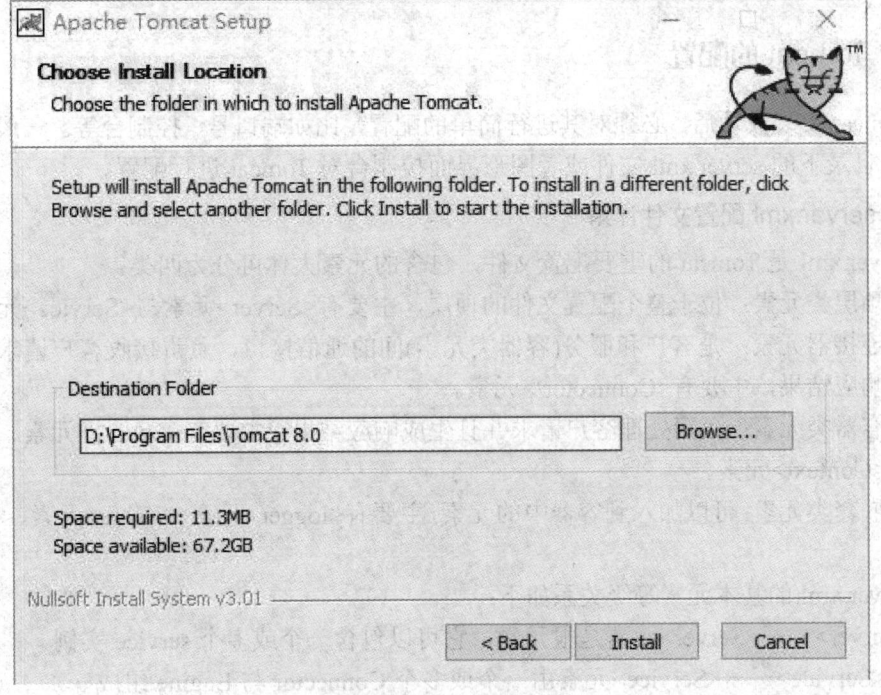

图 6-18　选择安装路径

(7) 单击"Install"按钮，完成安装，如图 6-19 所示。

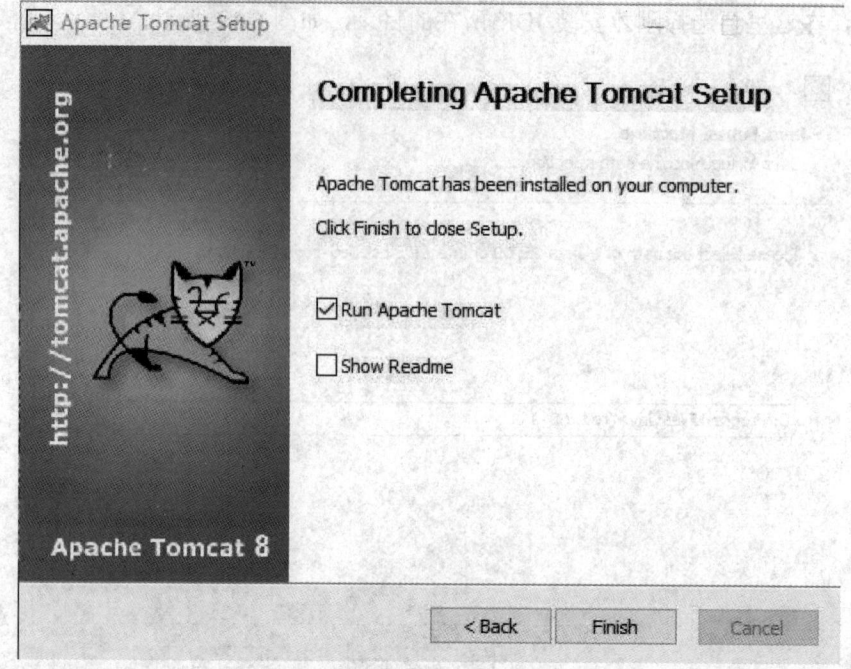

图 6-19　完成安装

(8) 测试 Tomcat，在"开始"菜单的程序中选择"Monitor Tomat"，运行 Tomcat，并开启服务"Start Service"。打开浏览器，在地址栏中输入 http://localhost:8080，然后回车，浏览器中出现如图 6-12 所示的界面，即表示 Tomcat 安装成功。

6.2.3　Tomcat 的配置

Tomcat 安装成功后，必须对其进行简单的配置，比如端口号、控制台等。一般通过修改 conf 目录下的 server.xml 文件或者图形界面控制台对 Tomcat 进行配置。

1. server.xml 配置文件详解

server.xml 是 Tomcat 的重要配置文件，包含的元素大体可分为四类：

• 顶层类元素：位于整个配置文件的顶层，主要有<Server>元素与<Service>元素。

• 连接器元素：是客户和服务(容器类元素)间的通信接口，负责接收客户请求与向客户返回响应结果，主要有<Connector/>元素。

• 容器类元素：负责处理客户请求并且生成响应结果，主要有<Engine>元素、<Host>元素、<Context>元素。

• 嵌套类元素：可以加入到容器中的元素，主要有<logger>元素、<Value>元素、<Realm>元素等。

server.xml 的基本元素等级关系如下：

<Server>——<Server>元素是根元素，它可以包含一个或多个 service 实例

　<Service>——<Service>元素由一个或多个 Connector 与 Engine 组成

　　<Connector/>——<Connector/>就是一个 Tomcat 与客户端的连接

    <Engine>————<Engine>下可以配置多个虚拟主机 Host，并将请求匹配到
         具体 Host 上
     <Host>————<Host>代表一个虚拟主机，下面可以配置多个 Web 应用
      <Context></Context>————<Context>代表一个 Web 应用
     </Host>
    </Engine>
   </Service>
 </Server>

server.xml 中各基本元素的属性说明如表 6-1 所示。

表 6-1 server.xml 基本元素说明

元素名	属　性	解　　释
Server	port	指定一个端口，这个端口负责监听关闭 tomcat 的请求
	shutdown	指定向端口发送的命令字符串
Service	name	指定 service 的名字
Connector	port	指定服务器端要创建的端口号，并在这个断口监听来自客户端的请求
	minProcessors	服务器启动时创建的处理请求的线程数
	maxProcessors	最大可以创建的处理请求的线程数
	enableLookups	如果为 true，则可以通过调用 request.getRemoteHost()进行 DNS 查询来得到远程客户端的实际主机名，若为 false 则不进行 DNS 查询，而是返回其 ip 地址
	redirectPort	指定服务器正在处理 http 请求时收到了一个 SSL 传输请求后重定向的端口号
	acceptCount	指定当所有可以使用的处理请求的线程数都被使用时，可以放到处理队列中的请求数，超过这个数的请求将不予处理
	connectionTimeout	指定超时的时间数(以毫秒为单位)
Engine	defaultHost	指定缺省的处理请求的主机名，它至少与其中的一个 host 元素的 name 属性值是一样的
Context	docBase	应用程序的路径或者是 WAR 文件存放的路径
	path	表示此 web 应用程序的 url 的前缀，这样请求的 url 为 http://localhost:8080/path/****
	reloadable	这个属性非常重要，如果为 true，则 tomcat 会自动检测应用程序的/WEB-INF/lib 和/WEB-INF/classes 目录的变化，自动装载新的应用程序，我们可以在不重启 tomcat 的情况下改变应用程序

元素名	属　性	解　　释
Host	name	指定主机名
	appBase	应用程序基本目录，即存放应用程序的目录
	unpackWARs	如果为 true，则 tomcat 会自动将 WAR 文件解压，否则不解压，直接从 WAR 文件中运行应用程序
Logger (表示日志，调试和错误信息)	className	指定 logger 使用的类名，此类必须实现 org.apache.catalina.Logger 接口
	prefix	指定 log 文件的前缀
	suffix	指定 log 文件的后缀
	timestamp	如果为 true，则 log 文件名中要加入时间，如下例： localhost_log.2001-10-04.txt
Realm (表示存放用户名，密码及 role 的数据库)	className	指定 Realm 使用的类名，此类必须实现 org.apache.catalina.Realm 接口
Valve(功能与 Logger 差不多，其 prefix 和 suffix 属性解释和 Logger 中的一样)	className	指定 Valve 使用的类名，如用 org.apache.catalina.valves.AccessLogValve 类可以记录应用程序的访问信息
	directory	指定 log 文件存放的位置
	pattern	有两个值，common 方式记录远程主机名或 ip 地址，用户名，日期，第一行请求的字符串，HTTP 响应代码，发送的字节数。combined 方式比 common 方式记录的值更多

2. 修改 Tomcat 的服务端口

Tomcat 的默认服务端口是 8080，在 Tomcat 安装过程中可以更改 Tomcat 的默认访问端口，如果在安装过程没有修改，则可以通过修改 server.xml 中 Connector 元素的 port 属性值，例如：

```
<Connector port = "80" redirectPort = "8443" connectionTimeout = "20000"
protocol = "HTTP/1.1"/>
```

3. 配置虚拟主机

虚拟主机是一种在一个 Web 应用服务器上服务多个域名的机制，对每个域名而言，都好像独享了整个主机。目前，Internet 上的大多数中小型网站均采用虚拟主机来实现。在 Tomcat 中配置虚拟主机很简单，只要在 server.xml 中添加一个 Host 元素即可。但要注意，每一个 Host 元素必须包括一个或多个 context 元素,而且所包含的 context 元素中必须有一个是默认的 context,这个默认的 context 的访问路径应该设置为空,例如:

```
<Host name = "www.myTestAPP.com" appBase = "webapps">
    <Context path = " " docBase = "TestApp"/>
</Host>
```

6.3　MyEclipse 的安装及配置

Eclipse 是一个开放源代码,基于 Java 的可扩展开发平台。虽然它本身附带了 Java 开发工具,但它更是一个框架和一组服务,可通过插件方式构建多样的开发环境。Eclipse 的官网下载地址为 http://www.eclipse.org/downloads/。

MyEclipse 是对 Eclipse 的扩展,利用它开发者可以方便地进行 Java、JSP、数据库等项目的开发和发布。作为集成开发环境,My Eclipse 包括了完备的编码、调试、测试和发布功能,可有效提高开发效率。

不同版本的 MyEclipse 均要求与特定版本的 Eclipse 配合,在下载 My Eclipse 时能够看到,MyEclipse2017 版的试用版可以在官方网站上下载(http://www.myeclipseide.com),初学者可以下载 MyEclipse2016 安装版。

MyEclipse2016 独立安装包在 Windows 平台上的安装步骤如下:

(1) 双击"myeclipse-2016-ci-7-offline-installer-windows.exe"的图标,弹出如图 6-20 所示窗口。

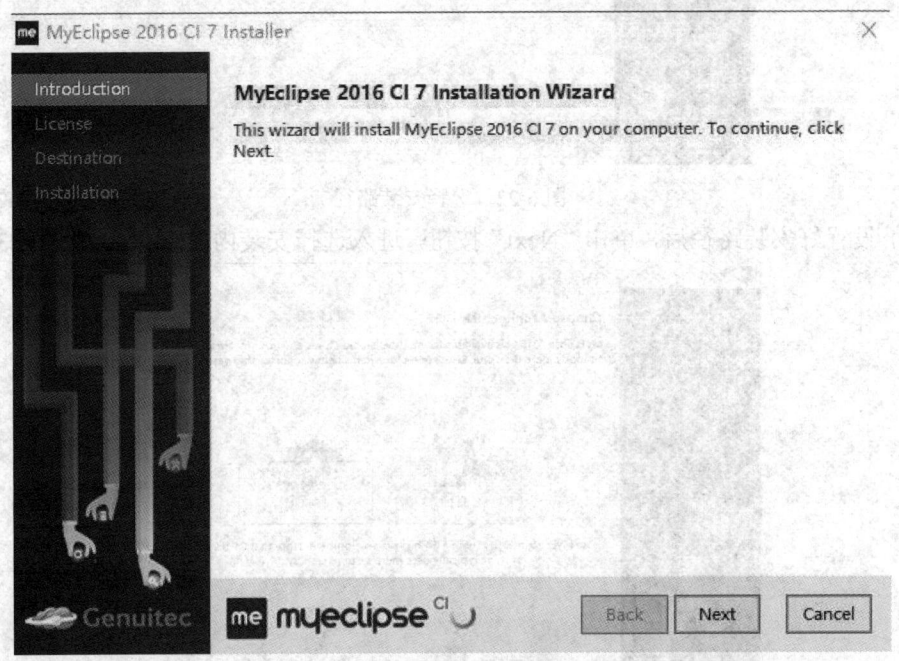

图 6-20　开始安装 MyEclipse2016

(2) 单击"Next"按钮,进入授权同意界面,如图 6-21 所示。

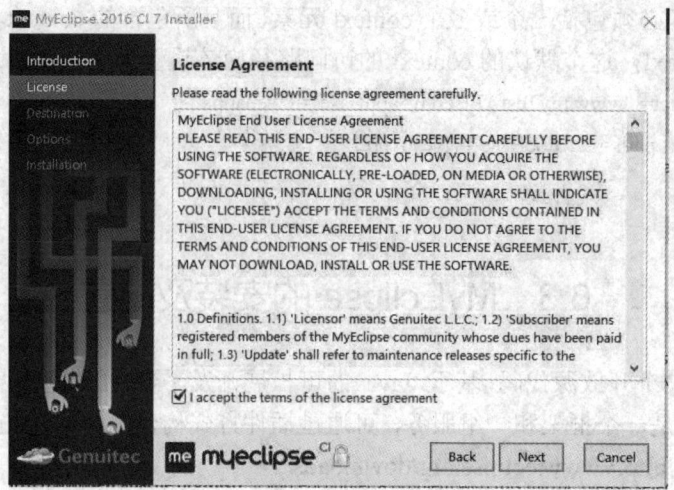

图 6-21　授权同意

(3) 勾选复选框，单击"Next"按钮，进入选择安装路径窗口，如图 6-22 所示。

图 6-22　选择安装路径

(4) 设置好安装路径后，单击"Next"按钮，进入选择安装内容窗口，如图 6-23 所示。

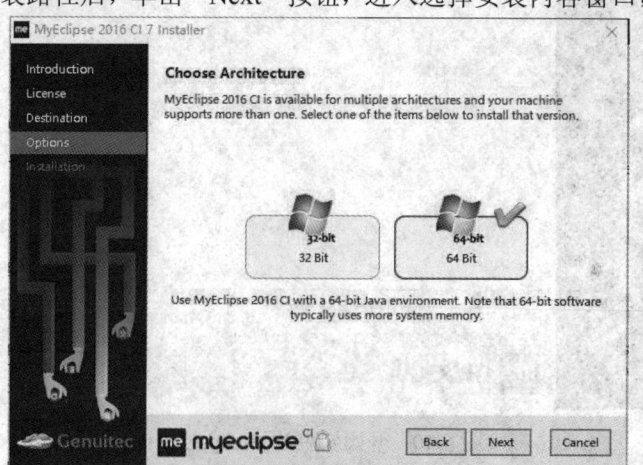

图 6-23　选择安装内容

(5) 根据需求选择好安装内容后，单击"Next"按钮，开始安装。安装结束后出现如图 6-24 所示的窗口，单击"Finish"按钮，完成安装。

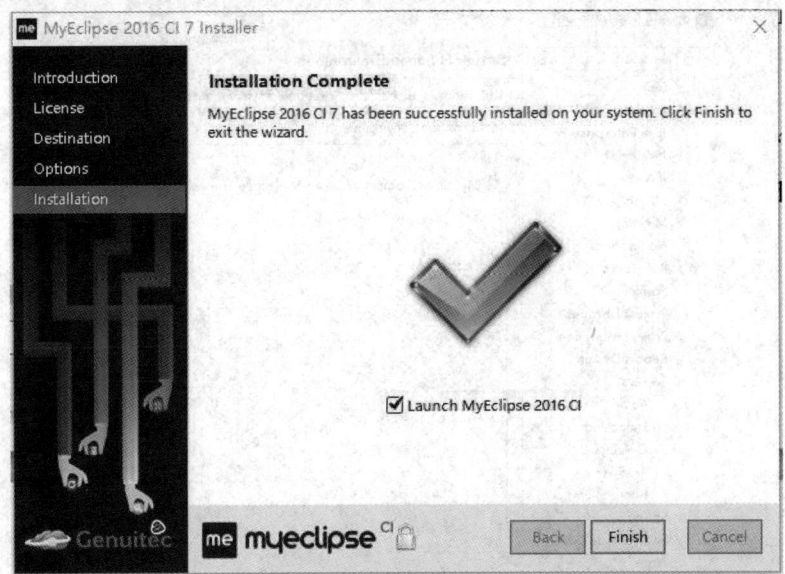

图 6-24　安装完成

(6) 启动 MyEclipse2016，进入如图 6-25 所示的界面。

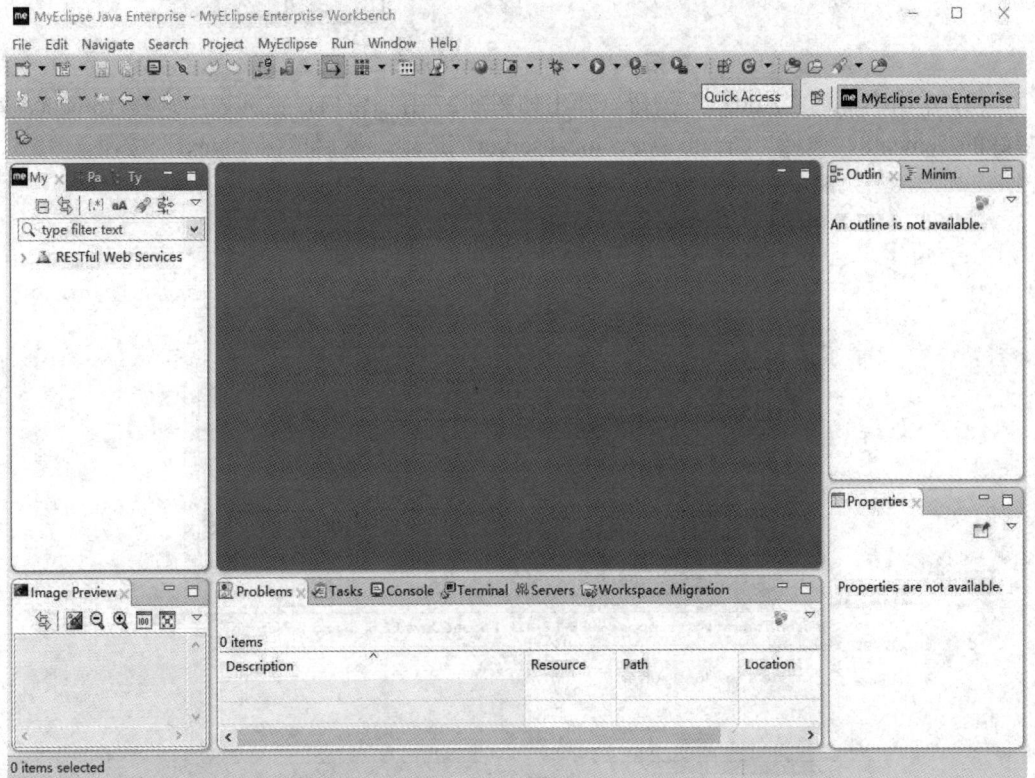

图 6-25　MyEclipse2016 启动成功

(7) 在 MyEclipse2016 中配置 Tomcat8，选择"Windows→Preferences"命令，在弹出

的对话框中选择"MyEclipse→Servers→Runtimes Environment"选项，在窗口的右边进行如图 6-26 所示的配置。

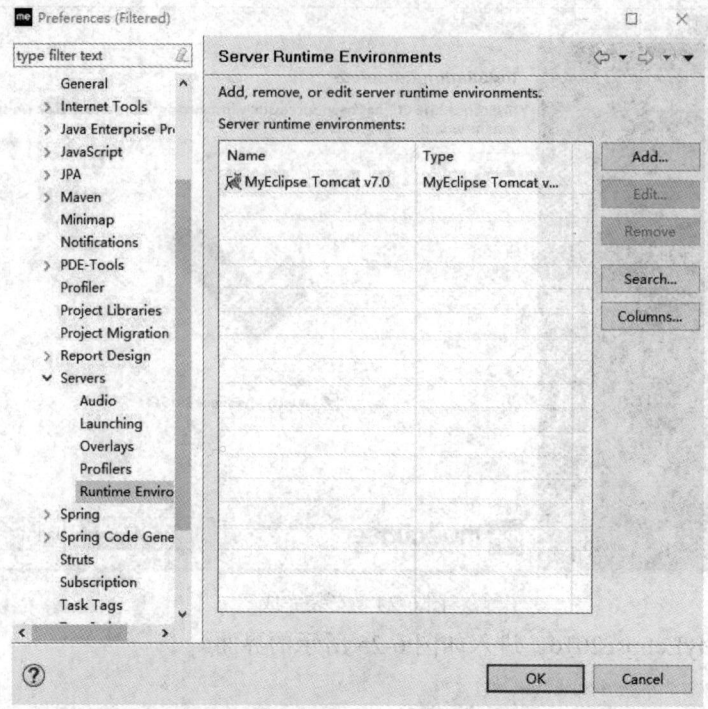

图 6-26　配置 Tomcat8 服务器

(8) 单击右侧的"Add…"按钮，弹出如图 6-27 所示窗口，在列表中选择 Tomcat，安装好的 Tomcat8，选择"Create a new local server"选项，然后单击"Next"按钮。

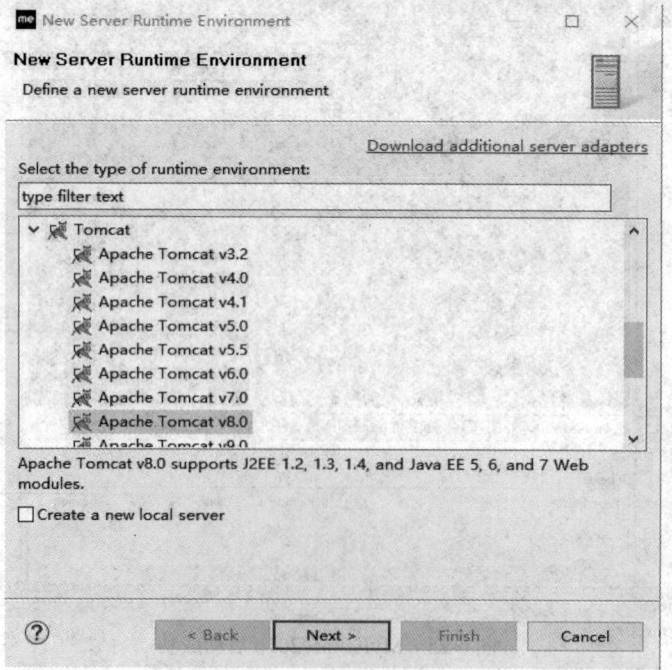

图 6-27　选择配置版本

(9) 在目录选择项中选择之前安装 Tomcat8 的目录，并且选择 JRE 版本，完成配置，如图 6-28 所示。

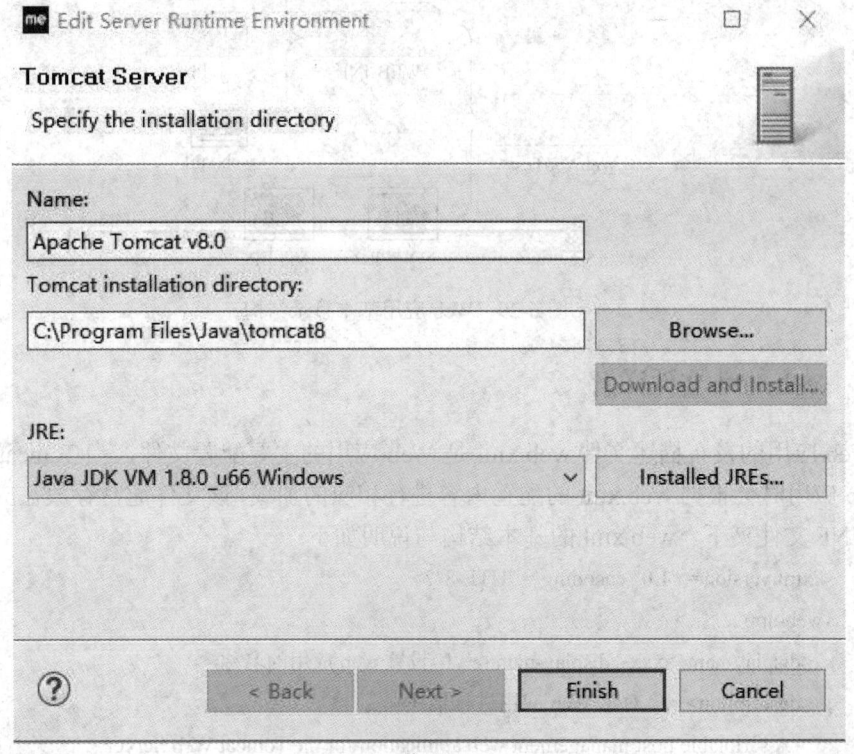

图 6-28　完成配置

6.4　Web 应用和 web.xml 文件

6.4.1　Web 应用概述

Web 应用(Web Application)，所指的既不是一个真正意义上的 Web 网站，也不是一个传统的应用程序。换句话说，它是一些 Web 网页和用来完成某些任务的其他资源的一个集合。它隐含这样一层意思：有一个预定义的路线贯穿于网页之中，用户可做出选择或提供信息使任务能够完成。

根据 Java EE 规范要求，Java Web 应用具有固定的目录结构，通常要建立一个 Web 应用的根目录，应用程序的所有内容均置于其下。假设要建立一个名字为 WebAppTest 的应用，其基本目录结构如图 6-29 所示。其中 WEB-INF 是必备的固定目录，存放 Web 应用所需的各种类和包文件，以及发布描述文件 web.xml。classes 目录存放各种 class 及 Servlet 类文件；lib 目录存放各种 JAR 包文件。除了上述几个目录之外，可以根据自己的需要在 Web 应用的根目录下放置若干个自定义的目录，如 CSS、Images、JS 等。

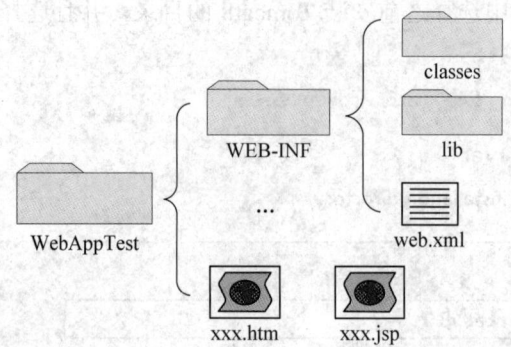

图 6-29　Web 应用基本目录结构

6.4.2　web.xml 文件详解

　　Web 应用的发布描述文件 web.xml 是 Web 应用的主要配置文件，当 Tomcat 服务器加载 Web 应用时会根据 web.xml 的配置内容进行相应的加载，该文件通常存放在应用程序的 WEB-INF 文件夹下。web.xml 的基本结构与说明如下：

```
<?xml version = "1.0" encoding = "UTF-8"?>
<web-app … …>
    <display-name>xxx</display-name> <!--设置 web 应用的名称-->
    <description> <!--对该 Web 应用进行描述-->
        A scriptable host management web application for the Tomcat Web Server;
        Manager lets you view, create and remove virtual hosts.
    </description>
    <Servlet><!--该标签及其包含的子标签用于配置一个 Servlet-->
        <Servlet-name>xxx</Servlet-name>    <!--设定该 Servlet 的实例名-->
        <Servlet-class>xxx</Servlet-class>        <!--设定该 Servlet 的类名-->
        <init-param><!—该标签的作用是设置 Servlet 的初始化参数-->
            <param-name>xxx</param-name><!--设定初始化参数的名字-->
            <param-value>xxx</param-value><!--设定初始化参数的值-->
        </init-param>
        <load-on-srartup>0<load-on-startup> <!--设置该 Servlet 在 web 应用启动时被加载的次序，数
值越小就越先被加载，如果为负或没有设置就在首次访问时才被加载。-->
    </Servlet>
    <Servlet-mapping><!--该标签及其子标签用于配置 Servlet 映射-->
        <Servlet-name>xxx</Servlet-name> <!--引用前面设定的 Servlet 实例名-->
        <url-pattern>xxx</url-pattern>    <!--设定访问该 Servlet 的 URL-->
    </Servlet-mapping>
    <filter><!--该标签用于配置一个过滤器-->
        <filter-name>xxx</filter-name>    <!--设定该过滤器的实例名-->
```

```
        <filter-class>xxx</filter-class>    <!--设定该过滤器的类名-->
        <init-param>    <!—设定该过滤器的初始化参数-->
          <param-name>xxx</param-name><!--设定初始化参数的名字-->
          <param-value>xxx</param-value><!--设定初始化参数的值-->
        </init-param>
      </filter>
      <filter-mapping><!--该标签用于配置一个过滤器映射-->
        <filter-name>xxx</filter-name>    <!--引用前面设定的过滤器实例名-->
        <url-pattern>/*</url-pattern> <!--设定该过滤器的 URL-->
      </filter-mapping>
      <listener><!--该标签用于配置一个过监听器-->
        <listener-class>xxx</listener-class><!--监听器对应的 Java 类-->
      </listener>
      <jsp-config><!--该标签用于设置 JSP 的配置信息-->
      <taglib>    <!--定位一个标签库-->
        <taglib-url>/xxx</taglib-url>
        <taglib-location>xxx<taglib-location>
      </taglib>
      </jsp-config>
      <welcome-file-list><!--该标签用于设定首页文件列表,可以设置多个,显示时按顺序从第一个
找起,如果第一个存在,就显示第一个,后面的不起作用。如果第一个不存在,就找第二个,以此类推-->
        <welcome-file>index.htm</welcome-file>
      <welcome-file>index1.jsp</welcome-file>
    </welcome-file-list>
      <error-page><!--该标签用于设置一个处理错误码的页面-->
      <error-code>xxx</error-code>
      <location>/xxx</location>
        </error-page>
      <session-config><!--该标签用于设置 session 的有效期限,以分钟为单位-->
        <session-timeout>xxx</session-timeout>
      </session-config>
    </web-app>
```

在上述配置文件中,元素 <web-app>、<jsp-config>、<welcome-file-list> 与 <session-config>最多只能出现一次,其他元素可以出现一次或多次。如果 Web 应用不需要这些信息,则可以不配置。

web.xml 文件主要用来初始化该 Web 应用的配置信息。例如,当在 web.xml 中设置了首页列表值(即 welcome-file),客户端访问该 Web 应用时,Tomcat 就会按照 web.xml 中的首页列表顺序找到第一个欢迎页面 index.htm 响应客户。在后面的章节我们会详细讲解 Servlet、Session 等的开发和使用方法。

6.4.3 部署 Web 应用

在 Tomcat 中部署 Web 应用的方式主要有以下几种:

(1) 利用 Tomcat 的自动部署。这种方式最简单、最常用,只要将一个 Web 应用复制到 Tomcat 的 Webapps 下,系统就会将应用部署到 Tomcat 中。

(2) 利用控制台的部署。这种部署方式只要在部署 Web 应用的控制台(如图 6-30 所示)中,输入 Context Path 和 Web 应用的目录,单击"Deploy"按钮,就可成功部署 Web 应用。

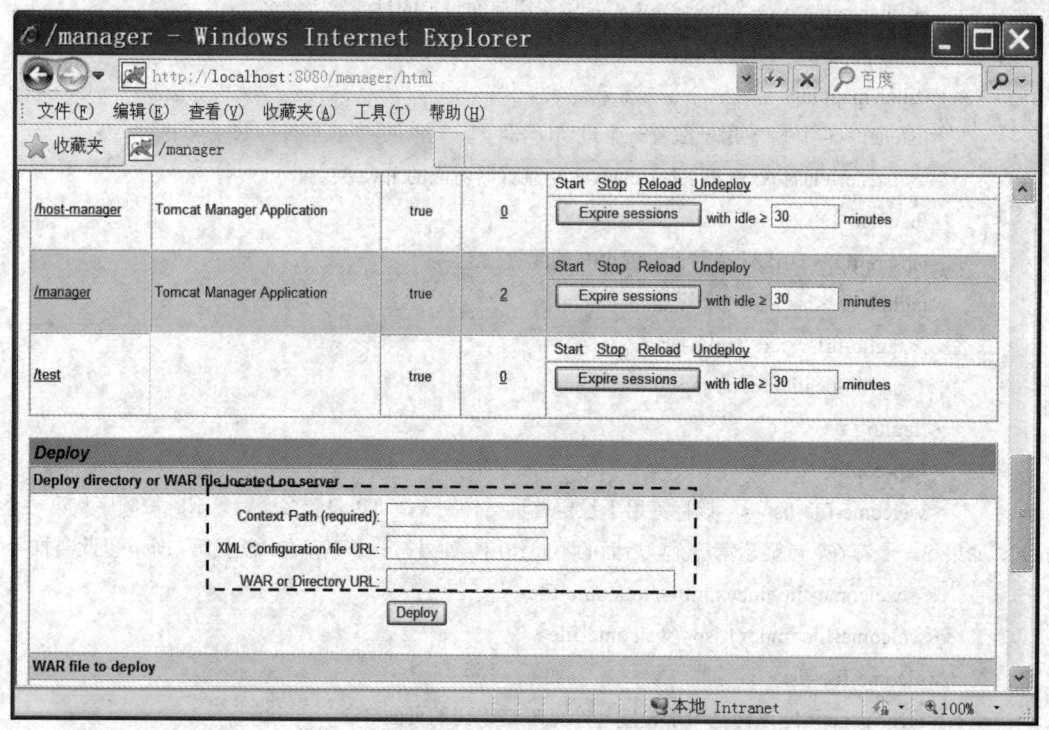

图 6-30 Tomcat Web 应用控制台

要成功进入图 6-30 所示的控制台,首先要在 conf 目录下的 tomcat-user.xml 文件中设置具有 manager 权限的用户,具体代码如下:

<?xml version = '1.0' encoding = 'utf-8'?>

<tomcat-users>

<role rolename = " manager-gui "/> <!--增加一个角色,指定角色名即可-->

<user username = "tomcat" password = "tomcat" roles = "manager-gui"/>

<!--增加一个用户,指定用户名、密码和角色即可-->

</tomcat-users>

注意:在 Tomcat 的 webapps/manager/WEB-INF 目录下的 web.xml 文件中规定了 Tomcat 允许的角色类型。

然后,在图 6-12 所示的 Tomcat 主页的右上角点击"Tomcat Manager"超链接,进入 Manager 控制台,弹出如图 6-31 所示的窗口,输入用户名"tomcat"和密码"tomcat",单击"确定"按钮,进入如图 6-30 所示的 Manager 控制台。

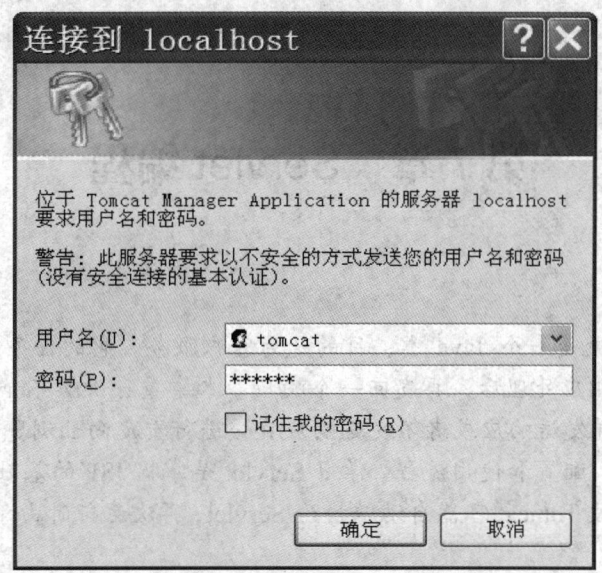

图 6-31 身份认证窗口

（3）增加自定义的 Web 部署文件。这种方式无需将 Web 应用复制到 Tomcat 安装路径下，只需在 conf 目录下新建 Catalina 目录，再在 Catalina 目录下新建 localhost 目录，最后在该目录下新建一个任意名字的 XML 文件——该文件就是部署 Web 应用的配置文件，该文件的主文件名将作为 Web 应用的虚拟路径。例如，在 conf/Catalian/localhost 下增加一个 wa.xml 文件，该文件的内容如下：

    <Context docBase = "F:\work\Chapter7" debug = "0" privileged = "truse"/>

重新启动 Tomcat，则会部署 Chapter7 中的 Web 应用，其 URL 地址为 http://localhost:8080/wa

（4）修改 server.xml 文件部署 Web 应用。这种方式可在 server.xml 中的 Host 元素下添加一个 Context 元素，例如：

    <Host name = "localhost" appBase = "webapps" unpackWARS = "true" autoDeploy = "true">

      <Context path = "/Chapter7" docBase = " F:\work\Chapter7" reloadable = "true"/>

    </Host>

思 考 题

1. 常用的 Web 服务器有哪些？配置环境是什么？各自有哪些优缺点？

2. 常用的集成开发环境有哪些？总结它们的应用优势。

3. 什么是 Web 应用？运用前面学习的 HTML、CSS、JavaScript 编写网页，并作为一个 Web 应用在 Tomcat 中进行部署。

第 7 章　Servlet 编程

【学习提示】

Servlet 的本质就是一个 Java 类，目的是为客户服务。它的任务是获取一个客户的请求，对请求进行相应处理后，再发回一个响应。本章重点讲解 Servlet 如何获取和使用客户端请求，怎样发送响应或者不发送响应直接进行重定向让浏览器完成工作，以及 Servlet 的整个开发、配置和使用流程。学习 Servlet 是掌握 JSP 的基础和前提，因为 JSP 在首次运行时都会被 Tomcat 容器自动转换为 Servlet，再次运行时由 Tomcat 直接调用该 Servlet。

7.1　从 CGI 到 Servlet

7.1.1　CGI 简介

与浏览器端技术从静态向动态的演进过程类似，Web 服务端的技术也是由静态向动态逐渐发展、完善起来的。早期的 Web 服务器只能简单地响应浏览器发来的 HTTP 请求，并将存储在服务器上的 HTML 文件返回给浏览器，直到通用网关接口(Common Gateway Interface，CGI)技术的产生才使得 Web 服务器可根据运行时的具体情况（比如数据库的实时数据）动态生成 HTML 页面。CGI 是外部应用程序与 Web 服务器交互的一个标准接口。1993 年，CGI 1.0 的标准草案由国家超级计算机应用中心(NationalCenter for Supercomputing Applications，NCSA)提出，并于 1995 年制定了 CGI 1.1 标准。遵循 CGI 标准编写的服务器端的可执行程序称为 CGI 程序。随着 CGI 技术的普及，聊天室、论坛、电子商务、搜索引擎等各式各样的 Web 应用蓬勃兴起，使得互联网真正成为信息检索、信息交换和信息处理的超级工具。

CGI 技术允许服务端的应用程序根据客户端的请求，动态生成 HTML 页面，这使客户端和服务端的动态信息交换成为了可能。绝大多数的 CGI 程序被用来解释处理来自用户在 HTML 文件的表单中所输入的信息，然后在服务器端进行相应的处理并将结果信息动态编写为 HTML 文件反馈给浏览器。

CGI 程序大多是编译后的可执行程序，其编程语言可以是 C、C++、Pascal 或 Perl 等程序设计语言。其中，Perl 的跨操作系统、易于修改等特性使它成为了 CGI 的主要编程语言。目前几乎所有的 Web 服务器都支持 CGI。

CGI 程序的工作过程如图 7-1 所示，具体流程如下：

(1) 用户指示浏览器访问一个 URL；

(2) 浏览器通过 HTML 表单或超链接请求指向一个 CGI 程序的 URL；

(3) Web 服务器收到请求，并在服务器端执行所指定的 CGI 程序；

(4) CGI 程序根据参数执行所需要的操作；

(5) CGI 程序把结果格式化为 HTML 网页；

(6) Web 服务器把结果返回到浏览器中。

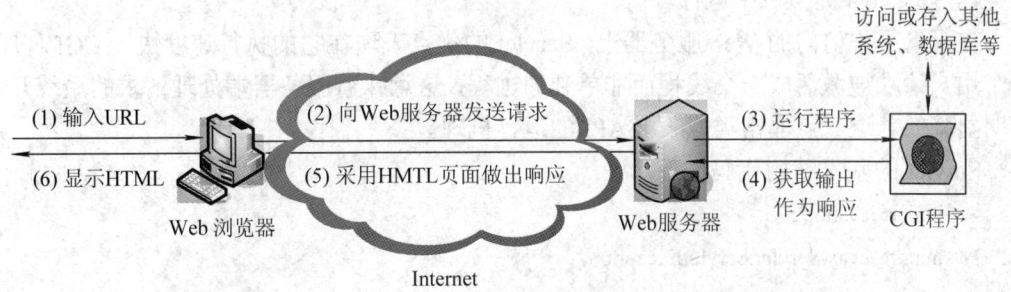

图 7-1　基本 CGI 操作

虽然 CGI 技术为 Web 服务器端带来了动态生成 HTML 文档的能力，但 CGI 的缺点也是较为明显的：CGI 的应用程序一般都是一个独立的可执行程序，每一个用户的请求都会激活一个 CGI 进程。当用户请求数量非常大时，大量的 CGI 程序就会吞噬系统资源，造成 Web 服务器运行效率低下。另外，在 CGI 程序设计过程中，代码编写方式(在语言中不断嵌入 HTML 文档片段)、调试等环节非常繁琐，开发效率不高。

7.1.2　ISAPI 与 NSAPI 简介

ISAPI (Internet Server API)与 NSAPI(Netscape Server API)是分别由 Microsoft 公司和 Netscape 公司定义的 Web 服务器应用程序编程接口。两种技术虽然所支持的 Web 服务器产品不同，但它们的定位和原理相似，以下主要讨论 ISAPI。

ISAPI 与 CGI 的工作原理相似，都是通过交互式网页获取用户输入的信息，然后交服务器后台处理。ISAPI 与 CGI 最大的区别在于：在 ISAPI 下建立的应用程序都是以动态链接库(DLL)的形式存在的。基于 ISAPI 的进程需要的系统资源也较 CGI 少，因此 ISAPI 的运行效率要显著高于 CGI 程序。

可以使用 ISAPI 筛选器来过滤浏览器端与服务器端之间来回传送的数据，例如登录数据或 URL 请求等。当发生选定事件时相应的筛选器就被调用，通过这种机制，网站可以监视或更改浏览器端与服务器端之间传送的数据。ISAPI 筛选器常用来实现网站的权限控制、自定义加密、自定义压缩和用户访问日志等功能。

能够用来开发 ISAPI 程序的语言有 Visual C++、Visual Basic、Borland C++ 和 Delphi 等，支持 ISAPI 程序运行的 Web 服务器主要是 Microsoft 公司的 IIS(Internet Information Services)服务器。支持 NSAPI 程序运行的 Web 服务器主要是 Netscape 公司的 Enterprise Server 和 Sun 公司的 Java Web Server 等产品。

7.1.3　Servlet 简介

与 CGI 程序类似，Servlet 程序也是一种 Web 服务器端的应用程序，可以根据用户的需求动态生成 Web 页面。Servlet 程序由 Java 语言开发，由 Web 服务器进行加载，并在服务器端的 Java 虚拟机中运行。

在大量用户访问的 Web 服务器上，Servlet 的优点表现在它的执行速度快于 CGI 程序。每个用户请求被激活成一个线程而非单独的进程，这意味着服务器端处理请求的系统开销将明显降低。这一点非常类似于 ISAPI 的运行机理。

Servlet 的基本结构代码如下：

```
import java.io.*;
import javax.Servlet.ServletException;
import javax.Servlet.http.HttpServlet;
import javax.Servlet.http.HttpServletRequest;
import javax.Servlet.http.HttpServletResponse;
/*上面是 Servlet 必须引入的类*/
public class test extends HttpServlet {//Servlet 继承父类 HttpServlet
    public test() {//该对象的构造方法
        super();
    }
    public void destroy() {//销毁该 Servlet
        super.destroy(); // 继承父类的 destroy()方法
    }
    public void doDelete(HttpServletRequest request,
HttpServletResponse response) throws ServletException, IOException
    { /*当收到一个 HTTP 的 delete 请求时调用该方法，参变量 request 表示从客户端到服务器端
        发送的请求，参变量 response 表示从服务器端到客户端发送的响应，当发生错误时
        抛出 ServletException 和 IOException 异常*/
    }
    public void doGet(HttpServletRequest request, HttpServletResponse response)throws ServletException,
IOException {
        /*当客户端发送请求的方式为 get 时调用该方法，即通过浏览器直接请求该 Servlet 或者
            表单中 method 的值为 get*/
        response.setContentType("text/html");
        PrintWriter out = response.getWriter();
        out.println("<!DOCTYPE HTML PUBLIC \"-//W3C//DTD HTML 4.01 Transitional//EN\">");
        out.println("<HTML>");
        out.println("    <HEAD><TITLE>A Servlet</TITLE></HEAD>");
```

```
        out.println("   <BODY>");
        out.print("       This is ");
        out.print(this.getClass());
        out.println(", using the GET method");
        out.println("   </BODY>");
        out.println("</HTML>");
        out.flush();
        out.close();
    }
    public void doPost(HttpServletRequest request, HttpServletResponse response)throws ServletException,
IOException {
        /*当客户端发送请求的方式为 post 时调用该方法,即表单的 method 值为 post*/
        doGet(request,response);//直接调用 doGet 方法
    }
    public    void    doPut(HttpServletRequest    request,    HttpServletResponse    response)throws
ServletException, IOException {
        //当接收到 put 请求时调用该方法
        // Put your code here
    }
    public String getServletInfo() {//返回 Servlet 的相关信息，例如作者等
        return "This is my default Servlet created by Eclipse";
    }
    public void init() throws ServletException {//Servlet 的初始化方法
        // Put your code here
    }
}
```

　　在上述 Servlet 的所有方法中，doGet()和 doPost()方法体现 Servlet 的主要功能，要根据具体的请求方式确定是 doGet()方法还是 doPost()方法。

　　前面章节中介绍了同样是基于 Java 的网站设计技术 Applet。与 Servlet 比较，两者具有的相似之处包括：

　　(1) 它们都不是独立的应用程序，没有 main()方法；

　　(2) 它们都不是由用户或程序员调用的，而是由另外一个应用程序(浏览器或服务器)调用的；

　　(3) 它们都包含 init()和 destroy()方法，用来定义生命周期。

　　但 Applet 与 Servlet 又具有很大不同：Applet 具有图形界面，在客户端运行；而 Servlet 则没有图形界面，在服务器端运行。

　　最早支持 Servlet 技术的是 Java Web Server。此后，基于 Java 的稳定性和跨平台性等优点，大量的 Web 服务器开始支持标准的 Servlet API。

7.2　Servlet 生命周期

Servlet 容器(即 Tomcat)会全盘控制 Servlet 的一生,它会创建请求和响应对象,为 Servlet 创建一个新线程或分配一个线程,同时调用 Servlet 的 service()方法,传递请求和响应对象的引用作为参数。容器还会对创建的 Servlet 实例进行适当的管理,服务器内存不够时,要撤销较老的未用实例。因此,每个 Servlet 都有一个生命期。容器创建一个实例时,生命期开始;容器把该实例从服务中删除并撤销时,生命期终止。图 7-2 所示的 Servlet 生命周期说明了初始化和撤销等重要事件何时发生。

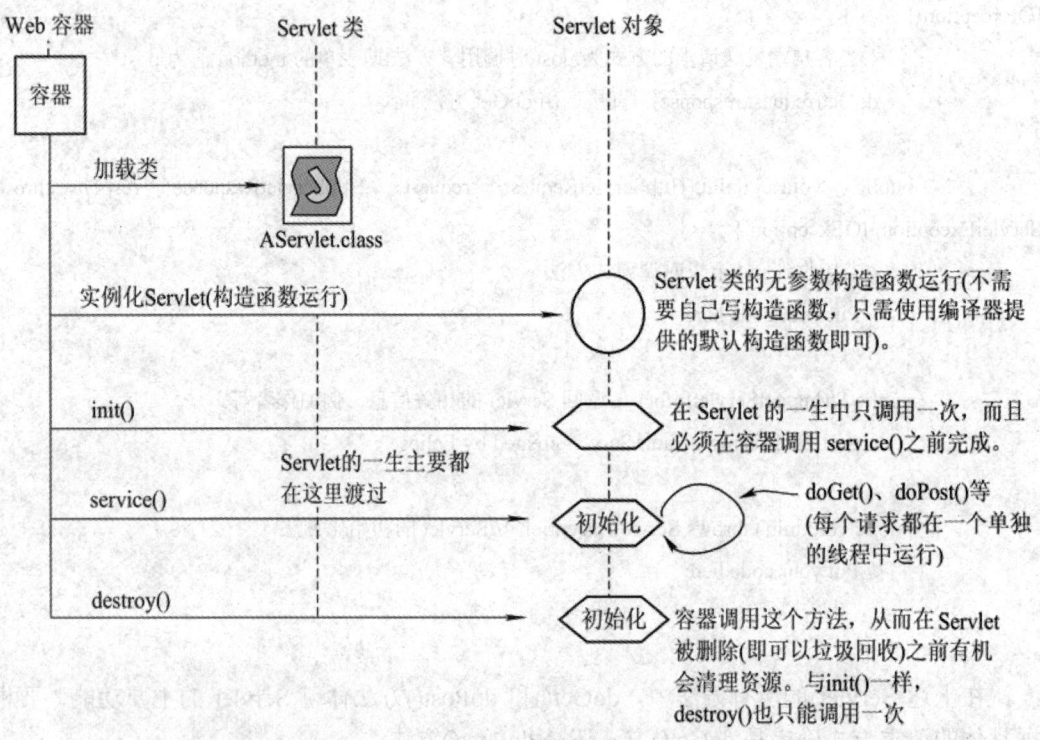

图 7-2　Servlet 的生命周期

上述生命周期可以概括为以下四个步骤:

(1) 第一次访问一个 Servlet 时,Web 容器会加载类并创建它的一个实例。所谓的 Web 容器,就是为 Servlet 提供运行环境,Servlet 的运行必须依赖于 Web 容器,不能独立于容器运行。前面提到的 Tomcat 即为 Web 容器。当容器收到第一个请求时,会创建一个 Servlet 实例,即运行 Servlet 类的无参数构造函数。

(2) 如果需要,要初始化这个实例。用构造函数创建的实例只是一个普通的对象,而不是一个 Servlet。要想成为一个 Servlet,必须进行初始化,使其具备一些 "Servlet 特性",能为客户请求提供服务。初始化工作由容器即 Tomcat 完成。对于创建的每个 Servlet 实例,初始化工作应当只完成一次,而且要通过调用该 Servlet 的 init()方法完成。服务器一旦初始化了一个 Servlet，这个 Servlet 就处于准备状态，可以在任何时刻调用此 Servlet 来处理到来的请求。

（3）维护这个实例处理将来的请求。每个客户请求到来时，容器会开启一个新线程，或者从线程池中分配一个线程，并调用 Servlet 的 service()方法。该方法根据请求的 HTTP 方法(GET、POST 等)来调用 doGet()或 doPost()方法。一般在 doGet()或 doPost()中写客户自己的代码。客户的 Web 应用想要做什么，就由这个方法负责。

容器可以在 Servlet 的这个阶段对该 Servlet 调用多次 service()方法，通过运行多个线程来处理对一个 Servlet 的多个请求，如图 7-3 所示。对应每个客户请求，会生成一对新的请求和响应对象。

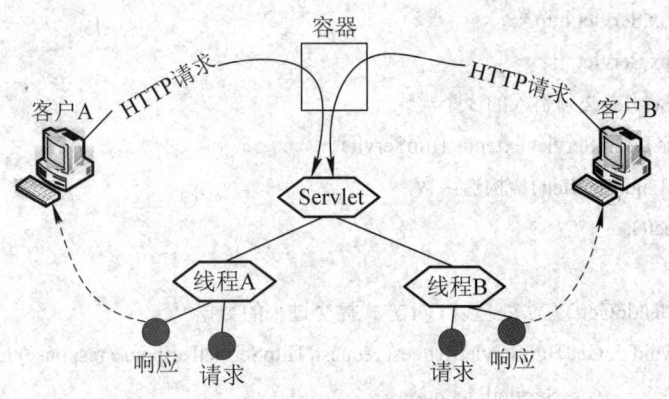

图 7-3　Servlet 线程分配

（4）如果需要为新的 Servlet 实例让出空间，则撤销 Servlet 实例。Servlet 的生命周期中，大多数时间一般都是在为到来的请求提供服务。如果一个服务器负载过重，可能会出现这样一些情况，即需要加载新的 Servlet，但是没有足够的内存资源来保证安全地加载。在这些情况下，容器中的资源管理逻辑就可能会从服务中选择删除一个 Servlet 实例。在所有情况下，这个资源管理逻辑都会选择删除最不可能用到的 Servlet 实例。在删除 Servlet 之前，Servlet 规范要求容器调用该 Servlet 的 destroy()方法，然后进行垃圾收集。

7.3　Servlet 的开发实例

Servlet 的开发可以手动，也可以借助 MyEclipse 开发工具。对于初学者而言，学习手动实现 Servlet 开发有助于理解 Servlet 的运行原理，但是借助 MyEclipse 开发工具会更加高效便捷，已成为当下 Servlet 开发的常用方法。下面分别介绍手动和使用 MyEclipse 工具实现 Servlet 开发的步骤，并通过一个简单实例展示 Servlet 的具体使用方法。该实例实现的功能是：用户提交登录表单给 Servlet(LoginServlet.java)，由 Servlet 对用户是否存在进行验证。当登录页面 login.html 提交的用户名和密码与已有的用户名密码一致时，网页跳转到登录成功页面 welcome.jsp(显示用户登录成功)，否则跳转到登录失败页面 loginfail.jsp(显示登录失败，提示用户重新登录)。

7.3.1　手动实现 Servlet 开发

创建 Servlet 步骤:

(1) 编写 Servlet 代码。

选择合适的编辑工具,分别编写 Servlet 文件 LoginServlet.java、登录页面程序 login.html、登录成功页面 welcome.jsp 和登录失败页面 loginfail.jsp,参考代码(本章案例详细代码请参见本书源码中 Chapter7)如下:

```
LoginServlet.java              //获取表单提交的数据,对用户是否存在进行验证
import java.io.*;
import javax.Servlet.http.*;
import javax.Servlet.*;
/*上面是 Servlet 必须引入的 3 个类*/
public class LoginServlet extends HttpServlet{
    public LoginServlet(){///构造函数
        super();
    }
    /*下面的 doGet()方法处理以 Get 方式提交过来的数据*/
    public void doGet(HttpServletRequest request, HttpServletResponse response)throws IOException,
                ServletException
    {
        String userName = request.getParameter("loginName");
        String passWord = request.getParameter("passWord");
        /*下面判断输入的用户名和密码是否正确,初始用户名密码都设为 admin
        if(userName.equals("admin") && passWord.equals("admin"))
        {               //此处假设已有的用户名和密码均为"admin"
            response.sendRedirect("./welcome.jsp");
        }
        else
        {
            response.sendRedirect("./loginfail.jsp");
        }
    }
    //下面的 doPost( )方法处理以 Post 方式提交过来的数据
    public void doPost(HttpServletRequest request, HttpServletResponse   response)
throws ServletException, IOException{
        doGet(request, response);
    }
    public void init( )throws ServletException{//该 Servlet 装载到容器后将自动执行的初始方法
        //放置初始化代码
```

```
    }
    public void destroy( ){//销毁时调用的方法
        super.destroy( );
    }
}
```

在编写 Servlet 时，重点要根据请求数据的提交方式重写 doGet 或 doPost 方法，当需要处理表单提交的数据时，可以依据 form 属性 method 的取值确定是重写 doGet 还是 doPost 方法。客户端提交的数据均封装在 request 对象中，通过调用该对象的相应方法可以获取提交的参数值。对 request 对象的详细讲解参见 9.2 节。

```
Login.html //用户登录页面
<html>
    <head>
        <title>login.html</title>
    </head>
    <body>
        <table align = "center">
    <tr><td align = "center"><p>
        <font color = "red" size = "3"    style = "font-family:simhei">Please login</font><p>
        <form method = "post" action = "../Chapter7/LoginServlet" target = "_blank"><p>
            userName:<input type = "text" name = "loginName" size = "20"><p >
            passWord:<input type = "password" name = "passWord" size = "20"><p >
            <input type = "submit" value = "Submit">
            <input type = "reset" value = "Reset">
        </form></td></tr>
    </table>
    </body>
</html>
welcome.jsp            //登录成功页面，JSP 的具体用法和语法将在第 8 章和第 9 章详细介绍。
<%@ page language = "java" import = "java.util.*" pageEncoding = "utf-8"%>
<!DOCTYPE HTML PUBLIC "-//W3C//DTD HTML 4.01 Transitional//EN">
<html>
    <head>
        <meta http-equiv = "Content-Type" content = "text/html; charset = gb2312">
        <title>登录成功</title>
    </head>
    <body>
        <font size = "6" color = "red">
        <%
        Date today = new Date();
```

```
        int d = today.getDay();
        int h = today.getHours();
        String s = "";
        if (h > 0 && h < 12)
            s = "上午好!";
        else if (h >= 12)
            s = "下午好!";
        String day[] = { "日", "一", "二", "三", "四", "五", "六" };
        out.println( s + " 今天是: 星期" + day[d]);
    %></font><br><br>
    <font size = "5" color = "red">
    <%out.println("admin, 恭喜你, 登陆成功!");%>
    </body>
</html>
```

Loginfail.jsp　　//登录失败页面，JSP 的具体用法和语法将在第 8 章和第 9 章详细介绍。

```
<%@ page language = "java" import = "java.util.*" pageEncoding = "utf-8"%>
<html>
<head> <title>登录失败</title></head>
    <body>
    无此用户，单击<a href = "login.html">这里</a>返回，重新登录！
    </body>
</html>
```

(2) 编译 Servlet。

在命令行窗口中使用 JRE 编译器编译 LoginServlet.java 文件。由于 JRE 编译器的 javac 命令符只能搜索 J2E 相关的 API，而此处 LoginServlet.java 中的"import javax.Servlet.*;"表示需要导入 JEE 中的 jar 包 Servlet，因此在使用 javac 命令符编译 LoginServlet.java 文件前需要将 Tomcat 安装目录中的 jar 包 Servlet 的路径加入到 classpath 中，然后再编译 LoginServlet.java 文件生成 LoginServlet.class 文件，如图 7-4 所示。

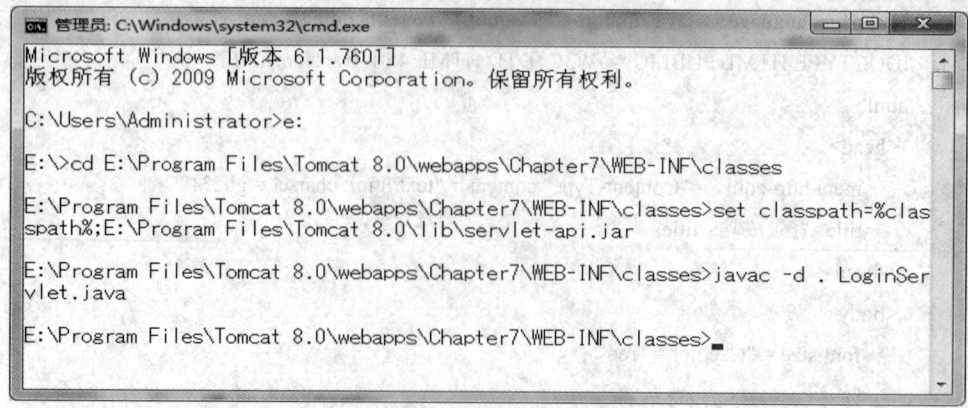

图 7-4　在命令行窗口中编译 Servlet

(3) 部署 Servlet。

所谓部署 Servlet，就是把编译生成的 .class 文件放置于 Tomcat 安装目录下的 "\webapps\WEB-INF\classes" 文件夹下。如果用 package 语句指明了 Servlet 类所在的包，就要在 classes 目录下按照包结构创建子文件夹。

本节创建的 LoginServlet 用于名为 Chapter7 的 Web 应用。它在 Tomcat 容器中的位置如图 7-5 所示，并且将 login.html、welcome.jsp 和 loginfail.jsp 这三个文件放置于 "\webapps\Chapter7" 目录中。

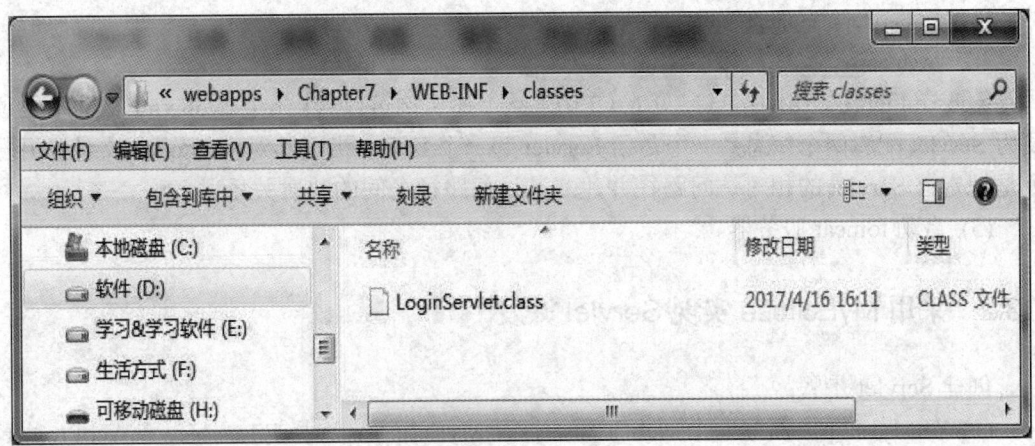

图 7-5 LoginServlet.class 文件的部署

(4) 配置 Servlet。

在 Web 应用中(webapps\Chapter7 目录下)手动创建的 web.xml 文件中配置 Servlet(LoginServlet.class)的信息，包括为 Servlet 定义逻辑名和访问路径(相对 URL 地址)，具体代码如下：

```
web.xml
<?xml version = "1.0" encoding = "UTF-8"?>
<web-app version = "2.5"
    xmlns = "http://java.sun.com/xml/ns/javaee"
    xmlns:xsi = "http://www.w3.org/2001/XMLSchema-instance"
    xsi:schemaLocation = "http://java.sun.com/xml/ns/javaee
    http://java.sun.com/xml/ns/javaee/web-app_2_5.xsd">
<Servlet>
    <description>This is the description of my J2EE component</description>
    <display-name>This is the display name of my J2EE component</display-name>
    <Servlet-name>LoginServlet</Servlet-name>
```

<!--标签 Servlet-name 用于给 Servlet 起一个名字，例如 MyServlet，这是一个虚构的名字，只能在 Web 应用的部署描述文档(即 Web.xml)的其他部分使用-->

```
    <Servlet-class>LoginServlet</Servlet-class>
```

<!--标签 Servlet-class 用于指定名为 MyServlet 的 Servlet 对应的类文件的完全限定名-->

```
</Servlet>
```

<Servlet-mapping>

<!--标签 Servlet-mapping 用于规定前面起好名字的 Servlet 的访问路径-->

  <Servlet-name>LoginServlet</Servlet-name>

  <!--直接使用前面创建的 Servlet 名表示要为哪个 Servlet 规定访问路径-->

  <url-pattern>/LoginServlet</url-pattern>

  <!--标签 url-pattern 的值 "/Servlet-example" 表示调用 MyServlet 的 URL 路径，以 Web 应用的路径为根目录，譬如在本书中该 Servlet 绝对调用路径为：http://localhost:8080/Chapter7/ LoginServlet -->

  </Servlet-mapping>

</web-app>

web.xml 的具体结构信息参见 6.4.2 节。从上述实例可以看出，在 web.xml 文档中必须要为 Servlet 配置两个信息：一个是给 Servlet 起一个名字并指定其对应的 class 文件，另一个是规定该 Servlet 的相对访问路径并建立其访问路径之间的映射关系。

(5) 启动 tomcat 服务器。

7.3.2　采用 MyEclipse 实现 Servlet 开发

创建 Servlet 步骤：

(1) 在 MyEclipse 新建一个 web 工程。打开 MyEclipse，选择 File→New→WebProject。

(2) 在 src 下新建 Servlet 文件(LoginServlet.java)，编写登录页面程序 login.html、登录成功页面 welcome.jsp 和登录失败页面 loginfail.jsp(参考代码和上面介绍的手动编写 Servlet 代码)。MyEclipse 中 Web 工程结构如图 7-6 所示。

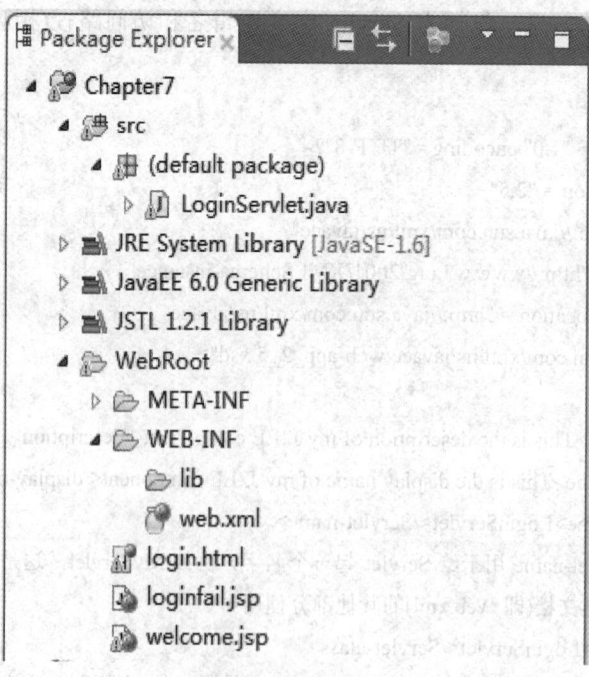

图 7-6　MyEclipse 中 Web 工程结构

(3) Servlet 在 web.xml 中的注册工作可由向导自动完成，不必修改。

(4) 部署 Servlet，如图 7-7 所示。

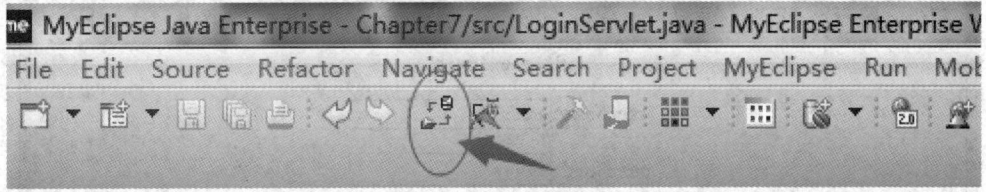

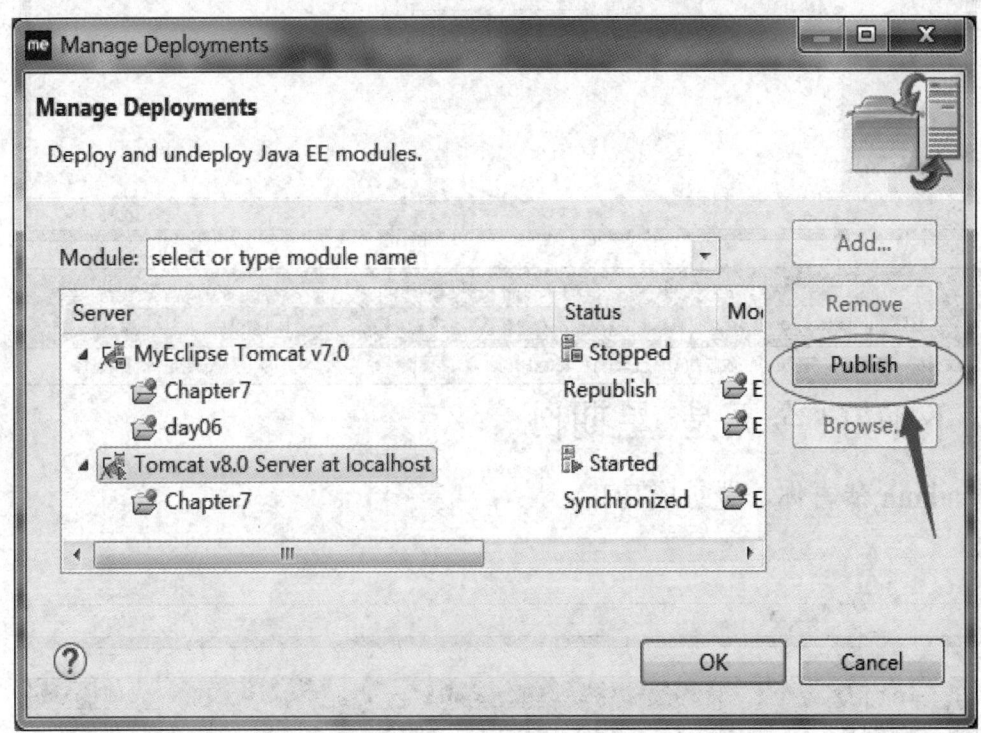

图 7-7　MyEclipse 中部署 Servlet

(5) 启动 tomcat 服务器，如图 7-8 所示。

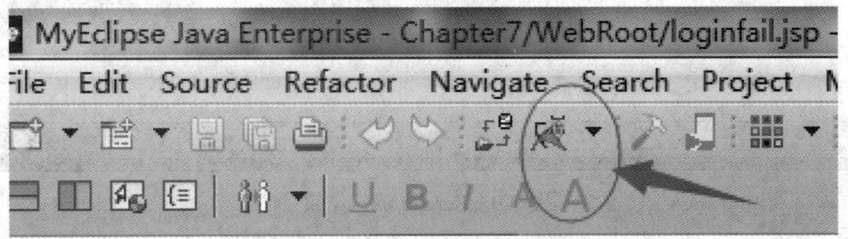

图 7-8　MyEclipse 中启动 tomcat 服务器

7.3.3　测试 Servlet

启动浏览器，访问: http://localhost:8080/Chapter7/login.html，显示结果如图 7-9 所示。

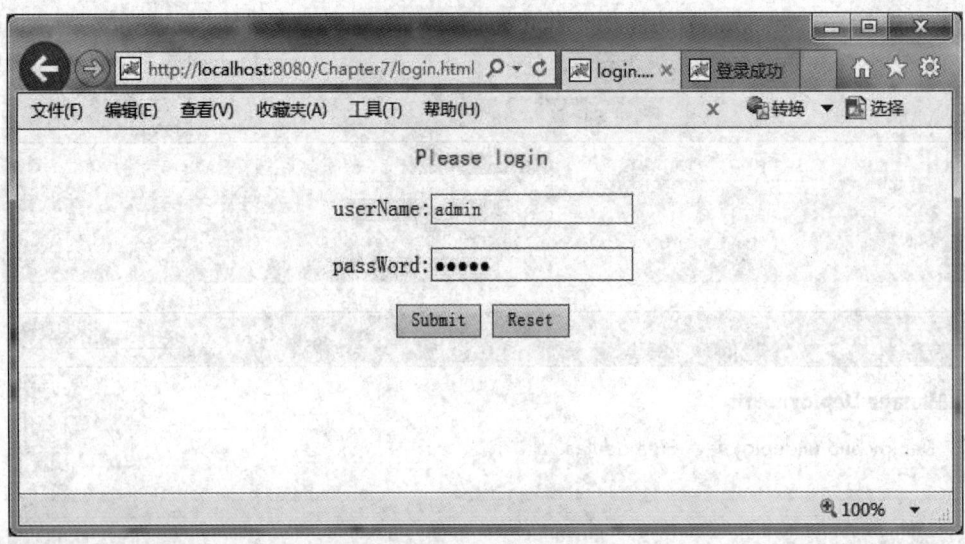

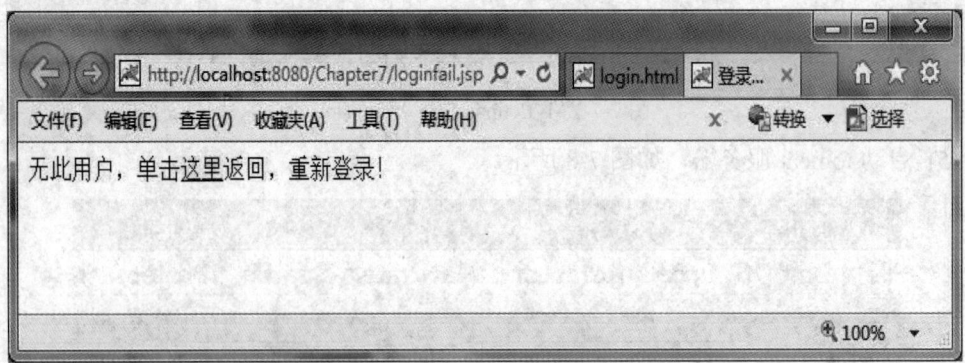

图 7-9　Servlet 测试结果

7.3.4　Servlet 初始化参数

对于经常发生变化的值不适宜在 Servlet 类中硬编码写入，而可以将其作为 Servlet 的初始化参数写到 web.xml 文档中。例如，在 Servlet 中要打印输出欢迎词：

```
out.println("Welcom to our website!");
```

如果欢迎词有变化怎么办？必须重新编译 Servlet，这样就会大量增加开发人员的工作量，可以将其作为 Servlet 的初始化参数配置到 web.xml 中。

Servlet 初始化参数的创建和使用步骤如下：

(1) 在 web.xml 中配置 Servlet 的初始化参数。在标签<Servlet>中嵌入标签<init-param>，在该标签中分别给出参数名(param-name)和参数值(param-value)，具体代码示例如下：

```
    …
    <Servlet>
        <Servlet-name>Test_Init_Param</Servlet-name>
        <Servlet-class>Test_Init_Param</Servlet-class>
        <init-param>
            <param-name>WelcomWord</param-name>
            <param-value>Welcom to our website!</param-value>
        </init-param>
    </Servlet>
    ⋮
```

要为 Servlet 设置多个初始化参数时，可以在标签<Servlet>中嵌入多个<init-param>标签，每一个<init-param>代表一个初始化参数。

(2) 在 Servlet 中使用初始化参数。

```
    String welcomWord = getServletConfig().getInitParameter("WelcomWord");
    out.println(welcomWord);
```

每个 Servlet 都继承了一个 getServletConfig()方法，再调用方法 getInitParameter()，输入初始化参数名作为该方法的参变量，就可以获取 String 类型的初始化参数的值。

(3) 在浏览器中运行该 Servlet(Test_Init_Param)，结果如图 7-10 所示。

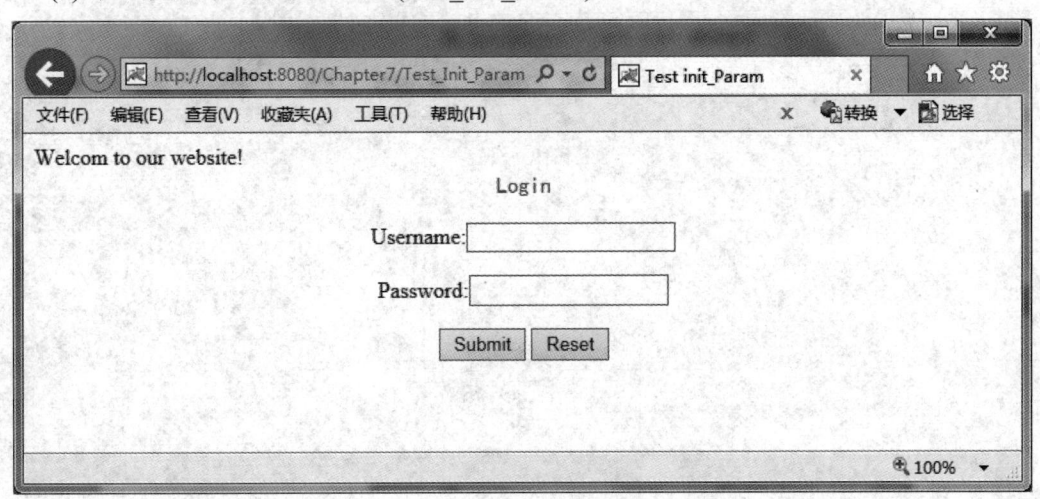

图 7-10　Test_Init_Param 的运行结果

详细代码请参见本书源码中 Chapter7/src/Init_Param.java 以及对应的 web.xml。

通过上述事例，我们总结出在 Java Web 应用开发中，创建 Servlet 一般遵循以下步骤：

(1) 创建自己的类并继承 HttpServlet；

(2) 重载 HttpServlet 的 doGet()或 doPost()等方法；

(3) 获取 HTTP 请求信息(如表单数据)，进行业务逻辑处理；

(4) 生成 HTTP 响应结果，以流形式输出到客户端浏览器或输出到磁盘文件；

(5) 在 web.xml 配置文件中注册该 Servlet；

(6) 启动 Servlet 容器进行测试。

思 考 题

1. 熟悉 Servlet 的发展历程，理解什么是 Servlet？

2. Servlet 的声明周期分哪几个阶段？

3. 如何进行 Servlet 开发？

4. Servlet 执行时一般实现哪几个方法？

5. 如何配置 Servlet 初始化参数？

第8章 JSP基本语法及基本技术

【学习提示】

Servlet 使用 out 对象的 println()方法输出 HTML 代码，这种方式不仅繁琐、工作量大而且容易出错。为此 Sun 公司在 Java 语言基础上开发出 JSP，用于简化 Web 开发人员的工作。JSP 和 Servlet 的本质是一样的。JSP 最终必须编译成 Servlet 才能运行。JSP 比较简单，它的特点是在 HTML 页面中嵌入 Java 代码片段，或使用各种 JSP 标签，包括用户自定义的标签，从而可以动态地提供页面内容。

早期使用 JSP 页面的用户非常广泛，一个 Web 应用可以全部由 JSP 页面组成，只辅以少量的 JavaBean 即可。自从 Java EE 标准出现以后，人们逐渐认识到使用 JSP 充当过多的角色是不合适的。因此，JSP 如今发展成单一的表现层技术，不再承担业务逻辑组件及持久层组件的功能。本章主要讲解 JSP 的基本语法、指令标签和动作标签的使用方法。

8.1 JSP 技术概况

JSP(Java Server Pages)是由 Sun Microsystems 公司倡导、许多公司参与一起建立的一种动态网页技术标准。JSP 技术类似于微软公司的 ASP(Active Server Page)技术，可将小段的 Java 程序代码(Scriptlet)和 JSP 标签插入 HTML 文件中，形成在服务器端运行的 JSP 文件(通常扩展名为.jsp)。作为基于 Java 的网站开发技术，JSP 应用程序具有跨平台等特性，因而在网站项目开发中得到广泛应用。

下面代码是一个最简单的 JSP 程序，hello.jsp：

```
<html>
  <head>
    <title>First Page</title>
  </head>
<body>
  <H3> <%= "Hello World! "%></H3>
</body>
</html>
```

其执行结果为 HTML 文档：

```
<html>
  <head>
    <title>
      First Page
```

```
        </title>
    </head>
<body>
    <H3>Hello World!</H3>
</body>
</html>
```

JSP 与 Java Servlet 一样都是在服务器端执行的，执行的结果通常以 HTML 文件的形式由 Web 服务器返回给浏览器端。事实上，JSP 与 Java Servlet 不仅是功能相似，而且具有内在的、紧密的关系：在 JSP 页面被执行的过程中，会被 JSP 编译器(JSP compiler)编译为 Servlet 源代码，进而被 Java 编译器(Java compiler)编译为可在 Java 虚拟机中执行的字节代码并被执行，如图 8-1 所示。当然，这两个编译的操作仅在对 JSP 页面的第一次请求时自动发生，之后便不再重复，除非开发人员提交了新的 JSP 的代码。

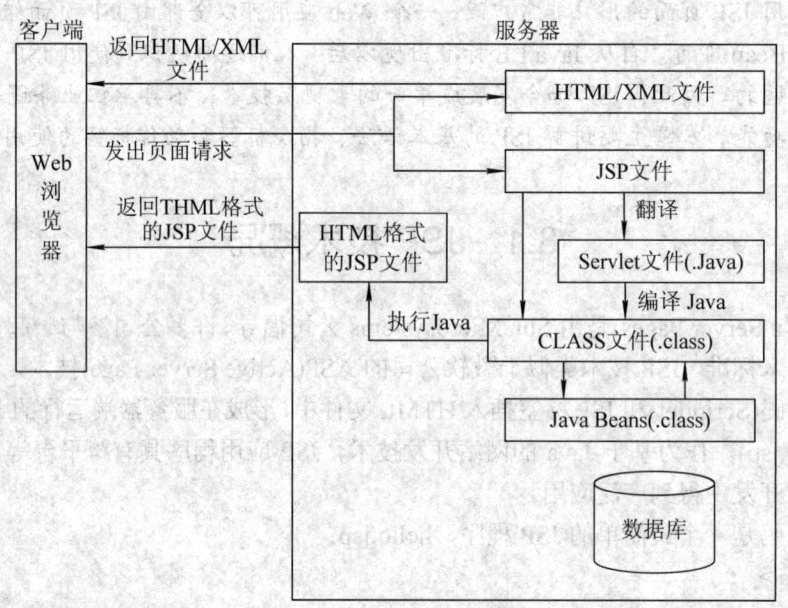

图 8-1　JSP 程序执行过程

针对本节前面的 JSP 程序实例，下面的代码就是由 JSP 编译器所生成的 Servlet 源代码：

```
package org.apache.jsp;
import javax.Servlet.*;
import javax.Servlet.http.*;
import javax.Servlet.jsp.*;
public final class hello_jsp extends org.apache.jasper.runtime.HttpJspBase
implements org.apache.jasper.runtime.JspSourceDependent {
    private static final javax.Servlet.jsp.JspFactory _jspxFactory =
    javax.Servlet.jsp.JspFactory.getDefaultFactory();
    private static java.util.Map<java.lang.String,java.lang.Long>
    _jspx_dependants;
```

```
private javax.el.ExpressionFactory _el_expressionfactory;
private org.apache.tomcat.InstanceManager _jsp_instancemanager;
public java.util.Map<java.lang.String,java.lang.Long> getDependants() {
    return _jspx_dependants;
}
public void _jspInit() {
    _el_expressionfactory =
    _jspxFactory.getJspApplicationContext(getServletConfig().getServletContext()).
            getExpressionFactory();
    _jsp_instancemanager = org.apache.jasper.runtime.InstanceManagerFactory.
                        getInstanceManager(getServletConfig());
}
public void _jspDestroy() {
}
public void _jspService(final javax.Servlet.http.HttpServletRequest request, final javax.Servlet.http.
HttpServletResponse response)
    throws java.io.IOException, javax.Servlet.ServletException {
        final javax.Servlet.jsp.PageContext pageContext;
        javax.Servlet.http.HttpSession session = null;
        final javax.Servlet.ServletContext application;
        final javax.Servlet.ServletConfig config;
        javax.Servlet.jsp.JspWriter out = null;
        final java.lang.Object page = this;
        javax.Servlet.jsp.JspWriter _jspx_out = null;
        javax.Servlet.jsp.PageContext _jspx_page_context = null;
        try {
            response.setContentType("text/html");
            pageContext = _jspxFactory.getPageContext(this, request, response,
                        null, true, 8192, true);
            _jspx_page_context = pageContext;
            application = pageContext.getServletContext();
            config = pageContext.getServletConfig();
            session = pageContext.getSession();
            out = pageContext.getOut();
            _jspx_out = out;
            out.write("\r\n");
            out.write("<html>\r\n");
            out.write("    <head>\r\n");
            out.write("        <title>\r\n");
```

```
            out.write("          First Page\r\n");
            out.write("          </title>\r\n");
            out.write("      </head>\r\n");
            out.write("\t<body>\r\n");
            out.write("\t\t\t<H3>");
            out.print("Hello World!");
            out.write("</H3>\r\n");
            out.write("\t</body>\r\n");
            out.write("</html>\r\n");
        } catch (java.lang.Throwable t)
        {
            if (!(t instanceof javax.Servlet.jsp.SkipPageException))
            {
                out = _jspx_out;
                if (out != null && out.getBufferSize() != 0)
                try { out.clearBuffer(); } catch (java.io.IOException e) {}
                if (_jspx_page_context != null) _jspx_page_context.handlePageException(t);
                else throw new ServletException(t);
            }
        } finally {
            _jspxFactory.releasePageContext(_jspx_page_context);
        }
    }
}
```

借助 Java 和 Servlet 本身的优点，JSP 在下面几个方面具有技术优势：

(1) 跨平台性。JSP 技术支持多种操作系统和硬件平台，可以在 Windows、Linux、Unix 中直接部署，代码无需改动。

(2) 可伸缩性。JSP 可以运行在很小的系统中来支持小规模的 Web 服务，也可以运行到多台服务器中来支持集群和负载均衡机制。

(3) 开发工具的多样性和开放性。目前，已经有了许多优秀的开发工具支持 JSP 的开发，而且其中有很多是开源产品。广泛的技术支持为 JSP 的发展带来了巨大的动力。

(4) 服务器端的可扩展性。JSP 支持服务器端组件，可以使用成熟的 Java Bean 组件来实现复杂商务功能。

8.2　JSP 基本语法

依据 JSP 的语法规则，在 Html 代码中嵌入 Java 程序的方式可以分为三类：程序片、表达式和声明，下面进行详细说明。

8.2.1 程序片

在<%和%>之间可以包含任何符合 Java 语言语法的程序片段。此标签中嵌入的代码段在服务器端被执行，真正实现动态网页的功能。一个 JSP 页面可以嵌入多个程序片，这些程序片被 JSP 引擎按顺序执行。

下面例子中的程序片(ShowServerTime.jsp)负责显示服务器的时间：

```
<%@ page language = "java" import = "java.util.*, java.text.*"

pageEncoding = "UTF-8"%>

<!DOCTYPE HTML PUBLIC "-//W3C//DTD HTML 4.01 Transitional//EN">

<html>

  <head>

    <title>服务器时间</title>

</head>

  <body>

  <%

  Date now = new Date();

  DateFormat d1 = DateFormat.getDateInstance();

  String str1=d1.format(now);

  out.write("用 Date 方式显示时间："+now+"<br>");

  out.write("用 DateFormat.getDateInstance 格式化时间后为："+str1);

  %>

  </body>

</html>
```

上述代码的运行结果如图 8-2 所示。

图 8-2 JSP 显示服务器时间

8.2.2 表达式

JSP 中的表达式经常被用到，在<%=和%>之间可包含任何一个有效的 Java 表达式。表达式在服务器端经过计算后，将计算结果转化成字符串插入到该表达式在 JSP 文件中的位置。表达式后面不能加分号。

下面的例子(expression_test.jsp)使用表达式输出 100 的平方根：

```
<html>
  <head>
    <title>表达式示例</title>
  </head>
  <body>
    100 的平方根为
    <% = Math.sqrt(100) %>
  </body>
</html>
```

expression_test.jsp 的运行结果如图 8-3 所示。

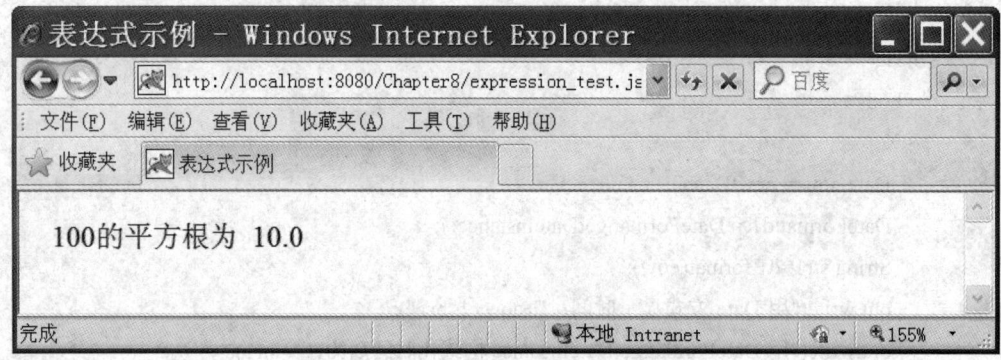

图 8-3　JSP 表达式用法举例

8.2.3　声明

<%! int number = 0;%>被称为 JSP 声明，用于声明所生成 Servlet 类的成员，即变量、方法和类都可以声明。<%!和%>标签之间的所有内容都会增加到类中，而且置于_jspService()方法之外。这意味着使用该标签可以声明静态变量和方法，成为页面级别的共享变量，可被访问此网页的所有用户共享。

1. 变量声明

使用上述标签声明变量的 JSP 文件(def_var.jsp)源码如下：

```
<html>
  <head>
    <title>变量声明示例</title>
  </head>
  <body>
    <%! int number = 0;%>
    <!--上一行代码声明一个变量 number -->
    The number of this page is:
    <% = ++number%>
```

```
      </body>
    </html>
```

def_var.jsp 文件运行后由 Tomcat 自动生成的 Servlet 源文件如下：

```
    public final class def_005fvar_jsp extends
    org.apache.jasper.runtime.HttpJspBase
    implements org.apache.jasper.runtime.JspSourceDependent {
        int number = 0;
        public void _jspService(final javax.Servlet.http.HttpServletRequest request,
                 final javax.Servlet.http.HttpServletResponse response)
           ⋮
        out.print(++number);
           ⋮
    }
```

其运行结果如图 8-4 所示。

图 8-4　JSP 变量声明示例

2. 方法声明

在 <%! 和 %> 之间声明方法的 JSP 文件(def_met.jsp)源码如下：

```
    <html>
      <head>
        <title>方法声明示例</title>
      </head>
      <body>
        <!--下面的代码声明一个方法 square() -->
        <%!double square(double x){
            double result = Math.pow(x, 2);
            return result;} %>
        <%! double number = 45;%>
        The square of <% = number %> is:
        <% = square(number) %>
```

```
    <!--上一行代码使用声明的方法 square() -->
  </body>
</html>
```

def_met.jsp 的运行结果如图 8-5 所示。

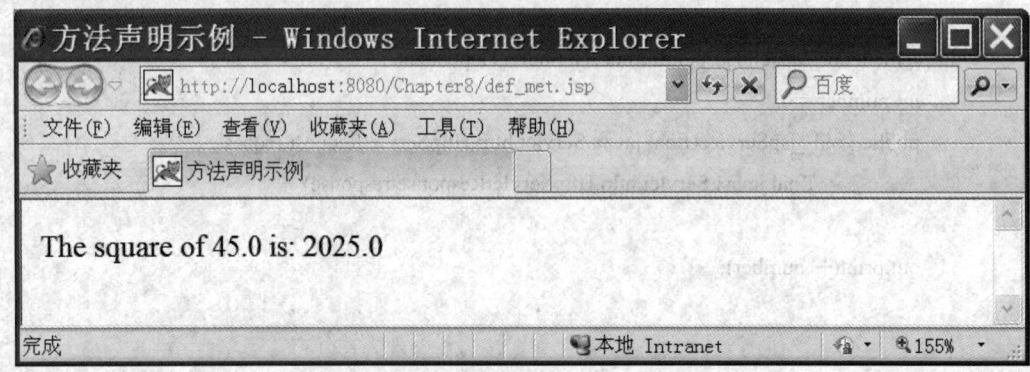

图 8-5　JSP 方法声明示例

在<%! 和 %>之间声明的方法在整个 JSP 页面内有效，但在该方法内定义的变量只在该方法内有效。这些方法将在 Java 程序片中被调用，当方法被调用时，方法内定义的变量被分配内存，调用完毕即可释放所占用的内存。当多个客户同时请求一个 JSP 页面，调用方法操作成员变量时，可以在方法前增加"synchronized"实现同步。

3. 类声明

在 <%! 和 %> 之间还可以声明类，该类在 JSP 页面内有效。即 JSP 页面中的 Java 程序片可以调用该类创建对象。现举例如下：

```
def_class.jsp
<%@ page language = "java" import = "java.util.*" pageEncoding = "UTF-8"%>
<html>
  <head>
    <title>声明类</title>
  </head>
  <body>
  <p>请输入一个数： </p>
  <br>
  <form
  name = "form" method = "post" action = "def_class.jsp">
  <input type = "text"    name = "number" value = "1">
  <input type = "submit" name = "submit" value = "送出"></form>
  <!--下面的代码声明一个类 SquareRoot-->
  <%! public class SquareRoot
  { double number;
      SquareRoot(double number)
```

```
            { this.number=number;
            }
            double compute()
            { return Math.sqrt(number);
            }
        }
%>
<% String str=request.getParameter("number");
double i;
if(str != null)
{ i = Double.valueOf(str).doubleValue();
}
else
{ i = 1;
}
SquareRoot squareRoot = new SquareRoot(i);//由类 SquareRoot 生成对象 squareRoot
%>
<p><% = i%>的平方根是：
<br>
<% = squareRoot.compute()%></p>
<!—调用对象 squareRoot 的 compute()方法-->
    </body>
    </html>
```

在上述例子中定义了一个 SquareRoot 类负责求平方根，当客户向服务器提交一个实数后，由该类生成的对象负责计算平方根。def_class.jsp 的运行结果如图 8-6 所示，在文本框中输入 99，单击"送出"按钮，运行结果如图 8-7 所示。

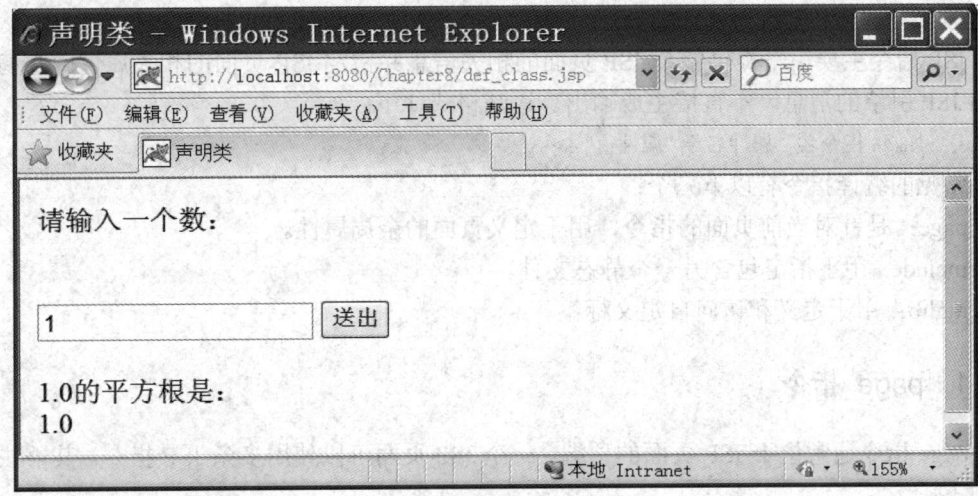

图 8-6　JSP 类声明示例

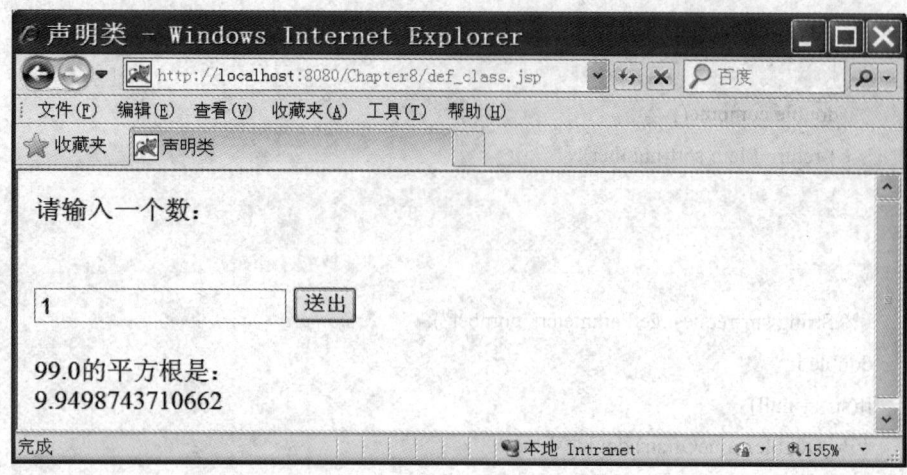

图 8-7　def_class 计算 99 的平方根

8.2.4　JSP 中的注释

注释可以增强 JSP 文件的可读性。JSP 中的注释可分为两种：

(1) HTML 注释：在<!- -和- ->之间加入注释内容。

  <!--注释内容 -->

JSP 引擎把 HTML 注释交给客户，客户端通过浏览器查看 JSP 的源文件时，能够看到 HTML 注释。

(2) JSP 注释：在<%- -和- -%>之间加入注释内容。

  <%-- 注释内容 --%>

JSP 引擎忽略 JSP 注释，即在编译 JSP 页面时忽略该注释，客户端无法看到相应的注释内容。

8.3　JSP 指令

JSP 指令主要用来提供整个 JSP 页面的相关信息并指定 JSP 页面的相关属性。它们是通知 JSP 引擎的消息，不直接生成输出。语法格式如下：

  <%@ 指令名　属性名 ="属性值"%>

常见的编译指令有以下三个：

page：是针对当前页面的指令，用于定义页面的全局属性。

include: 用于指定包含另一个静态文件。

taglib：用于定义和访问自定义标签。

8.3.1　page 指令

page 指令通常位于 JSP 页面的顶端，一个 JSP 页面可以使用多条 JSP 指令。其语法格式如下：

　　`<%@page 属性 1 = "值 1" 属性 2 = "值 2"…%>`

page 指令的常用属性如表 8-1 所示。

表 8-1　page 指令的常用属性

属性名称	属 性 作 用
language = "java"	设定 JSP 网页的脚本语言，目前只可以使用 Java 语言
contentType = "contentInfo"	设定 MIME 类型和 JSP 网页的编码方式
extends = "parentClass | interface"	设定 JSP 页面编译所产生的 Java 类所继承的父类，或所实现的接口
import = "packageList"	引入该网页中要使用的 Java 包
session = "true | false"	设定此 JSP 网页是否可以使用 session 对象，默认值为 true
errorPage = "relativeURL"	设定网页运行发生错误时，转向的 URL
isErrorPage = "true | false"	设定此 JSP 页面是否为处理异常错误的页面
buffer = "none | sizekb"	设定输出流是否使用缓冲区，默认值为 8KB
info = "string"	设置该 JSP 页面的说明信息，可以通过 Servlet.getServletInfo() 方法获取该值。如果在 JSP 页面中，可直接调用 getServletInfo() 方法获取该值。
autoFlush = "true | false"	设定输出流的缓冲区是否要自动清除，缓冲区满会产生异常，默认值 true
isELIgnored = "true | false"	设定在此 JSP 网页中是执行还是忽略 EL 表达式
pageEncoding = "character Encoding"	设定生成网页的编码字符集

　　上述属性中除 import 可以指定多个属性值外，其他属性均只能指定一个值。示例如下：

　　`<%@ page language = "java" import = "java.util.*" pageEncoding = "UTF-8"%>`

　　`<%@ import = "java.sql.*,java.lang.*" %>`

page 指令中的 info 属性及显示举例(page_info.jsp)如下：

```
<%@ page language = "java" import = "java.util.*" pageEncoding = "UTF-8"%>
<%@ page info = "测试 page 指令的 info 属性"  %>
<!DOCTYPE HTML PUBLIC "-//W3C//DTD HTML 4.01 Transitional//EN">
<html>
  <head>
    <title>My JSP 'page_info.jsp' starting page</title>
  </head>
    <body>
    <% = getServletInfo() %> <br>
    </body>
</html>
```

　　上述代码中设置 page 指令的 info 属性值为"测试 page 指令的 info 属性"，其运行效果如图 8-8 所示。

图 8-8 测试 page 指令的 info 属性

errorPage 属性的实质是 JSP 的异常处理机制,JSP 脚本不要求强制处理异常。如果 JSP 页面在运行中抛出未处理的异常,系统将自动跳转到 errorPage 属性指定的页面;如果 errorPage 没有指定错误页面,系统则直接把异常信息呈现给客户端浏览器。

下面的示例(errorPage_test.jsp)设置了 page 指令的 errorPage 属性,指定了当前页面发生异常时的处理页面,具体代码如下:

```
<%@ page language = "java"    pageEncoding = "UTF-8"    errorPage = "error.jsp" %>
<!DOCTYPE HTML PUBLIC "-//W3C//DTD HTML 4.01 Transitional//EN">
<html>
  <head>
    <title>My JSP 'errorPage_test.jsp' starting page</title>
  </head>
    <body>
    <%
    int[] ints = new int[]{1,2,3,4};
    out.write(ints[4]);
    %>
    </body>
</html>
```

在上述代码中指定 errorPage_test.jsp 页面的错误处理页面是 error.jsp。error.jsp 页面中将 page 指令的 isErrorPage 属性设为 "true",具体代码如下:

```
<%@ page language = "java"    pageEncoding = "UTF-8"    isErrorPage = "true"%>
<!DOCTYPE HTML PUBLIC "-//W3C//DTD HTML 4.01 Transitional//EN">
<html>
  <head>
    <title>错误提示页面</title>
  </head>
    <body>
    系统出现异常 <br>
```

```
    </body>
    </html>
```

在浏览器中 errorPage_test.jsp 的运行结果如图 8-9 所示；如果去除 errorPage 属性，其运行结果如图 8-10 所示。

图 8-9　设置 errorPage 属性的运行结果

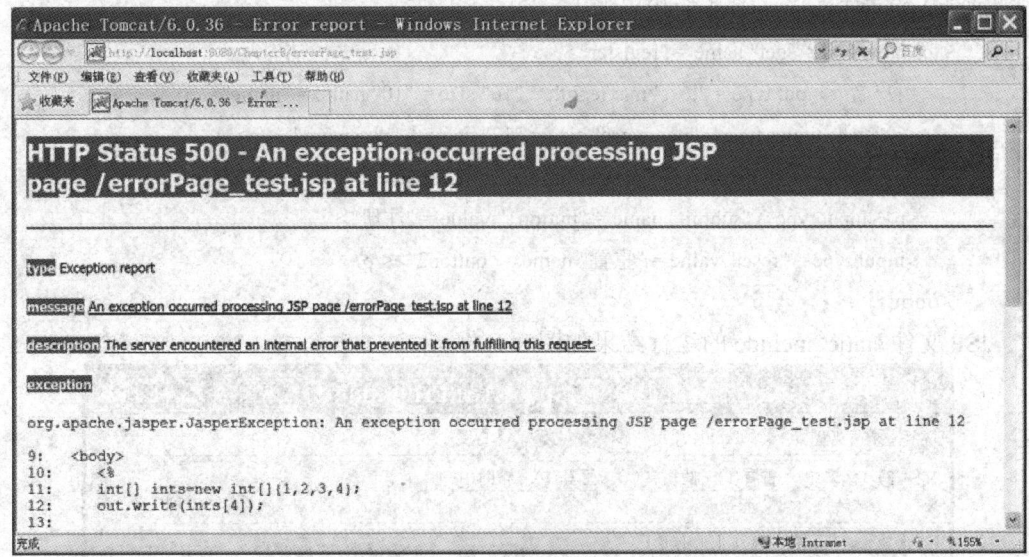

图 8-10　没有设置 errorPage 属性的运行结果

8.3.2　include 指令

include 指令用来在 JSP 页面出现该指令的位置处，静态地插入一个文件(如 JSP 文件、HTML 文件、txt 文件等)，不能插入用<%=和%>表示的表达式代表的文件。被插入的文件必须是可访问和可使用的，即该文件必须和当前 JSP 页面在同一 Web 服务目录中。而静态地插入是指当前 JSP 页面和插入的部分合并成一个新的 JSP 页面，然后 JSP 引擎再将这个新的 JSP 页面转译成 Java 类文件。因此，插入文件后，必须保证新合并的 JSP 页面符合 JSP 语法规则，即能够成为一个 JSP 页面文件。例如，最好不要在被插入的文件中出现

<html>、</html>、<body>、</body>等结构化标签。

include 指令的语法格式如下：

```
<%@ include file = "被插入文件 URL" %>
```

下面的示例(static_include.jsp)采用 include 指令插入 Register.html 文件，具体代码如下：

```
<%@ page language = "java"    pageEncoding = "UTF-8"%>
<!DOCTYPE HTML PUBLIC "-//W3C//DTD HTML 4.01 Transitional//EN">
<html>
  <head>
    <title>My JSP 'static_include.jsp' starting page</title>
  </head>
    <body><div align = "center">
    注册信息表  <br>
    <%@ include file = "Register.html" %>
  </div></body>
</html>
```

被插入页面 Register.html 的代码如下：

```
<form method = "get" name = "register">
    用户名: <input type = "text" maxlength = "16" size = "10" name = "name">
    <p>密码:<input type = "password" size = "12" name = "password"></p>
    <p>密码确认:<input type = "password" size = "12" name = "password1"></p>
    <p><input type = "submit" name = "button1" value = "注册">
    <input type = "reset" value = "重置" name = "button2"></p>
</form>
```

JSP 文件 static_include 的运行结果如图 8-11 所示。

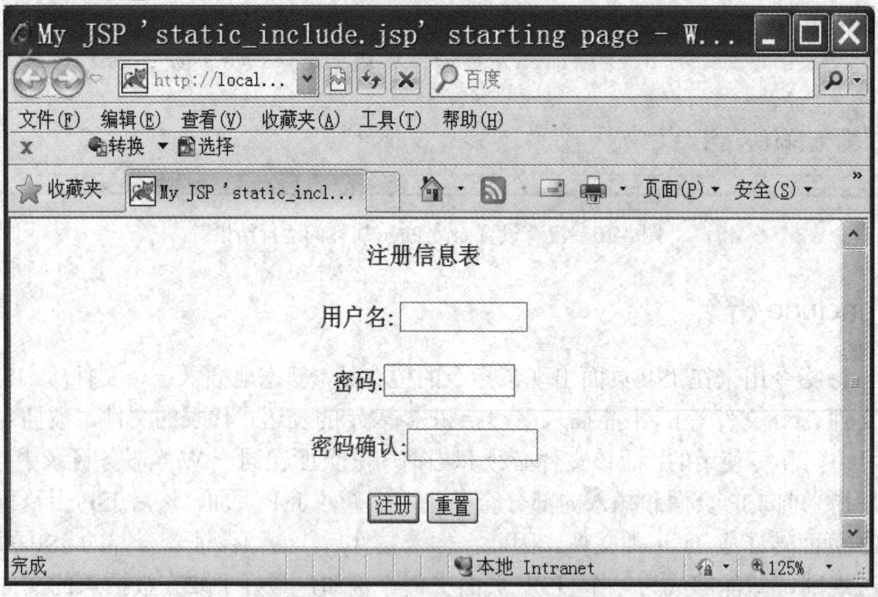

图 8-11　include 指令运用示例

注意：使用 inlude 指令插入含有中文的静态文件时，必须确保 JSP 文件和被插入文件的编码方式一致，可以采用 UTF-8、gbk、gb2312 等方式，JSP 文件可以采用 page 指令的 pageEncoding 属性设置编码方式，而 html 文件在存储的时候要选择其编码方式。

8.3.3　taglib 指令

在 JSP 中 taglib 指令用来声明此 JSP 文件使用的自定义标签，同时引用标签库，并指定标签的前缀。其语法格式如下：

```
<%@taglib uri = "标签库的 URI" prefix = "标签前缀" %>
```

taglib 指令有两个属性值：

- uri：指明标签库文件的存放位置。
- prefix：指明该自定义标签使用时的前缀。

举例：在 MyEclipse 中建立的名为 Chapter8 的 Web 工程中，新建一包，包名为 mytag。

(1) 在 mytag 下，新建一 Java 类，内容如下：

```java
package mytag;
import java.io.IOException;
import javax.Servlet.jsp.*;
import javax.Servlet.jsp.tagext.*;
public class HelloWorldTag extends TagSupport{
    public int doStartTag() throws JspTagException{
        return EVAL_BODY_INCLUDE;
    }
    public int doEndTag() throws JspTagException{
        try{
            pageContext.getOut().write("Hello World");
        } catch (IOException ex)
        {
            throw new JspTagException("Error!");
        }
        return EVAL_PAGE;
    }
}
```

(2) 在 WEB-INF 下新建一目录，目录名为 tlds，再在 tlds 下面新建一个 tld 文件，命名为 hello.tld，内容如下：

```xml
<?xml version = "1.0" encoding = "ISO-8859-1" ?>
<!DOCTYPE taglib
        PUBLIC "-//Sun Microsystems, Inc.//DTD JSP Tag Library 1.1//EN"
        "http://java.sun.com/j2ee/dtds/web-jsptaglibrary_1_1.dtd">
<taglib>
```

```
<tlibversion>1.0</tlibversion>
<jspversion>1.1</jspversion>
<shortname>myTag</shortname>
    <tag>
        <name>hello</name>
        <tagclass>mytag.HelloWorldTag</tagclass>
        <bodycontent>empty</bodycontent>
    </tag>
</taglib>
```

(3) 在 WebRoot 中创建 taglib_test.jsp 页面，代码如下：

```
<%@ page language = "java"%>
<%@ taglib uri = "/WEB-INF/tlds/hello.tld" prefix = "mytag"%>
<html>
    <body>
        <mytag:hello></mytag:hello>
    </body>
</html>
```

该页面的运行效果如图 8-12 所示。

图 8-12   taglib 指令示例

8.4   JSP 动作

JSP 动作标签在 JSP 页面运行时执行服务器端的任务(例如包含一个文件、页面跳转、传递参数等)，不需要我们编写 Java 代码。而上一节提到的 JSP 指令标签则在将 JSP 编译成 Servlet 时起作用。我们可以形象地将 JSP 动作标签看成动态的，JSP 指令标签看成静态的。

常用的 JSP 动作标签如表 8-3 所示。

表 8-3　JSP 动作标签列表

动作名称	功 能 描 述
<jsp:include>	包含一个静态的或动态的文件
<jsp:forward>	执行页面跳转，将请求的处理转发到下一个页面
<jsp:param>	为其他标签提供附加信息，如传递参数
<jsp:plugin>	在客户端浏览器中执行一个 Applet 或 JavaBean
<jsp:useBean>	创建一个 JavaBean 的实例
<jsp:setProperty>	设置 JavaBean 实例的属性值
<jsp:getProperty>	获取 JavaBean 实例的属性值

下面对前四个动作标签进行详细讲解，后面三个标签将在第 8 章 JavaBean 技术中进行详述。

8.4.1　include 动作

include 动作标签用来在 JSP 页面中动态包含一个文件。所谓动态即包含页面程序与被包含页面的程序是彼此独立的，互不影响，仅仅在 JSP 引擎运行包含页面时执行到<jsp:include>标签，JSP 引擎会插入被包含页面的 body 内容。

include 动作标签的语法格式如下：

　　　<jsp:include page = "{静态 URL|<% = 表达式%>" flush = "true | false"}/>

或者

　　　<jsp:include page = "{静态 URL|<% = 表达式%>" flush = "true | false"}>

　　　　　<jsp:param name = "参数名"value = "{参数值|<% = 表达式%>}"/>

　　　</jsp:include>

page 属性表示被包含文件的存放位置，flush 属性用于指定输出缓存是否转移到被包含文件中。如果指定为 true，则包含在被插入文件中，如果指定为 false，则包含在原文件中。JSP1.1 版本的文件，只能设置为 false。

第二种语法格式中，可以在被包含文件中加入额外的请求参数。传递到被包含页面的参数的值可以通过 HttpServletRequest 类的 getParameter()方法获得。

下面的示例(include_action.jsp)使用 include 动作标签插入指定 JSP 页面，具体代码如下：

```
<%@ page language = "java"    pageEncoding = "UTF-8"%>
<!DOCTYPE HTML PUBLIC "-//W3C//DTD HTML 4.01 Transitional//EN">
<html>
    <head>
        <title>include 动作标签</title>
    </head>
    <body>
        <font color = "#0000ff" size = "5"><strong>下面的内容使用 include 动作标签包含
```

ShowServerTime.jsp 文件</strong></font>

                                            <jsp:include page = "ShowServerTime.jsp"></jsp:include>

                            </body>

                    </html>

该页面的执行效果如图 8-13 所示。

图 8-13　include 动作标签运行结果

从运行结果上看，include 动作标签和 include 指令没有什么不同，但查看 include_action.jsp 生成的 Servlet 源代码，可以发现不同之处：

out.write("<body> \n");

out.write("<font color = \"#0000ff\" size = \"5\"><strong>下面的内容使用 include 动作标签包含 ShowServerTime.jsp 文件</strong></font>
\r\n");

out.write("   ");

org.apache.jasper.runtime.JspRuntimeLibrary.include(request, response, "ShowServerTime.jsp", out, false);

out.write("\r\n");

上述代码片段中粗体字代码显示了 include 动作标签的原理：使用一个 include 方法来插入被包含页面的内容，而不是将目标页面完全融入本页面中。

因此，静态包含和动态包含的区别如下：

(1) 静态包含时将被包含页面的代码完全导入，两个页面融合成一个整体 Servlet，而动态包含则在 Servlet 中使用 include 方法来引入被包含页面的内容。

(2) 静态包含时被包含页面的编译指令会起作用；而动态包含时被包含页面的编译指令会失去作用，只是插入页面的 body 内容。

(3) 动态包含还可以向被包含页面传递参数。

第二种语法格式的示例(include_param.jsp)如下：

<%@ page language = "java"　 pageEncoding = "UTF-8"%>

<!DOCTYPE HTML PUBLIC "-//W3C//DTD HTML 4.01 Transitional//EN">

<html>

    <head>

```
    <title>include 动作与 param 动作嵌套使用</title>
</head>
<body>
    使用 param 动作标签向 show_paramvalue.jsp 传递参数 <br>
    <jsp:include page = "show_paramvalue.jsp">
    <jsp:param name = "number" value = "1000"/>
    </jsp:include>
</body>
</html>
```

被包含页面 show_paramvalue.jsp 的代码如下:

```
<%@ page language = "java" pageEncoding = "UTF-8"%>
<!DOCTYPE HTML PUBLIC "-//W3C//DTD HTML 4.01 Transitional//EN">
<html>
    <head>
        <title>接收参数页面</title>
    </head>
    <body>
由 inlude 动作标签嵌套 Param 动作标签传递过来的参数值为
        <% = request.getParameter("number") %>
    </body>
</html>
```

include_param.jsp 页面的运行结果如图 8-14 所示。

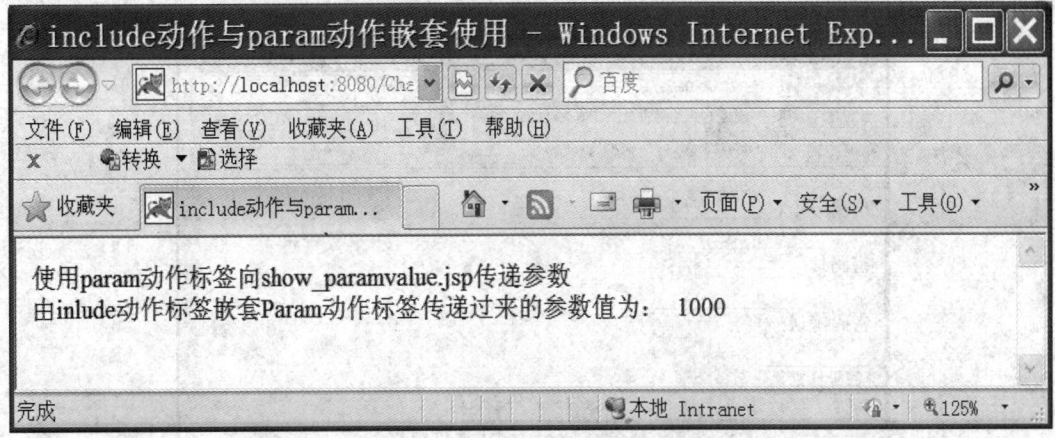

图 8-14 传递参数的 include 动作标签

8.4.2 forward 动作

forward 动作可以把请求转发到同一 Web 应用中的其他页面,既可以是静态的 HTML 页面,也可以是 JSP 页面,或是一个 Servlet。但用户浏览器中的 URL 地址不会发生变化,还是转发之前的页面地址。该动作标签的语法格式如下：

```
<jsp:forward page = "{静态 URL|<% = 表达式%>}" />
```

或者

```
<jsp:forward page = "{静态 URL|<% = 表达式%>}" >
    <jsp:param name = "参数名"  value = "{参数值|<% = 表达式%>}"/>
</jsp:forward>
```

下面例子(forward_test.jsp)使用 forward 动作标签将页面跳转到 Register.html 页面，具体代码如下：

```
<%@ page language = "java" pageEncoding = "UTF-8"%>
<!DOCTYPE HTML PUBLIC "-//W3C//DTD HTML 4.01 Transitional//EN">
<html>
    <head>
        <title>forward 动作标签示例</title>
    </head>
    <body>
        <h2>下面使用 forward 动作标签将页面跳转到 Register.html 页面. </h2>
        <jsp:forward page = "Register.html"></jsp:forward>
    </body>
</html>
```

该页面的运行结果如图 8-15 所示。从图中可以看到，虽然浏览器显示的内容是 Register.html，但地址栏内仍然是 forward_test.jsp。后面将会学到 response 内置对象的 sendRedirect(重定向)方法实现页面在服务器端的自动跳转,同时客户端的地址栏会发生变化。

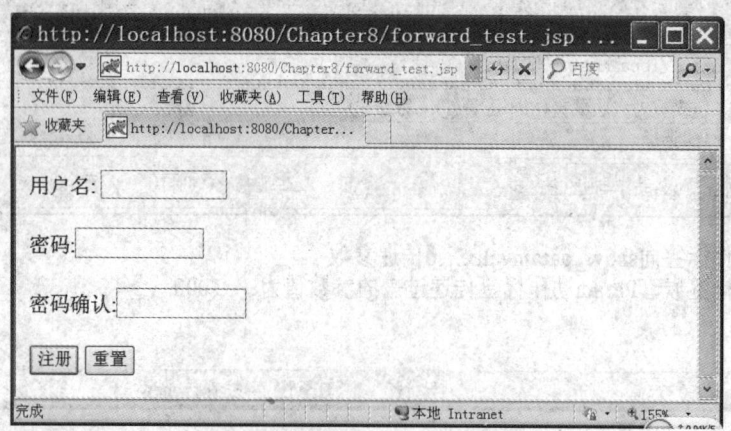

图 8-15　forward 动作标签的效果

第二种语法格式的运用方式与 include 动作标签相同，在这里就不再赘述。

8.4.3　plugin 动作

plugin 动作主要用于下载服务器端的 JavaBean 或 Applet 到客户端执行。程序在客户端执行，客户端必须安装虚拟机。其语法格式如下：

> <jsp:pulgin tpe =" bean | applet" code　= "被加载的 Java 类名称" codebase = "被加载的 Java 类所在的目录，默认值为 JSP 所在目录" [align = "对齐方式"] [archive = " 预先加载需要使用的类"] [height = " 客户端加载框的高度，以像素为单位"] [width = "客户端加载框的宽度，以像素为单位"] [hspace = "左边、右边的空白像素值"] [vspace = "上边、下边的空白像素值"] [jreversion = "JRE 版本号"] [name = "Bean 或 Applet 的名字"] [nspluginurl = "Netscape Navigator 用户下载 JRE 的地址"][iepluginurl = "IE 用户下载 JRE 的地址"]>

> [<jsp:params>

> [<jsp:param name = "参数名"value = "{参数值|<% = 表达式%>}"/>]+

> </jsp:params>]

> [<jsp:fallback>错误提示信息内容</jsp:fallback>]

> </jsp:plugin>

在实际 Web 应用开发过程中，可以直接使用支持 Applet 的 HTML 标签，因此 plugin 动作标签的使用非常罕见。

8.4.4　param 动作

param 动作标签用于设置参数值，这个标签本身不能单独使用。因为单独的 param 动作没有实际意义，它一般和下面三个动作标签嵌套使用。

- jsp:include。
- jsp:forward。
- jsp:plugin。

当与 include 动作嵌套使用时，param 动作设定的参数值将被传入被包含的页面；当与 forward 动作嵌套使用时，param 动作设定的参数值将传入跳转的页面；当与 plugin 动作嵌套使用时，参数值则被传入 Applet 实例或 JavaBean 实例。

param 动作的语法格式如下：

> <jsp:param name = " paramName" value = "paramValue"/>

Param 动作标签的具体使用举例请参见 8.4.1 节。

思　考　题

1. 理解 JSP 的运行原理，比较 JSP 和 Servlet 各自的优缺点。
2. JSP 的指令标签和动作标签的区别是什么？
3. 比较 include 指令和 include 动作在用法上的区别。

第 9 章　JSP 内置对象

【学习提示】

JSP 除了运用基本语法和基本技术在 HTML 中插入 Java 代码并实现特定的动作之外，如何动态响应客户端的请求呢？JSP 中包含了 9 个内置对象可以用于获取客户端的请求、向客户端发送响应以及记录与客户端的对话等。在本章将详细介绍每个内置对象的属性、方法和使用实例。

9.1　内置对象概述

内置对象是不需要声明，可以直接在 JSP 中使用的对象是 Servlet API 接口的实例，由 JSP 规范对其进行了默认初始化。即 JSP 引擎将 JSP 页面编译成 Servlet 时会调用_jspServlet() 方法创建这些实例，具体创建过程可以参见下面的代码段：

```
public void _jspService(HttpServletRequest request, HttpServletResponse response)
throws java.io.IOException, ServletException {
    PageContext pageContext = null;
    HttpSession session = null;
    ServletContext application = null;
    ServletConfig config = null;
    JspWriter out = null;
    Object page = this;
    JspWriter _jspx_out = null;
    PageContext _jspx_page_context = null;
    try {   response.setContentType("text/html; charset = UTF-8");
        pageContext = _jspxFactory.getPageContext(this, request, response, null, true, 8192, true);
        _jspx_page_context = pageContext;
        application = pageContext.getServletContext();
        config = pageContext.getServletConfig();
        session = pageContext.getSession();
        out = pageContext.getOut();
        _jspx_out = out;
        ⋮
    }
}
```

内置对象具有以下特点：

(1) 由 JSP 规范提供，不用编写者实例化。

(2) 通过 Web 容器实现和管理。

(3) 所有 JSP 页面均可使用。

(4) 只有在脚本元素的表达式或代码段中才可使用(<%=使用内置对象%>或<%使用内置对象%>)。

目前，JSP 一共包含九个内置对象，其对象名称和功能描述如表 9-1 所示。

表 9-1　JSP 内置对象列表

对象名称	功能描述	对象类型	作用域
out 输出对象	代表 JSP 页面的输出流，把结果输出到网页上，形成 HTML 页面	javax.Servlet.jsp.JspWriter	page
request 请求对象	封装了客户端的请求信息，通过使用该对象才可以获取客户端的请求参数	javax.Servlet.ServletRequest	request
response 响应对象	表示服务器对客户端的响应。一般很少使用该对象直接响应，而使用 out 对象，除非需要生成非字符响应。该对象常用于重定向	javax.Servlet.ServletResponse	Response
session 会话对象	表示客户和服务器之间的一次会话。当客户端浏览器与站点建立连接时，会话开始；当客户关闭浏览器时，会话结束	javax.Servlet.http.HttpSession	Session
application 应用对象	表示 JSP 页面所属的 Web 应用本身，实现了用户间数据的共享，可存放全局变量	javax.Servlet.ServletContext	application
exception 例外对象	异常处理。只用当页面是错误处理页面，即 page 指令的 isErrorPage 属性为 true 时，该对象才可以使用	javax.lang.Throwable	page
config 配置对象	表示 JSP 页面的配置信息。通常 JSP 页面无需配置，即不存在配置信息。该对象在 Servlet 中常用	javax.Servlet.ServletConfig	page
page 页面对象	代表 JSP 页面本身，就是 Servlet 中的 this，其类型是生成的 Servlet 类，能用 page 的地方，就可以用 this	javax.lang.Object	page
pageContext 页面上下文对象	表示 JSP 页面的上下文，用于管理网页的属性。使用该对象可以访问页面中的共享数据	javax.Servlet.jsp.PageContext	page

根据内置对象的作用可以分成如下四类：

第一类：与 Servlet 有关：page 和 config

第二类：与 Input/Output 有关：out，request 和 response

第三类：与 Context 有关：application，session 和 pageContext

第四类：与 Error 有关：exception

JSP 提供了四种不同时长的作用域：page、request、session、application，下面分别对其具体有效期进行说明：

• page：只在当前页面有效。

• request：在一次请求范围内有效。所谓请求周期，就是指从 http 请求发起，到服务器处理结束，返回响应的整个过程。如果页面从一个页面跳转到另一个页面，那么就会生成一个新的 request 对象。这里所指的跳转是指客户端跳转，例如客户单击超链接跳转到其他页面或者通过浏览器地址栏浏览其他页面。如果使用服务器端跳转<jsp:forward>，则仍属于同一个 request。

• session：指客户浏览器与服务器一次会话范围内，如果与服务器连接断开，那么 session 就结束了。

• application：有效范围是整个应用，从应用启动，到应用结束。在 application 对象中设置的属性只要应用不结束，就能在任意页面中获取，就算重新打开浏览器也是可以获取属性的，而且这些属性被所有用户共用。

9.2 out 对象

out 对象表示一个页面输出流。通过 out 对象发送的内容是浏览器需要显示的内容，可以在页面上输出变量值及常量，是文本一级的。开发者通常使用 out.print()和 out.println()这两个方法把结果输出到网页上。out 对象提供的方法如表 9-2 所示。

表 9-2 out 对象常用方法

方法名	说　明
void print()	将制定内容输出到输出流
void println( )	将制定内容输出到输出流，末尾加上换行符
void newLine( )	输出换行字符
void flush( )	输出缓冲区数据
void close( )	关闭输出流
void clear( )	清除缓冲区中数据,但不输出到客户端
void clearBuffer( )	清除缓冲区中数据,输出到客户端
int getBufferSize( )	获得缓冲区大小
int getRemaining( )	获得缓冲区中没有被占用的空间
boolean isAutoFlush( )	是否为自动输出

out 对象的用法示例(out_test.jsp)的代码如下：

```jsp
<%@ page language = "java"    pageEncoding = "UTF-8"%>
<%@page buffer = "2kb"%>
<!DOCTYPE HTML PUBLIC "-//W3C//DTD HTML 4.01 Transitional//EN">
<html>
    <head>
        <title>out 对象示例</title>
    </head>
    <body>
        <h3>out 对象常用方法示例</h3>
    <hr>
    <%
        for(int i = 0; i<10; i++)
        out.println(i+"{剩余"+out.getRemaining()+"字节}<br>");
    %>
        缓存大小：<% = out.getBufferSize()+"字节<br>" %>
        剩余缓存大小：<% = out.getRemaining() +"字节<br>"%>
        自动刷新:<% = out.isAutoFlush() %>
    </body>
</html>
```

out_test.jsp 的运行结果如图 9-1 所示。

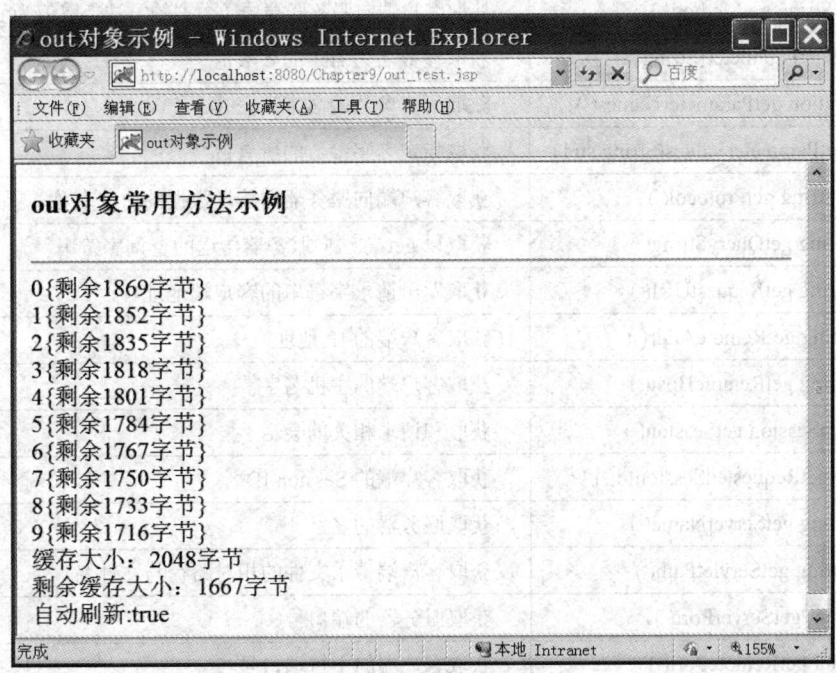

图 9-1　out 对象用法示例

9.3　request 对象

　　request 对象是 JSP 中最常用的对象之一。它封装了由客户端生成的 HTTP 请求的所有内容，包括请求参数、属性、请求头信息、cookies 及数据。通过调用 request 对象的相应方法可以获取具体的参数值。另外，还可以在 request 的生命周期内设置额外的属性。request 对象的常用方法如表 9-3 所示。

表 9-3　request 对象的常用方法

方法名称	说　　明
void setAttribute(String str1, Object obj1)	设置 str1 所指属性的值为 obj1
Object getAttribute(String str1)	获取 str1 所指属性的值,如该属性值不存在返回 Null
void removeAttribute(String str1)	删除 str1 所指的属性
Enumeration getAttributeNames( )	获取所有属性名称列表
Cookie[] getCookies( )	获取与请求相关的 cookies
String getCharacterEncoding( )	获取请求的字符编码方式
int getContentLength( )	返回请求正文的长度，如不确定返回−1
String getHeader(String name)	获取指定名字报头值
Enumeration getHeaders(String name)	获取指定名字报头的所有报头信息
Enumeration getHeaderNames( )	获取所有报头名称的列表
String getMethod( )	获取客户端向服务器端传送数据的方法，取值为 get 或 post
String getParameter(String str1)	获取参数名为 str1 的参数值
Enumeration getParameterNames( )	获取所有参数的名字列表
String[ ] getParameterValues(String,str1)	获取指定名字参数的所有值
String getProtocol( )	获取客户端向服务器端传送数据的协议名称
String getQueryString( )	获取以 get 方法向服务器传送的查询字符串
String getRequestURI( )	获取发出请求字符串的客户端地址
String getRemoteAddr( )	获取客户端的 IP 地址
String getRemoteHost( )	获取客户端的主机名字
HttpSession getSession( )	获取和请求相关的会话
String getRequestedSessionId( )	获取客户端的 Session ID
String getServerName( )	获取服务器的名字
String getServletPath( )	获取客户端请求文件的相对路径与文件名
int getServerPort( )	获取服务器的端口号
int getRemotePort( )	获取客户端的主机端口号
void setCharacterEncoding(String str1)	设定编码格式

9.3.1　getParameter 方法示例

在表 9-3 列出的方法中，使用频率最高的是 getParameter(String str1)方法，用来获取用户通过表单提交到服务器的参数值。下面的例子(request_param.jsp)中，获取用户通过 user_info.html 提交的参数值，并显示在客户端的浏览器上。

user_info.html 的具体代码如下：

```
<html>
    <head>
        <title>用户信息</title>
    </head>
    <body>
        <h2>用户个人信息填写</h2>
    <hr>
    <form name = "user-info" action = "request_param.jsp" method = "post">
    <!--从上一行代码可知单击表单 user-info 的"提交"按钮，以 post 方式向 request_param.jsp
提交信息-->
    姓名:<input type = "text" size = "10" name = "name">
    <p>
        性别：男<input type = "radio" value = "male" name = "sex" checked = "checked"> 女
<input type = "radio" value = "female" name = "sex" >
        </p>
        <p>
        年龄：<input type = "text" size = "5" name = "age">
    </p>
        个人爱好：<select name = "hobbies"><option selected value = "音乐">音乐</option><option
value = "绘画">绘画</option><option value = "运动">体育</option><option value = "读书">读书
</option></select>
        <p>
        </p>
        <input type = "submit" value = "提交" name = "submit"> <input type = "reset" value = "重
置" name = "reset">
        </form>
        </body>
    </html>
```

user_info.html 的运行结果如图 9-2 所示，在页面上输入相关个人信息，单击"提交"按钮，根据表单"user-info"的 action 属性可知，页面将跳转到 request_param.jsp，运行结果如图 9-3 所示。

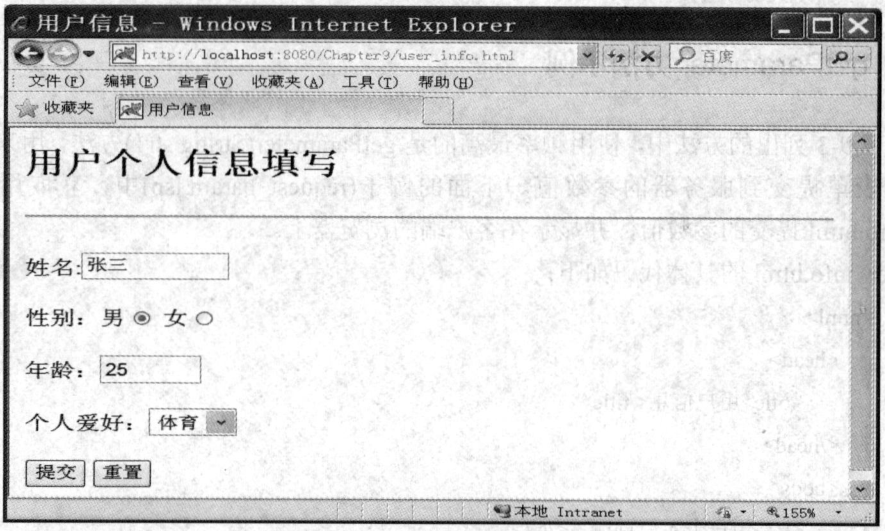

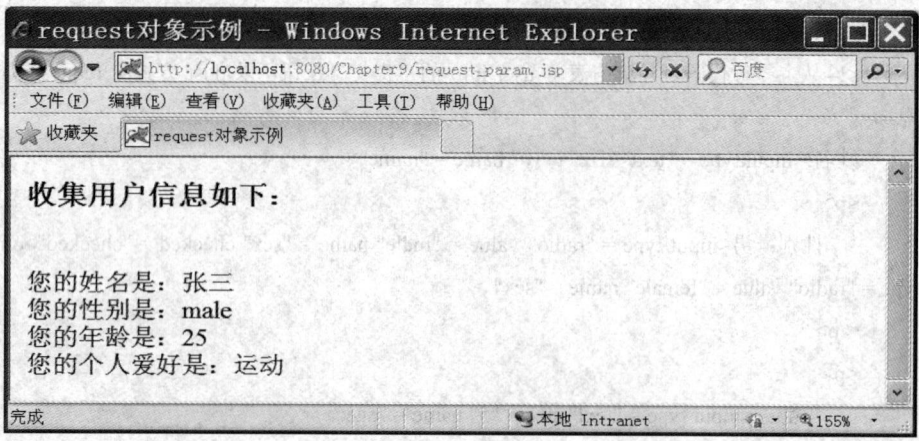

图 9-2　user_info.html 的浏览结果

图 9-3　request_param.jsp 运行结果

request_param.jsp 的代码如下所示：

```
<%@ page language = "java"    pageEncoding = "UTF-8"%>
<!DOCTYPE HTML PUBLIC "-//W3C//DTD HTML 4.01 Transitional//EN">
<html>
   <head>
      <title>request 对象示例</title>
   </head>
   <body>
   <% request.setCharacterEncoding("UTF-8");%>
   <h3>
      收集用户信息如下：
   </h3>
   <br>
```

您的姓名是：<% = request.getParameter("name")%>

　　　　<!--上一行代码采用 request.getParameter( )方法获取表单 user-info 中名字为"name"的文本框中用户输入的信息，数据类型为 String-->

　　　　

您的性别是：<% = request.getParameter("sex")%>

　　　　

您的年龄是：<% = request.getParameter("age")%>

　　　　

您的个人爱好是：<% = request.getParameter("hobbies")%>

　　　　<!--上一行代码采用 request.getParameter( )方法获取表单 user-info 中名字为"hobbies"的下拉列表菜单中用户所选项的 value 值-->

　　　　

　　</body>

　　</html>

　　request 对象的 getParameter(String str)方法输入的参数必须为字符串(String)类型，而且返回值也是 String 类型。因此，要想对由 getParameter 方法获取的信息进行运算等操作时，要进行强制类型转换。

9.3.2　解决 request 中文乱码问题

　　由于 getParameter 方法获取到的参数值默认按照 ISO-8859-1 的方式进行编码，此种编码方式不能正常显示中文，在浏览器上就会呈现乱码。解决 request 的中文乱码问题，常用方法有两种。第一种方法是在第一次使用 request.getParameter()之前采用 setCharacterEncoding(charset)设置可以正常显示中文的编码方式(gb2312、utf-8、gbk)。但是 setCharacterEncoding(charset)方法只对 HTTP 消息体中的数据起作用，对于 URL 字段中的参数不起作用。所以，当表单的 method 属性取值为 get 时，依然会出现中文乱码问题。

　　第二种方法是先使用 getBytes 方法将 getParameter 获取的字符串转换成字节数组，再按照 UTF-8 等编码方式重新生成字符串。这种方法对于表单的两种提交方式 get 和 post 均适用，具体代码如下：

```
<%
String name = request.getParameter("name");
String new_name = new String(name.getBytes("ISO-8859-1"), "UTF-8");
%>
```

　　第三种方法是使用 Servlet 过滤器解决中文乱码问题。使用编码过滤器可以对请求和响应数据的编码进行统一设置，避免出现因为传输数据编码不一致带来的乱码问题。我们新建 EncodingFilter.java 类，实现 javax.Servlet.Filter 接口，并实现该接口的 init(FilterConfigconfig)、doFilter(SevletRequest req, ServletResponseres, FilterChain chain)和 destory()这三个方法，具体代码如下：

```
import java.io.IOException;
```

```
import javax.Servlet.*;
public class EncodingFilter implements Filter {
    public void destroy() {}
    public void init(FilterConfig arg0) throws ServletException {}
    public void doFilter(ServletRequest request, ServletResponse response,
    FilterChain chain) throws IOException, ServletException {
        request.setCharacterEncoding("utf-8");
        response.setCharacterEncoding("utf-8");
        chain.doFilter(request, response);
    }
}
```

该编码过滤器在初始化和销毁时无动作，过滤操作对数据编码进行设置，其中
request.setCharacterEncoding("utf-8")用于将 request 请求中获取的数据编码设置为 utf-8，而
response.setCharacterEncoding("utf-8")用于设置响应时的编码为 utf-8。

在 web.xml 中对该编码过滤器做如下设置，其中，<url-pattern>子元素中的 "/*" 表示
匹配网站的所有资源，也就是说对本站所有资源的请求和响应都要经由编码过滤器执行其
过滤操作。

```
<filter>
    <filter-name>EncodingFilter</filter-name>
    <filter-class>EncodingFilter</filter-class>
</filter>
<filter-mapping>
    <filter-name>EncodingFilter</filter-name>
    <url-pattern>/*</url-pattern>
</filter-mapping>
```

9.3.3 request 范围内的属性设置与获取

在 request 对象的生命周期内，即一次请求中，可以通过 setAttribute 方法设置属性名
和对应的属性值。用 getAttribute 方法可以读取属性值。这两个方法一般和 forward 动作结
合使用。下面的例子 request_attribute.jsp 为 request 对象添加了属性 info，然后跳转到页面
get_attribute.jsp 获取属性值，并将其显示在页面上，具体代码如下：

```
request_attribute.jsp
<%@ page language = "java"pageEncoding = "UTF-8"%>
<!DOCTYPE HTML PUBLIC "-//W3C//DTD HTML 4.01 Transitional//EN">
<html>
    <head>
        <title>request 的 setAttribute 方法</title>
    </head>
```

```
<body>
    本页采用 request 对象设置属性 info
    <%request.setAttribute("info", "网站设计与开发");%>
    <!--上一行代码为 request 对象设置属性 info，及其值-->
    <jsp:forward page = "get_Attribute.jsp"/>
    <!--上一行代码会将页面跳转到 get_Attribute.jsp-->
</body>
</html>
```

get_attribute.jsp

```
<%@ page language = "java"    pageEncoding = "UTF-8"%>
<!DOCTYPE HTML PUBLIC "-//W3C//DTD HTML 4.01 Transitional//EN">
<html>
    <head>
        <title>request 对象的 getAttribute 方法</title>
    </head>
    <body>
        request 对象中添加的属性 info 的值为：
        <%=request.getAttribute("info") %>
        <!--上一行代码获取 reqeust 对象的属性 info 的值-->
    </body>
</html>
```

　　request_attribute.jsp 的运行结果如图 9-4 所示。从图中可以看出，虽然网页发生了跳转，但是 URL 地址没有发生变化，所以两个页面都属于一次请求，可以读取添加的属性值。如果 URL 地址发生改变，则会生成新的 request 对象，就无法读取前一个页面并为 request 对象添加的属性值。

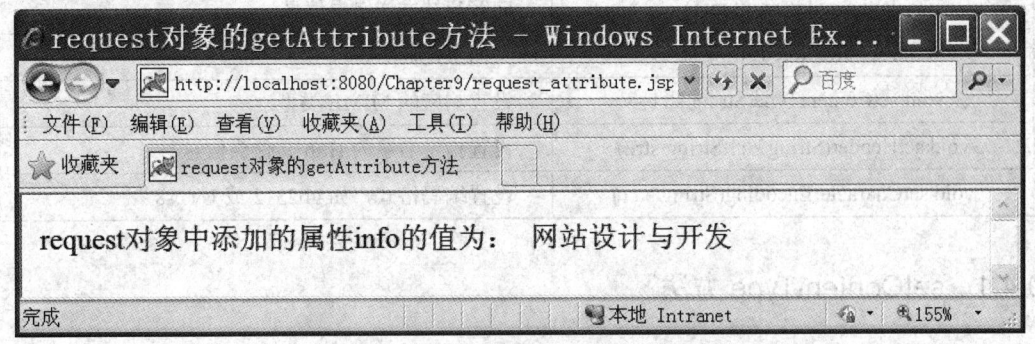

图 9-4　request 对象的属性设置与获取示例

9.3.4　request 执行 forward 或 include 动作

　　request 对象还有一个功能就是执行 forward 和 include 动作，替代原有的动作标签。HttpServletRequest 类提供了一个 getRequestDipacher(String path)方法，其中 path 就是要跳

转或包含的目标路径，该方法返回 RequestDispatcher。该对象提供了以下两个方法：

- forward(ServletRequest request, ServletResponse response)：执行 forward 动作。
- include(ServletRequest request, ServletResponse response)：执行 include 动作。

具体示例如下：

```
getRequestDispatcher("/test.jsp").include(request,response);
getRequestDispatcher("/test.jsp").forward(request,response);
```

9.4 response 对象

response 对象是服务器对客户端请求的响应，但在 JSP 中很少直接用它来响应客户端的请求。一般用 out 对象直接输出对客户的响应信息。out 对象只能输出字符内容，当需要输出非字符内容(例如：动态生成图片，PDF 文档)时，必须使用 response 作为响应输出。

此外，response 对象还可以重定向请求，以及向客户端增加 Cookie。

response 对象的常用方法如表 9-4 所示。

表 9-4 response 对象常用方法

方 法 名	说 明
void addCookie(Cookie cookie)	添加一个 cookie 对象,保存客户端的用户信息
void addHeader(String str1,String str2)	添加 Http 文件指定名字头信息
boolean containsHeader(String str1)	判断指定名字 Http 文件头信息是否存在
String encodeURL(String url)	URL 重写
void flushBuffer( )	强制把当前缓冲区内容发送到客户端
int getBufferSize( )	返回缓冲区大小
void sendError(int int1)	向客户端发送错误信息
void sendRedirect(String str1)	页面重定向
void setContentType(String str1)	设置响应的 MIME 类型
void setHeader(String str1,String str2)	设置指定名字的 Http 文件头信息
void setCharacterEncoding(String str1)	设置编码格式，如 gb2312 或 UTF-8

9.4.1 setContentType 方法

当要向客户端输出非字符响应时,可以采用 response 对象,并设置 contentType 的 MIME 类型。常用的 MIME 类型如下：

- text/html：HTML 超文本文件，后缀为 .html；
- text/plain：plain 文本文件，后缀为 .txt；
- application/msword：word 文档文件，后缀为 .doc；
- application/x-msexcel：excel 表格文件，后缀为 .xls；

- image/jpeg:jpeg 图像，后缀为 .jpeg；
- image/gif:gif 图像，后缀为 .gif。

下面是一个 txt 文档，可以采用 excel 打开该文档，显示效果如图 9-5 所示。

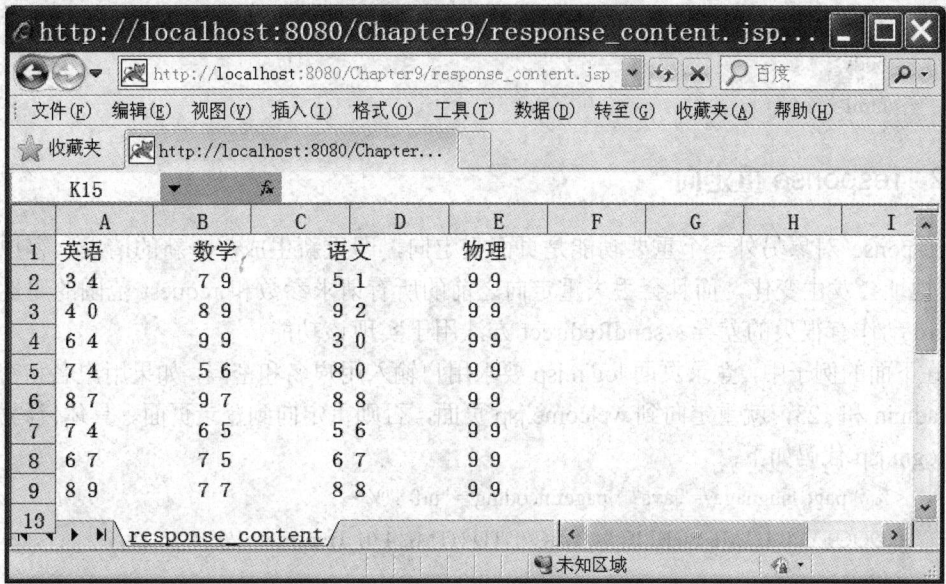

图 9-5　excel 类型显示

test.txt 文档内容如下：

英语	数学	语文	物理
34	79	51	99
40	89	92	99
64	99	30	99
74	56	80	99
87	97	88	99
74	65	56	99
67	75	67	99
89	77	88	99

注意：在输入该 txt 的过程中，为了能在 execl 中显示该文本，要把输入法切换到全角。

response_content.jsp 的代码如下：

```
<%@ page contentType = "text/html; charset = gb2312" language = "java" import = "java.sql.*"
errorPage = "" %>
<!DOCTYPE HTML PUBLIC "-//W3C//DTD HTML 4.01 Transitional//EN"
"http://www.w3.org/TR/html4/loose.dtd">
<html>
    <head>
        <meta http-equiv = "Content-Type" content = "text/html; charset = gb2312">
        <title>setContentType 用法示例</title>
    </head>
```

```
    <body>
    <% response.setContentType("application/x-msexcel; charset = gb2312");%>
    <!--上一行代码设置客户端的内容类型为 excel-->
    <jsp:include page = "test.txt"></jsp:include>
</body>
</html>
```

9.4.2 response 重定向

response 对象另外一个重要功能是页面重定向，即重新生成一个新的请求，客户端的 URL 地址会发生变化，而且会丢失重定向之前的所有请求参数和 request 范围的属性，与 forward 动作有很大的差异。sendRedirect 方法用于实现该功能。

在下面的例子中，登录页面 login.jsp 要求用户输入用户名和密码，如果用户名和密码分别是 admin 和 123，就重定向到 welcome.jsp 页面，否则重定向到登录页面。具体代码如下：

login.jsp 代码如下：

```
<%@ page language = "java"    pageEncoding = "utf-8"%>
<!DOCTYPE HTML PUBLIC "-//W3C//DTD HTML 4.01 Transitional//EN">
<html>
    <head>
        <title>登录页面</title>
    </head>
    <body>
        <form action = "verify.jsp" method = "post">
        <!--上一行代码将表单中输入的信息以 post 方式提交给 verify.jsp 进行处理-->
        用户名：<input type = "text" name = "username"><br>
        密码：<input type = "password" name = "password"><br>
        <input type = "submit" value="登录">
        </form>
    </body>
</html>
```

verify.jsp 的代码如下：

```
<%@ page language = "java" pageEncoding = "UTF-8"%>
<!DOCTYPE HTML PUBLIC "-//W3C//DTD HTML 4.01 Transitional//EN">
<html>
    <head>
        <title>用户认证</title>
    </head>
    <body>
    <%
```

```
                String username = request.getParameter("username");
                //获取 login.jsp 的表单中名字为 username 的文本框中用户输入的值
                String password = request.getParameter("password");
                //获取 login.jsp 的表单中名字为 password 的文本框中用户输入的值
                if("admin".equals(username)&&"123".equals(password))
                //通过 if 语句判断将客户端的页面重定向到哪个页面
                {
                    response.sendRedirect("welcome.jsp");
                }
                else{
                    response.sendRedirect("login.jsp");
                }
        %>
        </body>
    </html>
```

welcome.jsp 的代码如下：

```
<%@ page language = "java"    pageEncoding = "UTF-8"%>
<!DOCTYPE HTML PUBLIC "-//W3C//DTD HTML 4.01 Transitional//EN">
<html>
    <head>
        <title>欢迎页面</title>
    </head>
    <body>
        <font size = "4"><strong> <font size = "6">欢迎您的光临!</font></strong></font> <br>
    </body>
</html>
```

登录界面显示结果如图 9-6 所示。欢迎页面的运行结果如图 9-7 所示。

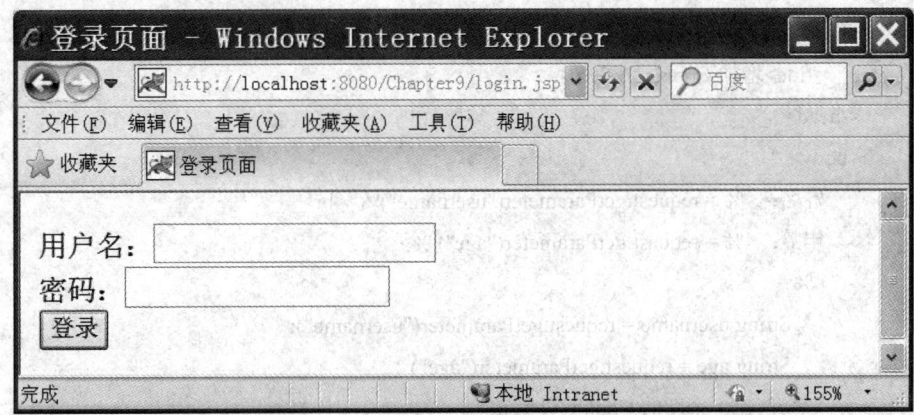

图 9-6　登录页面

图 9-7　欢迎页面

9.4.3　增加 Cookie

Cookie 通常用于网站记录客户的某些信息，例如客户的用户名及客户的喜好等。如果用户下次登录，网站就可以获取到客户的相关信息，根据这些客户信息，网站可以对客户提供更友好的服务。Session 在关闭浏览器后就失效，但 Cookie 会一直存放在客户端浏览器上，除非超出 Cookie 的生命期限。

使用 response 对象的 addCookie 方法可以向客户端增加 Cookie，但客户端浏览器必须支持 Cookie。在增加 Cookie 之前，必须先创建 Cookie 对象，具体步骤如下：

(1) 创建 Cookie 实例；

(2) 设置 Cookie 的有效期，单位为秒；

(3) 向客户端写 Cookie。

在下面的例子 response_addCookie.jsp 中，向客户端写入两个 Cookie，一个名为 username，另一个名为 age。具体代码如下：

```
<%@ page language = "java"    pageEncoding = "UTF-8" %>
<%@ page isELIgnored = "false" %>
<html>
    <head>
        <title>增加 Cookie</title>
    </head>
    <body>
        姓名：<% = request.getParameter("username")%><br>
        年龄：<% = request.getParameter("age") %>
        <%
            String username = request.getParameter("username");
            String age = request.getParameter("age");
            //创建一个新的 Cookie 对象 c1
            Cookie c1 = new Cookie("username", username);
```

```
        //创建一个新的 Cookie 对象 c2
        Cookie c2 = new Cookie("age", age);
        //设置 Cookie 对象 c1 和 c2 的有效期为 24*3600 秒，即 24 小时
        c1.setMaxAge(24*3600);
        c2.setMaxAge(24*3600);
        //向客户端增加 Cookie c1 和 c2
        response.addCookie(c1);
        response.addCookie(c2);
    %>
    </body>
</html>
```

当客户端的浏览器没有禁用 Cookie 时，在地址栏中输入 http://localhost:8080/Chapter9/
response_addcookie.jsp?username = zhangsan&age = 25，执行该页面后，tomcat 服务器会向
客户端写入两个 Cookie，它们的有效期为 24 小时。在有效期内，这两个 Cookie 会一直存
在客户端的硬盘上。该页面的执行效果如图 9-8 所示。

图 9-8　response 对象增加 Cookie 示例

通过调用 request 对象的 getCookies( )方法，能够以数组的方式获取客户端存储的所有
Cookie。Get_Cookie.jsp 文件读取并显示 Cookies 的名字和值，具体代码如下：

```
<%@ page language = "java"    pageEncoding = "UTF-8"%>
<%@ page isELIgnored = "false" %>
<html>
    <head>
        <title>获取 Cookie</title>
    </head>
    <body>
        <%
        //以数组形式获取所有的 Cookie
        Cookie[ ] cookies = request.getCookies( );
        for(Cookie c:cookies)
```

```
//运用 for 循环输出所有 Cookie 的名字和值
    {
        out.println(c.getName( )+ " "+c.getValue( )+ "<br>");
    }
%>
    </body>
</html>
```

get_Cookie.jsp 的运行结果如图 9-9 所示。在图中最后一行显示的是客户端和服务器之间建立的 session 的 ID，在下一节中将会对 session 对象进行详述。

图 9-9　获取 Cookie 示例

默认情况下，Cookie 值不允许出现中文字符，如果需要值为中文的 Cookie，可以借助于 java.net.URLEncoder 先对中文字符进行编码，将编码后的结果设为 Cookie 值。程序要读取 Cookie 时，应该先读取编码后的 Cookie 值，然后使用 java.net.URLDecoder 对其进行解码。

页面 Cookie_chinese.jsp 在 Cookie 中设置了 "西安电子科技大学" 的中文编码，get_chineseCookie.jsp 读取出该中文信息，页面运行结果如图 9-10 所示。

Cookie_chinese.jsp 的具体代码如下：

```
<%@ page language = "java" import = "java.util.* " pageEncoding = "utf-8"%>
<!DOCTYPE HTML PUBLIC "-//W3C//DTD HTML 4.01 Transitional//EN">
<html>
    <head>
        <title>在 Cookie 中存储中文值</title>
    </head>
    <body>
        <%
            Cookie c3 = new Cookie("chineseName", java.net.URLEncoder.encode("西安电子科技大
学", "gbk")); //采用 gbk 格式对 "西安电子科技大学" 进行 URL 编码再存到 Cookie 中
            c3.setMaxAge(24*3600);
            response.addCookie(c3);
        %>
    </body>
```

```
        </html>
```

get_chineseCookie.jsp 的代码如下：

```
<%@ page language = "java" import = "java.util.* " pageEncoding = "utf-8"%>
<!DOCTYPE HTML PUBLIC "-//W3C//DTD HTML 4.01 Transitional//EN">
<html>
    <head>
        <title>读取 Cookie 的中文值</title>
    </head>
    <body>
        <%    Cookie[] cookies = request.getCookies();
        for(Cookie c:cookies)
        {
            if(c.getName().equals("chineseName"))
            {    //对 Cookie 中 chineseName 的值先解码再输出
                out.println(java.net.URLDecoder.decode(c.getValue()));
            }
        }
        %>
    </body>
</html>
```

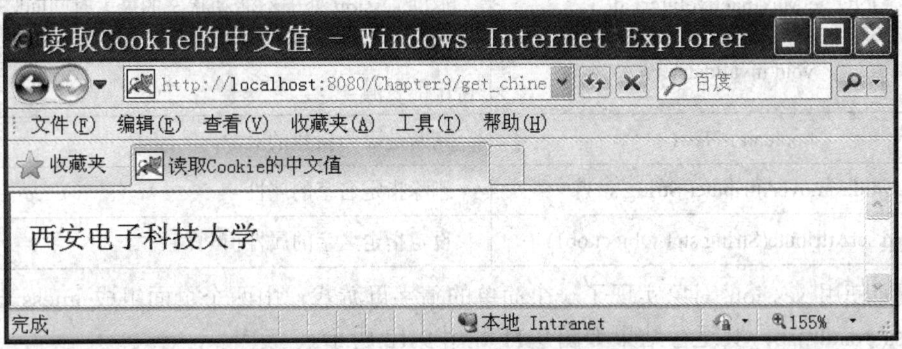

图 9-10　get_chineseCookie 页面运行结果

9.5　session 对象

session 对象是一个常用的 JSP 内置对象，它在第一个 JSP 页面被装载时自动创建，完成会话期管理。

从一个客户打开浏览器并连接到服务器开始，到客户关闭浏览器离开这个服务器结束，被称为一个会话。当一个客户访问一个服务器时，可能会在这个服务器的几个页面之间反复连接，反复刷新一个页面，服务器应当通过某种办法知道这是同一个客户，这就需要 session 对象。为了对不同的客户加以区分，采用 ID 号对不同客户的 session 加以标识。

Session 对象的 ID 是指，当一个客户首次访问服务器上的一个 JSP 页面时，JSP 引擎产生一个 session 对象，同时分配一个 String 类型的 ID 号，JSP 引擎同时将这个 ID 号发送到客户端，存放在 Cookie 中，这样 session 对象和客户之间就建立了一一对应的关系。当客户再访问连接该服务器的其他页面时，不再分配给客户新的 session 对象，直到客户关闭浏览器后，服务器端该客户的 session 对象才被取消，并且和客户的会话对应关系消失。服务器还可以调用 session 对象的 invalidate()方法取消某个 session。当客户重新打开浏览器再连接到该服务器时，服务器为该客户再创建一个新的 session 对象。

Session 对象存在一定时间过期问题，所以存储在 session 中的属性名称、属性值会在一定时间后失去，可以通过更改 session 有效时间来避免这种情况。同时，编程时尽量避免将大量有效信息存储在 session 中，request 是一个不错的替代对象。

Session 对象的常用方法如表 9-5 所示。

表 9-5　session 对象的常用方法

方法名	说　　明
Object getAttribute(String str1)	获取指定名字的属性值，如果不存在，则返回 null
Enumberation getAttributeNames( )	获取 session 中全部属性名称的一个枚举
long getCreationTime( )	返回 session 的创建时间
String getId( )	获取 session 的 ID
long getLastAccessedTime( )	返回 session 用户最后发送请求的时间
long getMaxInactiveInterval( )	返回 session 处于不活动状态的最大时间间隔
void invalidate( )	销毁 session 对象，服务器端将释放该 Session 对象占用的资源
boolean isNew( )	判断是否为新建的对象
void removeAttribute(String str1)	删除指定名字的属性
void setAttribute(String str1,Object ob1)	设定指定名字的属性值

下面使用 session 对象实现了一个简单的猜字母游戏，由两个页面组成 guess_char.jsp 和 guess_result.jsp，其运行结果如图 9-11 和用 9-12 所示。

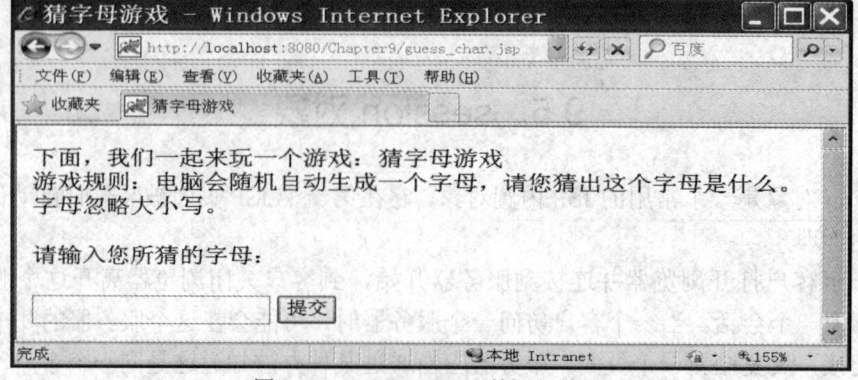

图 9-11　guess_char.jsp 的运行结果

图 9-12　guess_result.jsp 的运行结果

guess_char.jsp 的代码如下：

```
<%@ page language = "java" import = "java.util.*" pageEncoding = "utf-8"%>
<!DOCTYPE HTML PUBLIC "-//W3C//DTD HTML 4.01 Transitional//EN">
<html>
    <head>
        <title>猜字母游戏</title>
    </head>
    <body>
        下面，我们一起来玩一个游戏：猜字母游戏 <br>
        游戏规则：电脑会随机自动生成一个字母，请您猜出这个字母是什么。字母忽略大小写。<br>
        <%
            //声明一个包含 26 个英文字母的字符串数组
            String charString = new String("abcdedfghijklmnopqrstuvwxyz");
            //随机生成了一个 1-26 个之间的整数数字
            int charNumber = (int)(Math.random()*100+1)%26-1;
            //以 charNumber 为下标取对应字母的字符串中的字符
            Character TempCharacter = new Character(charString.charAt(charNumber));
            //将 TempCharacter 作为属性存储到 session 中
            session.setAttribute("TempCharacter", TempCharacter); %>
        <br>
        <p>请输入您所猜的字母：
        <form name = "form" action = "guess_result.jsp" method = "post">
        <input type = "text" name = "guesschar">
        <input type = "submit" value = "提交" name = "submit">
        </form>
    </body>
</html>
```

guess_result.jsp 的代码如下：

```
<%@ page language = "java" import = "java.util.*" pageEncoding = "utf-8"%>
<!DOCTYPE HTML PUBLIC "-//W3C//DTD HTML 4.01 Transitional//EN">
```

```html
<html>
    <head>
        <title>猜字母游戏</title>
    </head>
    <body>
        <%
            //获取用户在表单的文本框 guesschar 中输入的字母
            String tempString = request.getParameter("guesschar");
            //获取 session 中存储的属性 TempCharacter 的值并转化成 String 类型 String
            TempCharacter = session.getAttribute("TempCharacter").toString();
            //通过 if 语句判断用户猜测是否正确
            if(tempString != null)
            {
                if(TempCharacter.equalsIgnoreCase(tempString))
                out.println("恭喜您, 您猜对了! ");
                else
                out.println("您猜错了, 加油哦! ");
            }
        %>
        <br>
        <p>输入您所猜的字母:
        <form name = "form1" action = "guess_result.jsp" method = "post">
        <input type = "text" name = "guesschar">
        <input type = "submit" value = "提交" name = "submit">
        </form>
        <a href = "guess_char.jsp">重新开始新游戏</a>
    </body>
</html>
```

在 guess_char.jsp 文件中, 首先声明了一个包含有 26 个英文字母的字符串数组, 然后随机生成了一个 1~26 个之间的整数数字, 以这个整数数字为下标取对应字母的字符串中的字符, 并将字符转换为一个字符后放入到 session 对象中, 最后声明一个表单, 用于输入用户猜测的字母, 并提交给 guess_result.jsp。

在 guess_result.jsp 文件中, 接受用户提交的猜测字母并与 session 对象中保存的字母进行比较, 如果相等, 则报告给用户, 表示猜对了; 如果错了, 则继续猜测。

9.6 application 对象

服务器启动后就产生 application 对象, 当客户在所访问网站的各个页面之间浏览时,这个 application 对象都是同一个，直到服务器关闭。但是与 session 不同的是，所有客户的 application 对象都是同一个，即所有客户共享这个内置的 application 对象。

在 application 对象的生命周期中，在当前服务器上运行的每一个 JSP 程序都可以任意存取这个 application 对象绑定的参数(或者 Java 对象)的值。application 对象的这些特性为我们在多个 JSP 程序中、多个用户共享某些全局信息(如当前的在线人数等)提供了方便。该对象还常被用于存取环境(ServletContext)信息。

application 对象的常用方法如表 9-6 所示。

表 9-6　application 对象的常用方法

方法名称	说　明
Object getAttribute(String str)	获取 application 对象中指定名字的属性值
Enumberation getAttributeNames( )	获取 application 对象中所有属性名字的一个枚举
int getMajorVersion( )	返回容器的主版本号
int getMinorVersion( )	返回容器的次版本号
String getServletInfo( )	返回 Servlet 编译器的当前版本信息
String getRealPath(String str)	返回 str 所指 path 的本地物理路径
void setAttribute(String str1,Object ob1)	设置 application 对象中指定名字的属性值
void removeAttribute(String str)	移除 str 所指属性
void log(String str)	将 str 的内容写入到 log 文件中

下面的示例 application.jsp 对站点在线人数进行了统计，根据 session 的 ID 判断是否是一个新的客户，并把在线人数的统计值以属性的形式存储在 application 对象中。这样所有访问该服务器的客户可以共享该属性。具体代码如下：

```
<%@ page language = "java"    pageEncoding = "utf-8"%>
<html>
  <head>
    <title>application 对象实例</title>
  </head>
  <body>
    <H2>application 对象实例</H2>
    <hr>
<%
    int userCounter = 1;
    String sessionID = session.getId();
    StringBuffer users = new StringBuffer();
    if (application.getAttribute("count") != null){
        users = users.append(application.getAttribute("users").toString());
    //根据 sessionID 判断是否是新的客户
```

```
        if (users.indexOf(sessionID) == -1){
            userCounter = Integer.parseInt(application.getAttribute("count").toString());
            userCounter++;
            application.setAttribute("count", new Integer(userCounter));
            users = users.append("<br>"+sessionID);
            application.setAttribute("users", users.toString());
        }
    }else{
        //如果是第一位访问的客户
        users = users.append("<br>"+sessionID);
        application.setAttribute("users", users.toString());
        application.setAttribute("count", new Integer(userCounter));
    }
    out.println("当前容器的版本信息为："+application.getServerInfo()+"<br>");
    out.println("在线人数为："+applicaton.getAttribute("count")+"<br>");
    out.println("在线 SessionID 为："+users.toString()+"<br>");
%>
    </body>
</html>
```

上述代码的运行结果如图 9-13 所示。

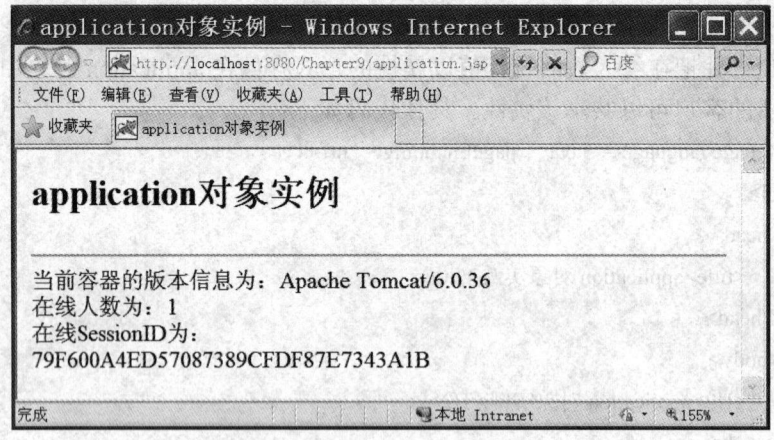

图 9-13　applicaton.jsp 的运行结果

9.7　exception 对象

exception 对象是一个例外对象，用来发现、捕获和处理异常。它是 JSP 文件运行异常时产生的对象，当 JSP 文件运行时如果有异常发生，则抛出异常，该异常只能被设置为 <%@ page isErrorPage = "true" %>的 JSP 页面捕获。

exception 对象的常用方法如表 9-7 所示。

表 9-7　exception 对象的常用方法

方法名称	说　　明
String getMessage()	获取异常信息
void printStackTrace(PrintWriter s)	输出异常的堆栈信息

下面两个页面 exception_test.jsp 和 error.jsp 解释了 exception 对象的具体使用方法。
exception_test.jsp 的代码如下：

```
<%@ page language = "java"    pageEncoding = "utf-8" errorPage = "error.jsp"%>
<!DOCTYPE HTML PUBLIC "-//W3C//DTD HTML 4.01 Transitional//EN">
<html>
    <head>
        <title>exception 对象示例</title>
    </head>
    <body>
        <%
            //制造一个数字格式异常
            int i = Integer.parseInt("test");
        %>
    </body>
</html>
```

error.jsp 的代码如下：

```
<%@ page language = "java"    import = "java.io.*" pageEncoding = "utf-8" isErrorPage = "true" %>
<!DOCTYPE HTML PUBLIC "-//W3C//DTD HTML 4.01 Transitional//EN">
<html>
    <head>
        <title>捕获 exception 对象</title>
    </head>
    <body>
        捕捉到如下异常： <br>
        <%
            out.println(exception.getMessage()+"<br>");
            out.println("异常的堆栈信息为：<br>");
            exception.printStackTrace(new PrintWriter(out));
        %>
    </body>
</html>
```

客户在浏览器 URL 地址栏中输入 http://localhost:8080/Chapter9/exception_test.jsp 后，
由于出现数字格式异常，错误信息会被 error.jsp 捕获，具体显示结果如图 9-14 所示。

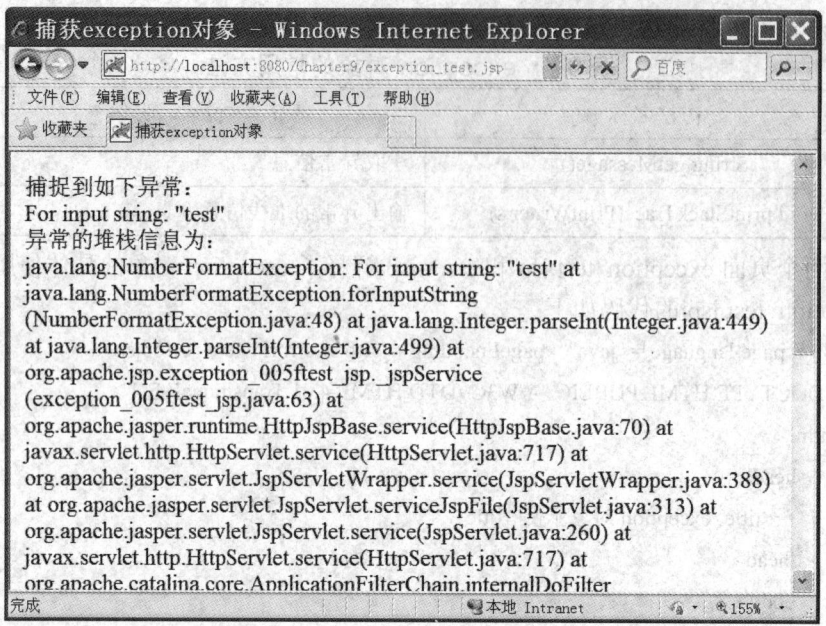

图 9-14　exception 对象示例

注意：要正常显示 error.jsp 页面，不能勾选客户端浏览器的"Internet 选项→高级→"显示友好 http 错误信息"复选框。

9.8　其他内置对象

9.8.1　page 对象

page 对象是当前 JSP 页面本身的一个实例，page 对象在当前 JSP 页面中可以用 this 关键字来替代。在 JSP 页面的 Java 程序片和 JSP 表达式中可以使用 page 对象。该对象不经常使用，其包含的方法如表 9-8 所示。

表 9-8　page 对象的常用方法

方法名	描　　述
ServletConfig getServletConfig()	返回当前页面的一个 ServletConfig 对象
Class getClass()	获得对象运行时的类
int hashCode()	获得该对象的哈希码值
boolean equals(Object obj)	判别其他对象是否与该对象相等
String toString()	取得表示该对象的字符串
ServletContext getServletContext()	返回当前页面的一个 ServletContext 对象
String getServletInfo()	获取当前 JSP 页面的 Info 属性

注意：如果直接通过 page 对象来调用方法，就只能调用 Object 类中的那些方法。

下面的示例 page.jsp 解释了 page 对象部分方法的应用，具体代码如下：

```
<%@ page language = "java"    pageEncoding = "utf-8"%>
<!DOCTYPE HTML PUBLIC "-//W3C//DTD HTML 4.01 Transitional//EN">
<html>
    <head>
        <title>page 对象示例</title>
    </head>
    <body>
        <h2>page 对象方法举例</h2> <hr>
        <%
            out.println("JSP 文件的类型是："+"<br>"+page.getClass()+"<p>");
            out.println("page 对象的哈希码值是："+"<br>"+this.hashCode()+"<p>");
            out.println("page 对象的 Servlet 信息是："+"<br>"+this.getServletInfo()+"<p>");
        %>
    </body>
</html>
```

page.jsp 的运行结果如图 9-15 所示。

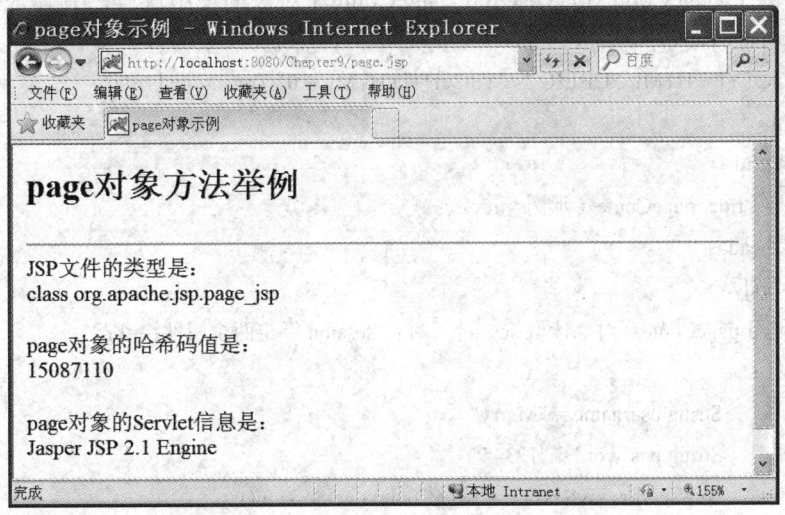

图 9-15　page 对象应用示例

9.8.2　pageContext 对象

一般常用 pageContext 对象获取当前页面运行的一些属性，还可以直接操作与某些 JSP 对象绑定在一起的参数或者 Java 对象。该对象可以提供 4 个范围常量：

- PAGE_SCOPE 代表 Page 范围；
- REQUEST_SCOPE 代表 Request 范围；
- SESSION_SCOPE 代表 Session 范围；
- APPLICATION_SCOPE 代表 Application 范围。

pageContext 对象的常用方法如表 9-9 所示。

表 9-9　pageContext 对象的常用方法

方 法 名	说　　明
void forward(String URLpath)	重定向到另一页面或 Servlet 组件
Object getAttribute(String name,int i)	获取某范围中指定名字的属性值
Object findAttribute(String name)	按范围搜索指定名字的属性
void removeAttribute(String name,int i)	删除某范围中指定名字的属性
void setAttribute(String str,Object obj,int i)	设定某范围中指定名字的属性值
Exception getException( )	返回当前异常对象
ServletRequest getRequest( )	返回当前请求对象
ServletResponse getResponse( )	返回当前响应对象
ServletConfig getServletConfig( )	返回当前页面的 ServletConfig 对象
ServletContext getServletContext( )	返回所有页面共享的 ServletContext 对象
HttpSession getSession( )	返回当前页面的会话对象

下面的例子(pageContext.jsp)演示了 pageContext 对象的使用过程，具体代码如下：

```jsp
<%@ page language = "java" import = "java.util.*" pageEncoding = "utf-8"%>
<!DOCTYPE HTML PUBLIC "-//W3C//DTD HTML 4.01 Transitional//EN">
<html>
    <head>
        <title>pageContext 示例</title>
    </head>
    <body>
使用 pageContext 对象读取 session，并向 session 绑定两个属性：<br>
    <%
        String username = "Marry";
        String password = "12345";
        HttpSession mySession = pageContext.getSession();
        mySession.putValue("username", username);
        mySession.putValue("password", password);
        out.println("Session bind username:"+session.getValue("username")+"<br>");
        out.println("Session bind password: "+session.getValue("password")+"<br>");
    %>
    <hr>
        用 pageContext 对象直接添加 application 范围内的属性，并读取该值：<br>
    <%
        pageContext.setAttribute("School", "XiDian University", pageContext.APPLICATION_SCOPE);
        out.println(pageContext.getAttribute("School", pageContext.APPLICATION_SCOPE)+"<br>");
```

```
%>
```
也可以用 application 对象直接读取该属性值:
```
<% = application.getAttribute("School") %>
```
```
</body>
```
```
</html>
```
pageContext.jsp 的运行结果如图 9-16 所示。

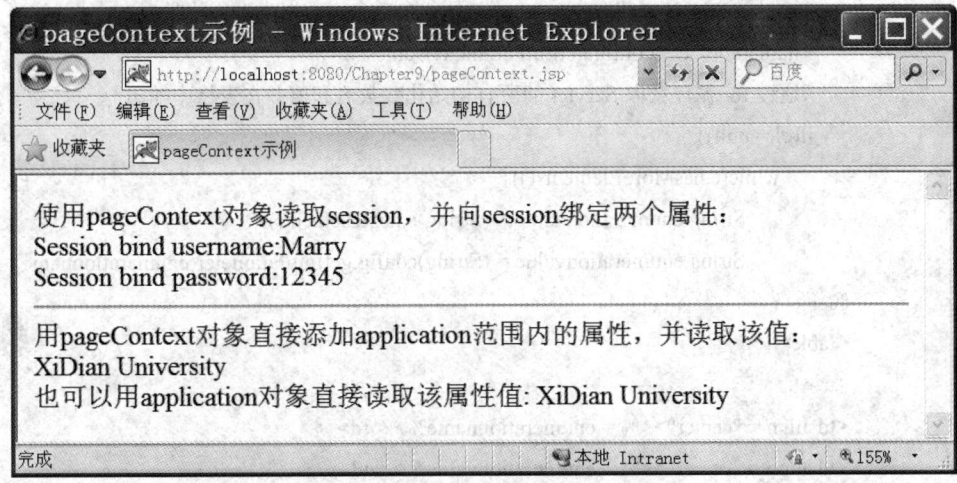

图 9-16　pageContext 对象应用示例

9.8.3　config 对象

config 对象代表当前 JSP 配置信息。如果在 web.xml 文件中，针对某个 Servlet 文件或 JSP 文件设置了初始化参数，则可以通过 config 对象来获取这些初始化参数。该对象的常用方法如表 9-10 所示。

表 9-10　config 对象的常用方法

方 法 名	描　　　述
String getInitParameter(String name)	根据指定的初始化参数名称，获取对应的参数值
Enumeration getInitParameterNames( )	获取所有的初始化参数名称
ServletContext getServletContext( )	返回一个 ServletContext 接口的对象
String getServletName( )	获取当前 Servlet 对象的名称。

下面的示例(config.jsp)说明了 config 对象如何获取 Servlet 的相关信息，具体代码如下:
```
<%@ page language = "java" import = "java.util.*" pageEncoding = "utf-8"%>
<!DOCTYPE HTML PUBLIC "-//W3C//DTD HTML 4.01 Transitional//EN">
<html>
    <head>
        <title>config 对象示例</title>
    </head>
```

```
<body>
<h2>使用 config 获取服务信息</h2> <br>
    当前 Servlet 名称：<% = config.getServletName() %>
<br> <br>
    该 Servlet 的初始化参数有：
    <%
        //通过 config 对象获取 Servlet 的初始化参数名，数据类型为枚举型
        Enumeration e = config.getInitParameterNames();
        //通过 for 循环获取 Servlet 的所有初始化参数名和值并在表格中输出
        if(e! = null){
            while(e.hasMoreElements()){
                String enumerationname = (String)e.nextElement();
                String enumerationvalue = (String)config.getInitParameter(enumerationname);
    %>
    <table>
    <tr>
    <td align = "center"><% = enumerationname%>:</td>
    <td align = "center"><% = enumerationvalue %></td>
    </tr>
    <%
        }
    } %>
    </table>
</body>
</html>
```

config.jsp 的运行结果如图 9-17 所示。

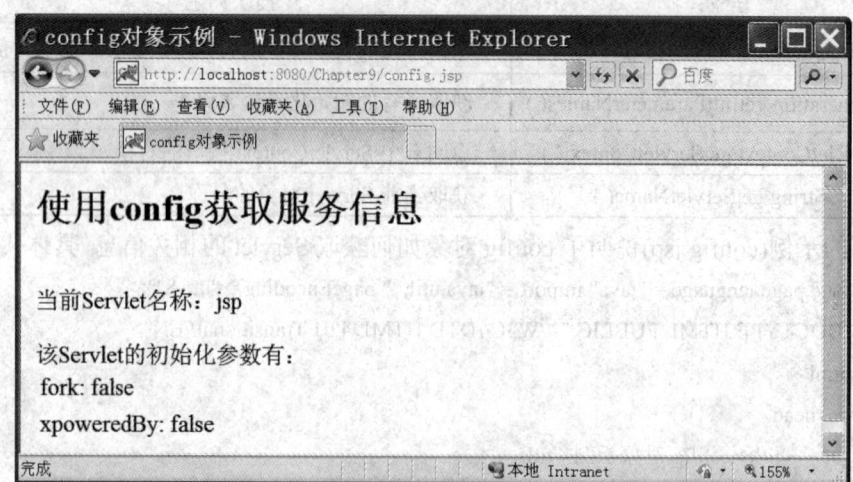

图 9-17　config 对象应用示例

思 考 题

1. 什么是内置对象？

2. 从作用域和功能这两方面对 JSP 的内置对象进行比较和分析。

3. forward 和 redirect 的区别是什么？

4. JSP 如何处理 HTML Form 中的数据？

5. 如果浏览器已关闭了 Cookies，在 JSP 中如何打开 session 来跟踪？

6. application 对象有什么特点？它和 session 对象有什么联系和区别？

7. 先编写一个登录页面 login.htm，在该页面上通过表单让用户输入用户名和密码，再为 login.htm 编写一个用户验证页面 verify.jsp，具体功能：(1) 验证"用户名"和"密码"是否为空；(2) 当"用户名"和"密码"为空时，页面自动返回到 login.htm 页面；(3) 当用户确实输入"用户名"和"密码"时，页面输出"欢迎××××光临！"的字样。其中，××××为用户注册的用户名。

第 10 章　应用 JavaBean 技术

【学习提示】

在 JSP 程序和 Java 程序开发过程中，有很多的代码段是可以重复使用的，例如对数据库的操作、用户的有效性检查及某项特定功能的实现等。为了解决这个问题，提高开发效率，Sun 公司推出了 JavaBean。本章将讲述如何编写 JavaBean，及其在 JSP 中的使用方法，并给出具体的应用实例。

10.1　JavaBean 构造方法

JavaBean 是由 Java 语言编写的可重用组件。JavaBean 可分为两种：一种是有用户界面的，例如按钮或滚动条或是复杂的数据表格等；还有一种是没有用户界面的，主要负责处理事务，例如逻辑运算、数据库操作等。JSP 通常访问的是后一种 JavaBean，在 JSP 中调用 JavaBean 的主要作用就是使 JSP 文件本身摆脱大量的事物处理代码,而主要关注结果的表现方式。

JavaBean 作为一种 Java 类，必须被定义为 public，另外需要遵守一些规范：

(1) JavaBean 类如果有构造函数，则必须是有一个无参数的 public 构造函数，以便让容器对象在设计和运行时生成 JavaBean 实例化对象。

(2) JavaBean 类可以包含属性，而属性的定义是由 getXxx 和 setXxx 函数构成的，即 JavaBean 类包含属性 xxx(在 set/get 函数中属性名首字母要大写，调用属性时首字母为小写)。对于 boolean 类型的属性，可以用 "is" 函数来代替 get 函数。

(3) JavaBean 类为可串行化(Serializable)，即对象中的属性和状态可以被持久地保存于文件或数据库中。

下面的例子中，JavaBean 类的定义被存储到文件 PersonBean.java 中，具体代码如下：

```
PersonBean.java
package beans;
/**
* Class <code>PersonBean</code>.
*/
public class PersonBean implements java.io.Serializable {
    private String name;
    private boolean deceased;
    /** 没有参数的构造方法. */
    public PersonBean() {
```

```
    }
    /**
     * 获取属性 name 的值，注意方法名为 getName，属性名的首字母要大写
     */
    public String getName() {
        return this.name;
    }
    /**
     * 设置属性 name 的值，注意方法名为 setName，属性名的首字母要大写，必须有参变量*/
    public void setName(final String name) {
        this.name = name;
    }
    /**
     * 获取属性 "deceased" 的值
     * Different syntax for a boolean field (is vs. get)
     */
    public boolean isDeceased() {
        return this.deceased;
    }
    /**
     * 设置属性 "deceased" 的值
     * @param deceased
     */
    public void setDeceased(final boolean deceased) {
        this.deceased = deceased;
    }
}
```

在文件 TestPersonBean.java 中将生成 JavaBean 的实例进行测试，具体代码如下：

```
import beans.PersonBean;
/**
 * Class <code>TestPersonBean</code>.
 */
public class TestPersonBean {
    /**
     * Tester method <code>main</code> for class <code>PersonBean</code>.
     * @param args
     */
    public static void main(String[] args) {
        PersonBean person = new PersonBean();
```

```
            person.setName("Bob");
            person.setDeceased(false);
            // Output: "Bob [alive]"
            System.out.print(person.getName());
            System.out.println(person.isDeceased()? "[deceased]": "[alive]");
        }
    }
```

这个程序将产生下面的结果，如图 10-1 所示。

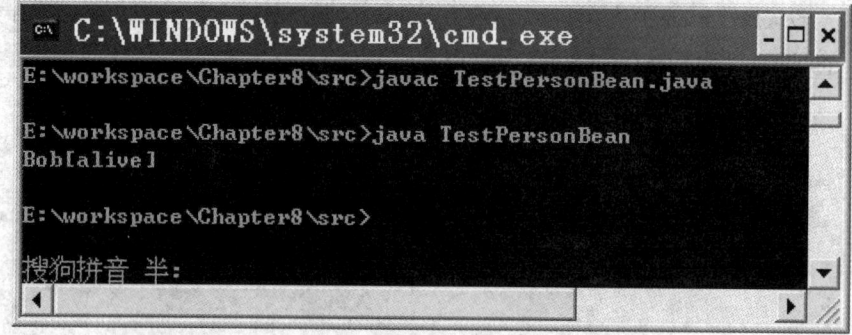

图 10-1　测试 JavaBean 实例 TestPersonBean 的运行结果

10.2　useBean 动作

如果要在 JSP 中使用某个 JavaBean 对象，可以采用 useBean 动作标签。useBean 的语法格式如下：

```
<jsp:useBean id = "name" class = "classname"
Scope = "page | request | session | application"/>
```

其中，id 属性用来定义 JavaBean 的实例名，class 属性可确定 JavaBean 的实现类。scope 属性用于指定 JavaBean 实例的作用范围，该范围有四种取值。下面对 JavaBean 的有效范围进行详细介绍。

10.2.1　JavaBean 的有效范围

采用 useBean 动作声明的 JavaBean 实例的有效范围依据 scope 属性的取值，有以下四种：

(1) page。JSP 引擎为每个用户分配不同的 beans，尽管每个用户的 beans 功能一样，但是它们占用不同的内存空间。该 beans 只在当前页面有效，当用户离开该页面时，JSP 引擎取消分配给该用户的 beans。

(2) request。该 benas 的有效范围在 request 生命期内。在任何执行相同请求的 JSP 文件中使用该 beans，直到页面执行完毕向客户端发回响应或转到另一个文件为止。可以使用 request 对象访问该 beans，例如，request.getAttributes(benaName)。

(3) session。该 beans 的有效范围在会话期间。从创建 beans 开始，就能在任何使用相同 beans 的 JSP 文件中使用该 beans。如果在一个 session 生命周期内，用户访问了多个页面，这些页面都包含一个 useBean 标签，这些 useBean 标签中的 id 值一样，那么，用户在这些页面中使用的 beans 就是同一个 beans。也就是说，如果用户在某个页面中改变了 beans 的某个属性值，则其他页面的 beans 的该属性值也发生相同的变化。注意：在创建 beans 的 JSP 文件的 page 指令中必须指定 session 为"true"。

(4) application。从创建 beans 开始，就能在任何相同 application 的 JSP 文件中使用该 beans，它存在于整个 application 生命周期内，任何共享此 application 的 JSP 文件都能使用同一 beans。即所有的用户共享一个 beans，如果有某个用户更改了该 beans 的某个属性值，那么所有用户 beans 的该属性值都发生相同的变化，这个 beans 一直到服务器关闭时才被取消。

10.2.2　useBean 的工作过程

useBean 动作标签的具体执行过程如下：

(1) 在指定的 scope 中查找名为 name 的 JavaBean 实例。

(2) 若找到，则创建一个名为 name、类型为 classname 的局部变量，其引用指向该 JavaBean；若未找到，则在该 scope 中创建一个名为 name、类型为 classname 的 JavaBean，并创建相应的局部变量指向它。

10.2.3　设置和获取 JavaBean 属性值

当在 JSP 文件中采用 useBean 动作标签创建一个 JavaBean 实例后，使用 setProperty 动作标签设置 JavaBean 的属性值，具体语法格式如下：

    <jsp:setProperty name = "beanName" propertyDetails/>

其中：

(1) name = "beanname"是必选属性。其值为 JavaBean 的实例名称，即在这之前用 jsp:useBean 引入的 id.

(2) propertyDetails 可以通过四种不同的方法来指定属性的信息。

① property = "*"。这是一种设置 JavaBean 属性的快捷方式，在 JavaBean 中，属性的名称、类型必须和 request 对象中的参数名称相匹配。如果 request 对象的属性值中有空值，那么对应的 JavaBean 属性将不会设置任何值。同样，如果 JavaBean 中有一个属性没有与之对应的 request 参数值，那么这个属性同样不会设定。使用 property = "*"，JavaBean 的属性不用按 HTML 表单中的顺序排序。

② property = "propertyName"。使用 request 中的一个参数值来指定 JavaBean 中的一个属性值。这里，property 指定为 JavaBean 的属性名，而且 JavaBean 属性和 request 参数的名称应相同。如果 request 对象的参数值中有空值，那么对应的 JavaBean 属性将不会被设定任何值。

③ property = "propertyName" param = "parameterName"。在 JavaBean 属性的名称和 request 中参数的名称不同时可以使用这个方法。Param 指定 request 中的参数名。如果 request

对象的参数值中有空值，那么对应的 JavaBean 属性将不会被设定任何值。

④ property = "propertyName" value = "propertyValue"。value 是一个可选属性，它使用指定的值来设定 JavaBean 的属性。如果参数值为空，那么对应的属性值也不会被设定。不能在一个<jsp:setProperty>中同时使用 param 和 value。

当要获取 JavaBean 的属性值时，可以使用 getProperty 动作标签，具体语法格式如下：

```
<jsp:getProperty name = "beanName" property = "propertyName"/>
```

其中，name 是必选属性，其值为 JavaBean 的示例名；property 也是一个必选属性，其值为前面 name 指定的 JavaBean 的属性名。

下面我们把前面编译好的 JavaBean class 文件的"PersonBean.class"放置到 Web 应用下的 WEB-INF\classes\beans 目录下，同时编写 testPersonBean.jsp 文件，在 JSP 页面中声明了有效范围为 page 的 JavaBean 实例"person"，并通过表单由用户设置 person 的两个属性值，然后运用 getProperty 获取 name 和 deceased 这两个属性值，并在页面中进行显示。具体代码如下：

```
testPersonBean.jsp:
<%@ page language = "java"    pageEncoding = "utf-8"%>
<%//Use of PersonBean in a JSP. %>
<!DOCTYPE HTML PUBLIC "-//W3C//DTD HTML 4.01 Transitional//EN">
<!--下面代码在 JSP 中通过 useBean 动作标签引入一个 id 为 person，Java 类为 PersonBean 的 Bean 实例-->
<jsp:useBean id = "person" class = "beans.PersonBean" scope = "page"/>
<!--下一行代码利用表单 beanTest 中用户输入的值为 person 设置属性值 -->
<jsp:setProperty name = "person" property = "*"/>
<html>
    <head>
        <title>useBean 动作示例</title>
    </head>
    <body>
    Name:<jsp:getProperty name = "person" property = "name"/> <br>
    <!--获取 person 的属性 name 的属性值 -->
    Deceased?<jsp:getProperty name = "person" property = "deceased"/><br>
    <!--获取 person 的属性 deceased 的属性值 -->
    <!-- 下面创建的表单 beanTest 让用户输入信息，为名为 person 的 JavaBean 提供属性值 -->
    <form name = "beanTest" method = "post" action = "testPersonBean.jsp">
    Enter a name:<input type = "text" name = "name" size = "50"><br>
    Choose an option:
    <select name = "deceased">
    <option value = "false">Alive</option>
    <option value = "true">Dead</option>
```

```
        </select>
        <input type = "submit" value = "Test the Bean">
        </form>
        </body>
    </html>
```

testPersonBean.jsp 的运行结果如图 10-2 所示，此时名为 person 的 javaBean 的 name 属性值为空，deceased 属性值为默认值 false；当在表单中填入相关信息并单击"Test the Bean"按钮后，将显示如图 10-3 所示的 person 的相关属性值。

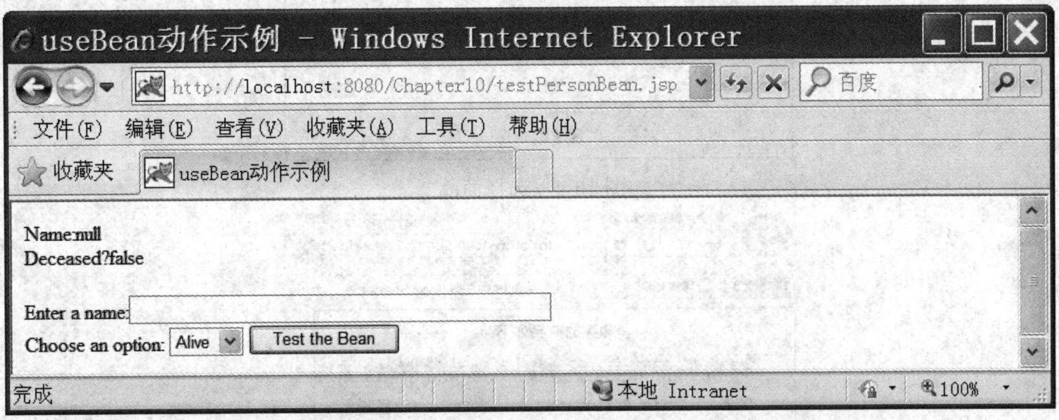

图 10-2　testPersonBean 的首次运行结果

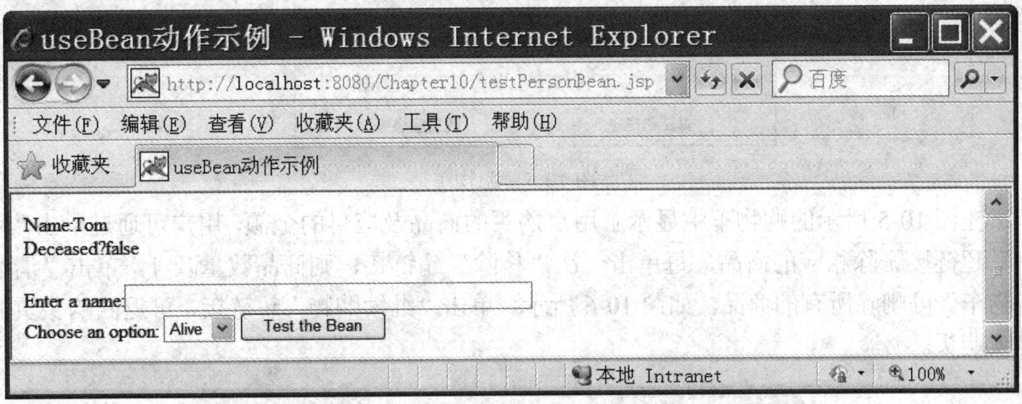

图 10-3　testPersonBean 设置属性值后的运行结果

10.3　应用 JavaBean 的开发实例

为了深入理解 JavaBean 在网站开发中的作用，下面给出具体的开发实例。

应用 JavaBean 实现一个简单购物车的实例，该购物车实现了商品的添加、删除和清空所有商品的功能。下面先来介绍运行该实例后的操作流程。

用户在商品列表页面中单击"购买"超链接向购物车中添加选择的商品，如图 10-4 所示。对于同一个商品，每单击一次"购买"超链接，购物车中该商品的购买数量加 1。

此处我们选择"购买苹果一次，香蕉一次，梨两次"，然后单击"查看购物车"超链接，查看自己的购物车，如图 10-5 所示。

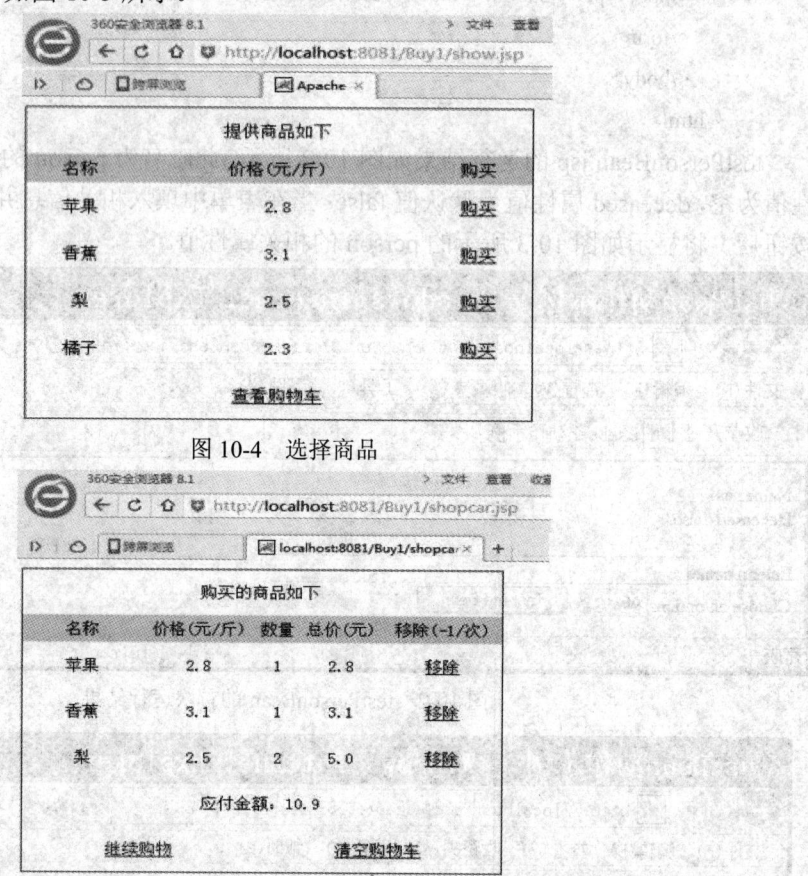

图 10-4　选择商品

图 10-5　购物车

在图 10-5 所示的购物车中显示了用户购买的商品及应付的金额，用户可通过单击"移除"超链接删除相应的商品，每单击一次"移除"超链接，则商品数量减 1。单击"清空购物车"可删除所有的商品，如图 10-6 所示。单击"继续购物"超链接，可返回购买页面继续购买。

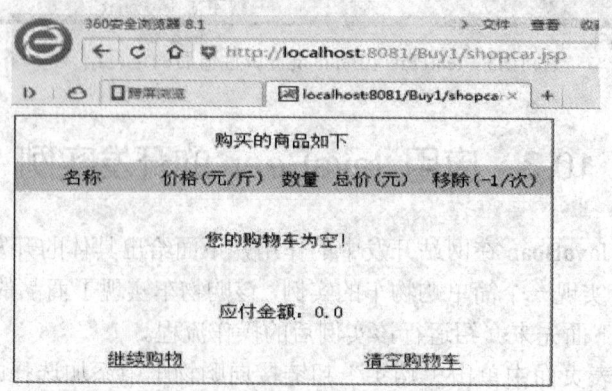

图 10-6　清空购物车

下面讲解该实例的具体实现过程，程序结构如图 10-7 所示。

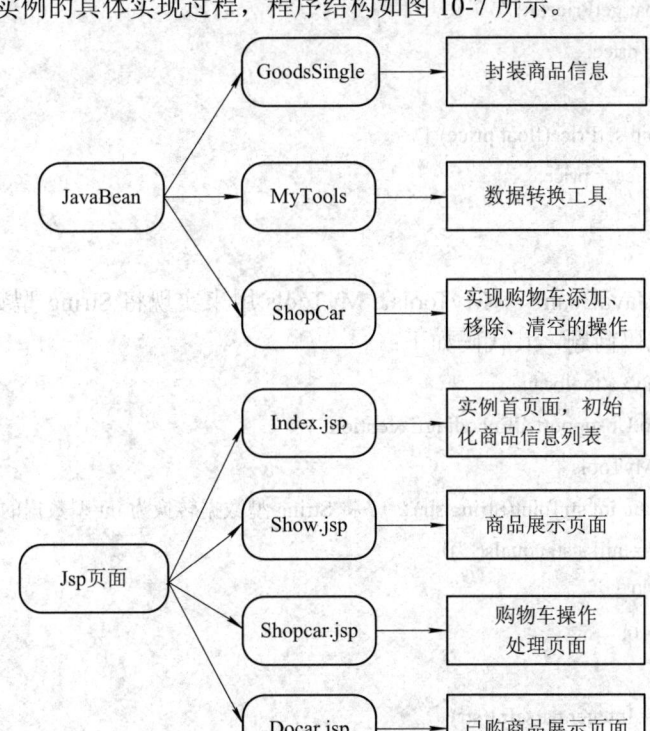

图 10-7　购物车实例程序框图

(1) 创建封装商品信息的值 JavaBean——GoodsSingle。在该 JavaBean 中定义了 name、price、num 属性，分别保存商品名称、价格、购买数量，其代码如下：

```
package com.yxq.valuebean;
public class GoodsSingle {
    private String name; //保存商品名称
    private float price; //保存商品价格
    private int num; //保存商品购买数量
    public String getName() {
        return name;
    }
    public void setName(String name) {
        this.name = name;
    }
    public int getNum() {
        return num;
    }
    public void setNum(int num) {
        this.num = num;
    }
```

```
        public float getPrice() {
            return price;
        }
        public void setPrice(float price) {
            this.price = price;
        }
    }
```

(2) 创建工具 JavaBean——MyTools。MyTools 用来实现将 String 型数据转换为 int 型数据和解决中文乱码问题，其代码如下：

```
package com.yxq.toolbean;
import java.io.UnsupportedEncodingException;
public class MyTools {
    public static int strToint(String str){     //将 String 型数据转换为 int 型数据的方法
        if(str==null || str.equals(""))
        str = "0";
        int i = 0;
        try{
            i = Integer.parseInt(str);
        }catch(NumberFormatException e){
        i = 0;
        e.printStackTrace();
        }
        return i;
    }
    public static String toChinese(String str){          //进行转码操作的方法
        if(str == null)
        str="";
        try {
            str = new String(str.getBytes("ISO-8859-1"),"gb2312");
        } catch (UnsupportedEncodingException e) {
            str = "";
            e.printStackTrace();
        }
        return str;
    }
}
```

(3) 创建实现购物车的 JavaBean——ShopCar。ShopCar 类中创建了 addItem()、removeItem()和 clearCar()方法来实现商品添加、移除和清空购物车的操作，其代码如下：

```
package com.yxq.toolbean;
```

```
import java.util.ArrayList;
import com.yxq.valuebean.GoodsSingle;
public class ShopCar {
    private ArrayList buylist = new ArrayList();          //用来存储购买的商品
    public ArrayList getBuylist() {
        return buylist;
    }
    /**
    * @功能  向购物车中添加商品
    * @参数  single 为 GoodsSingle 类对象，封装了要添加的商品信息
    */
    public void addItem(GoodsSingle single){
        if(single! = null){
            if(buylist.size() == 0){                      //如果 buylist 中不存在任何商品
                GoodsSingle temp = new GoodsSingle();
                temp.setName(single.getName());
                temp.setPrice(single.getPrice());
                temp.setNum(single.getNum());
                buylist.add(temp);               //则存储商品
            }
            else{                    //如果 buylist 中存在商品
                int i = 0;
                for(; i<buylist.size(); i++)
                {   //则遍历 buylist 集合对象，判断该集合中是否已经存在当前要添加的商品
                    GoodsSingle temp = (GoodsSingle)buylist.get(i);     //获取 buylist 集合中当前元素
                    if(temp.getName().equals(single.getName()))
                    { //判断从 buylist 集合中获取的当前商品的名称是否与要添加的商品的名称相同
                        //如果相同，说明已经购买了该商品，只需要将商品的购买数量加 1
                        temp.setNum(temp.getNum()+1);          //将商品购买数量加 1
                        break;                            //结束 for 循环
                    }
                }
                if(i> = buylist.size()){          //说明 buylist 中不存在要添加的商品
                    GoodsSingle temp = new GoodsSingle();
                    temp.setName(single.getName());
                    temp.setPrice(single.getPrice());
                    temp.setNum(single.getNum());
                    buylist.add(temp);                       //存储商品
                }
```

```
            }
        }
    }
    /**
    * @功能 从购物车中移除指定名称的商品
    * @参数 name 表示商品名称
    */
    public void removeItem(String name){
        for(int i = 0; i<buylist.size(); i++){          //遍历 buylist 集合，查找指定名称的商品
            GoodsSingle temp = (GoodsSingle)buylist.get(i); //获取集合中当前位置商品
            //如果商品的名称为 name 参数，则指定的名称
            if(temp.getName().equals(MyTools.toChinese(name))){
                if(temp.getNum()>1){                     //如果商品的购买数量大于 1
                    temp.setNum(temp.getNum()-1);        //则将购买数量减 1
                    break;                               //结束 for 循环
                }
                else if(temp.getNum() == 1){             //如果商品的购买数量为 1
                    buylist.remove(i);                   //则从 buylist 集合对象中移除该商品
                }
            }
        }
    }
    /**
    * @功能 清空购物车
    */
    public void clearCar(){
        buylist.clear();                     //清空 buylist 集合对象
    }
}
```

(4) 创建实例的首页面 index.jsp。在该页面中初始化商品信息列表，然后将请求转发到 show.jsp 页面显示商品。该操作主要是将米格商品封装到对应的 GoodsSingle 类对象中，然后将 GoodsSingle 类对象存储到 ArrayList 集合对象中，最后将该 ArrayList 集合对象保存到 session 范围内。在这里，为了简单起见，将商品信息写在了 JSP 中，实际开发中商品信息应保存到数据库中。Index.jsp 页面的具体代码如下：

```
<%@ page contentType = "text/html; charset = gb2312"%>
<%@ page import = "java.util.ArrayList" %>
<%@ page import = "com.yxq.valuebean.GoodsSingle" %>
<%!
    static ArrayList goodslist = new ArrayList();              //用来存储商品
```

```
    static{                                              //静态代码块
        String[] names = {"苹果","香蕉","梨","橘子"};       //商品名称
        float[] prices = {2.8f,3.1f,2.5f,2.3f};          //商品价格
        for(int i = 0; i<4; i++){                        //初始化商品信息列表
            //定义一个 GoodsSingle 类对象来封装商品信息
            GoodsSingle single = new GoodsSingle();
            single.setName(names[i]);                    //封装商品名称信息
            single.setPrice(prices[i]);                  //封装商品价格信息
            single.setNum(1);                            //封装购买数量信息
            goodslist.add(i, single);                    //保存商品到 goodslist 集合对象中
        }
    }
%>
<%
session.setAttribute("goodslist", goodslist);            //保存商品列表到 session 中
response.sendRedirect("show.jsp");                       //跳转到 show.jsp 页面显示商品
%>
```

(5) 创建 show.jsp 页面。该页面显示 index.jsp 页面中初始化的商品列表。页面中首先获取存储在 session 范围中的 goodslist 集合对象，然后遍历 goodslist 集合依次输出存储的商品。其关键代码如下：

```
<%@ page contentType = "text/html;charset = gb2312"%>
<%@ page import = "java.util.ArrayList" %>
<%@ page import = "com.yxq.valuebean.GoodsSingle" %>
<%    ArrayList goodslist = (ArrayList)session.getAttribute("goodslist");%>
<table border = "1" width = "450" rules = "none" cellspacing = "0" cellpadding = "0">
    <tr height = "50"><td colspan = "3" align = "center">提供商品如下</td></tr>
    <tr align = "center" height = "30" bgcolor = "lightgrey">
        <td>名称</td>
<td>价格(元/斤)</td>
        <td>购买</td>
</tr>
    <%    if(goodslist == null || goodslist.size() == 0){ %>
    <tr height = "100"><td colspan = "3" align = "center">没有商品可显示!</td></tr>
    <%
        }
        else{
            for(int i = 0; i<goodslist.size(); i++){
                GoodsSingle single = (GoodsSingle)goodslist.get(i);
            %>
```

```
                        <tr height = "50" align = "center">
                        <td><% = single.getName()%></td>
                        <td><% = single.getPrice()%></td>
                        <td><a href = "docar.jsp?action = buy&id = <% = i%>">购买</a></td>
                        </tr>
                        <%
                    }
                }
        %>
            <tr height = "50">
<td align = "center" colspan = "3"><a href = "shopcar.jsp">查看购物车</a></td>
        </tr>
        </table>
```

(6) 创建 docar 页面。docar.jsp 用来处理用户触发的"购买"、"移除"和"清空"操作。该页面通过获取请求中传递的 action 参数来判断当前请求的是什么操作。其具体代码如下：

```
<%@ page contentType = "text/html;charset = gb2312"%>
<%@ page import = "java.util.ArrayList" %>
<%@ page import = "com.yxq.valuebean.GoodsSingle" %>
<%@ page import = "com.yxq.toolbean.MyTools" %>
<jsp:useBean id = "myCar" class = "com.yxq.toolbean.ShopCar" scope = "session"/>
<%
    String action = request.getParameter("action");
    if(action == null)
        action = "";
    if(action.equals("buy")){                              //购买商品
        ArrayList goodslist = (ArrayList)session.getAttribute("goodslist");
        int id = MyTools.strToint(request.getParameter("id"));
        GoodsSingle single = (GoodsSingle)goodslist.get(id);
        myCar.addItem(single);              //调用 ShopCar 类中的 addItem()方法添加商品
        response.sendRedirect("show.jsp");
    }
    else if(action.equals("remove")){                        //移除商品
        String name = request.getParameter("name");      //获取商品名称
        myCar.removeItem(name);    //调用 ShopCar 类中的 removeItem()方法移除商品
        response.sendRedirect("shopcar.jsp");
    }
    else if(action.equals("clear")){                       //清空购物车
        myCar.clearCar();              //调用 ShopCar 类中的 clearCar()方法清空购物车
        response.sendRedirect("shopcar.jsp");
```

```
        }
    else{
        response.sendRedirect("show.jsp");
    }
%>
```

（7）创建 shopcar.jsp 页面。该页面用来显示用户购买的商品。首先通过<jsp:useBean>
标示获取在 docar.jsp 页面中存储在 session 中的 ShopCar 类实例，即购物车，然后获取
ShopCar 类实例中用来保存购买的商品的 buylist 集合对象，最后遍历该集合对象，输出购
买的商品。其关键代码如下：

```
<%@ page contentType = "text/html;charset = gb2312"%>
<%@ page import = "java.util.ArrayList" %>
<%@ page import = "com.yxq.valuebean.GoodsSingle" %>
<!-- 通过动作标识，获取 ShopCar 类实例 -->
<jsp:useBean id = "myCar" class = "com.yxq.toolbean.ShopCar" scope = "session"/>
<%
    ArrayList buylist = myCar.getBuylist();        //获取实例中用来存储购买的商品的集合
    float total = 0;                               //用来存储应付金额
%>
<table border = "1" width = "450" rules = "none" cellspacing = "0" cellpadding = "0">
<tr height = "50"><td colspan = "5" align = "center">购买的商品如下</td></tr>
<tr align = "center" height = "30" bgcolor = "lightgrey">
    <td width = "25%">名称</td>
    <td>价格(元/斤)</td>
    <td>数量</td>
    <td>总价(元)</td>
    <td>移除(-1/次)</td>
</tr>
<%    if(buylist == null || buylist.size() == 0){ %>
    <tr height = "100"><td colspan = "5" align = "center">您的购物车为空!</td></tr>
    <%
}
else{
    for(int i = 0; i<buylist.size(); i++){
        GoodsSingle single = (GoodsSingle)buylist.get(i);
        String name = single.getName();                //获取商品名称
        float price = single.getPrice();               //获取商品价格
        int num = single.getNum();                     //获取购买数量
        float money = ((int)((price*num+0.05f)*10))/10f;  //计算当前商品总价，并进行四舍五入
        total += money;                                //计算应付金额
```

```
%>
<tr align = "center" height = "50">
<td><% = name%></td>
<td><% = price%></td>
<td><% = num%></td>
<td><% = money%></td>
<td>
<a href = "docar.jsp?action = remove&name = <% = single.getName() %>">移除</a>
</td>
</tr>
<%
    }
}
%>
<tr height = "50" align = "center"><td colspan = "5">应付金额：<% = total%></td></tr>
<tr height = "50" align = "center">
<td colspan = "2"><a href = "show.jsp">继续购物</a></td>
<td colspan = "3"><a href = "docar.jsp?action = clear">清空购物车</a></td>
</tr>
</table>
```

至此，应用 JavaBean 实现购物车的实例创建完成。

思 考 题

1. 什么是 JavaBean？JavaBean 的编码规则有哪些？

2. 在 JSP 中如何使用 JavaBean？为 JavaBean 设置属性值的方法有哪些？如何获取 JavaBean 的属性值？

第 11 章　基于 JSP 的数据库应用开发

【学习提示】

　　数据库实现对数据的存储、管理和检索，而企业级的 Web 应用系统以及电子商务系统和电子政务系统均离不开数据库。本章将详细阐述在 JSP 中采用 JDBC 实现对数据库的查询、更新、插入和删除等操作，并结合 Servlet 展示具体的开发实例。读者可以结合 JavaBean 编写基于 JSP 的数据库应用程序。

11.1　JDBC 接口

　　Java 数据库连接（Java Data Base Connectivity，JDBC）是一种用于执行数据库访问的 Java 语言应用程序接口（API）。JDBC 通过一组 Java 类和接口，为开发人员提供多种关系型数据库的统一访问方式。JDBC 的结构如图 11-1 所示。

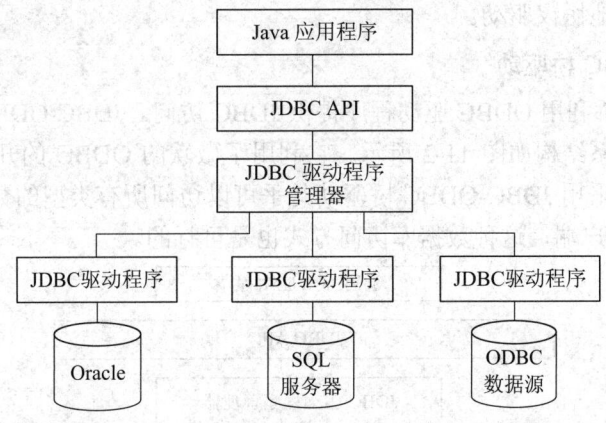

图 11-1　JDBC 的结构

　　JDBC 扩展了 Java 的功能。例如，用 Java 和 JDBC API 可以发布含有 applet 的网页，而该 applet 使用的信息可能来自远程数据库。企业也可以用 JDBC 通过 Intranet 将所有职员连到一个或多个内部数据库中(即使这些职员所用的计算机有 Windows、Macintosh 和 UNIX 等各种不同的操作系统)。开发人员可以通过 JDBC 的 API 来动态加载适合的 JDBC 驱动程序，并在 JDBC 驱动程序管理器(JDBC Driver Manager)中进行注册，而驱动程序管理器以工厂模式创建数据库的 JDBC 连接。

11.1.1　JDBC 的功能

　　JDBC 的具体功能可以归纳为以下三个方面：

　　(1) 与数据库建立连接，具体代码如下：

```
// 动态加载 JDBC 驱动程序
// 在 JDBC4.0 之后不再需要 Class.forName()来加载驱动程序
Class.forName( "sun.jdbc.odbc.JdbcOdbcDriver" ) ;
// 创建数据库的 JDBC 连接
Connection conn = DriverManager.getConnection( "jdbc:odbc:Database" ) ;
```

(2) 向数据库发送 SQL 语句。JDBC 可以将 SQL 语句通过驱动程序传递给数据库服务器去执行，其中 INSERT、UPDATE 和 DELETE 等语句会对数据产生修改并会通过 JDBC 返回修改的行数，而 SELECT 语句则会在数据库中进行查询并返回结果行的集合，具体代码如下：

```
Statement stmt = con.createStatement();
ResultSet rs = stmt.executeQuery("SELECT a, b, c FROM table1");
```

(3) 处理数据库返回的结果，具体代码如下：

```
while(rs.next())
System.out.println(rs.getString(1)+ " "+re.getString(2));
```

11.1.2 JDBC 驱动分类

JDBC 驱动是连接数据库的基础。它实现了在客户和数据库之间传递 SQL 语句和执行结果信息。目前，JDBC 驱动程序可以分为四类：JDBC-ODBC 桥驱动、本地 API 驱动、网络协议驱动和本地协议驱动。

1. JDBC-ODBC 桥驱动

JDBC-ODBC 桥利用 ODBC 驱动程序提供 JDBC 访问。JDBC-ODBC 桥是比较通用的数据库接口，其体系结构如图 11-2 所示。它利用了微软的 ODBC 的开放性，只要本地机装有 ODBC 驱动，采用 JDBC-ODBC 桥驱动几乎可以访问所有类型的数据库。对于已经安有 ODBC 驱动的客户端，这种数据库访问方式也是可行的。

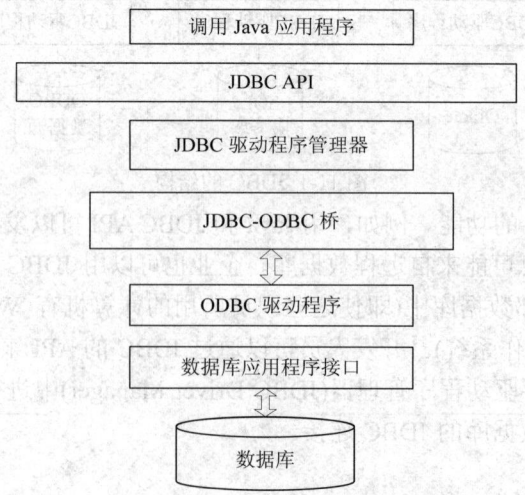

图 11-2　JDBC-ODBC 桥的原理图

使用 JDBC-ODBC 桥连接访问数据库，先要建立数据源(Data Source Name，DSN)，每个数据源对应一个数据库。Java 程序要连接到数据库，需要建立一个 JDBC-ODBC 桥接器，也就是加载 JDBC-ODBC 桥驱动程序。

下面以购买书籍的 Buy 数据库为例，说明如何利用 JDBC-ODBC 桥建立数据库连接。

(1) 在 Sql Server 中创建数据库 Buy。该数据库包含三个数据表：users，book，orders，每个表的关系模型如表 11-1、表 11-2、表 11-3 所示。

表 11-1　usesrs 表的属性结构

属性名称	数据类型	说明	主码
username	varchar	用户名	是
password	varchar	密码	否
phone	varchar	电话	否
address	varchar	联系地址	否

表 11-2　book 表的属性结构

属性名称	数据类型	说明	主码
id	int	图书编号	否
name	varchar	图书名称	是
price	float	价格	否
bookCount	int	数量	否
author	varchar	作者	否

表 11-3　orders 表的属性结构

属性名称	数据类型	说明	主码
order_id	int	订单编号	是
username	varchar	用户名	否
name	varchar	图书名称	否
num	int	商品数量	否
total_price	float	总价	否

在 Buy 数据库中输入数据如图 11-3 所示。各表的详细情况和具体数据如图 11-4、图 11-5、图 11-6 所示。

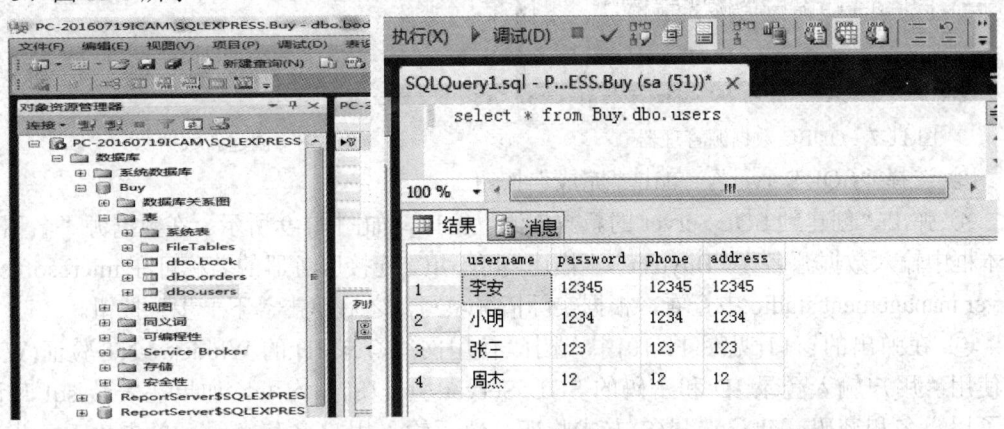

图 11-3　Buy 数据库详情　　　　　　　　图 11-4　users 表中的数据

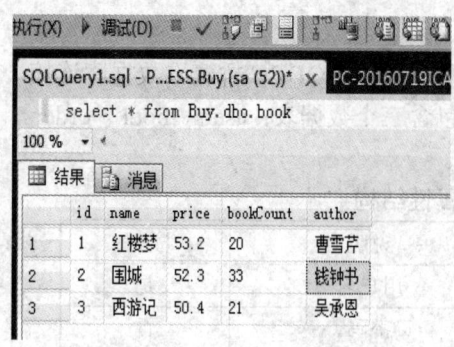

图 11-5　book 表中的数据

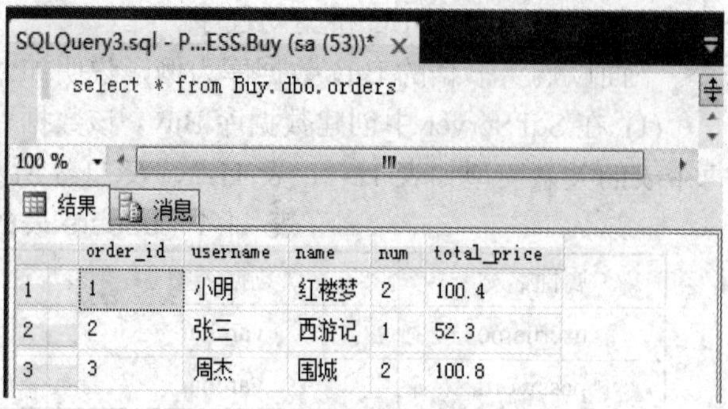

图 11-6　orders 表中的数据

(2) 为数据库 Buy 建立一个数据源。一个数据源就是对数据库的一个命名连接。数据源有三种：用户数据源、系统数据源和文件数据源。用户数据源只有用户可以看见，只能用于当前机器中。系统数据源是允许任何具有权限的用户都可以访问的数据源。文件数据源把信息存储在后缀为 .dsn 的文本文件中，如果把该文件放在网络共享目录中，则可被网络中任何一台工作站访问到。Web 应用程序访问数据库时，通常是建立系统数据源。

下面为数据库 Buy 创建一个名为 Buydsn 的系统数据源，具体操作步骤如下：

① 打开"控制面板"→"管理工具"→"数据源(ODBC)"，选择"系统 DSN"选项卡，如图 11-7 所示。

② 单击"添加"按钮，弹出"创建新数据源"对话框，如图 11-8 所示。

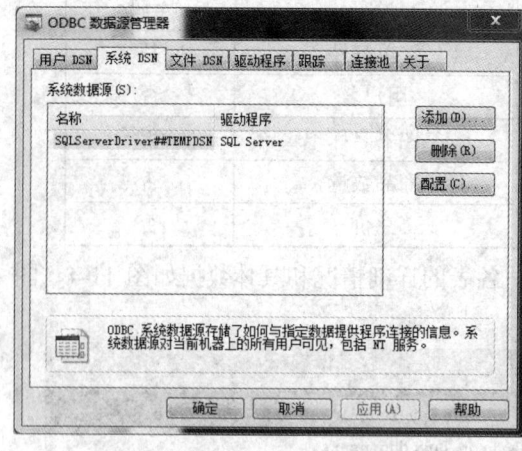

图 11-7　ODBC 数据源管理器

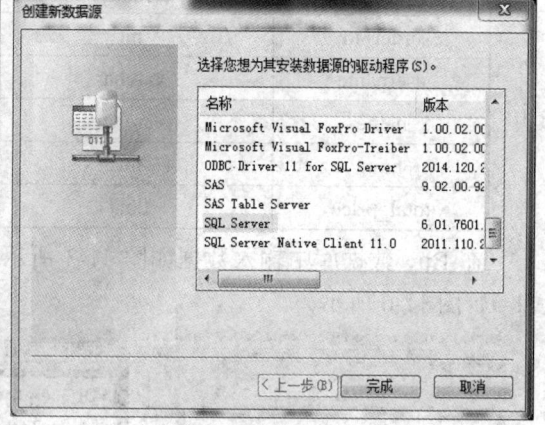

图 11-8　创建新数据源

③ 选择"SQL Server"，单击"完成"按钮。

④ 弹出"创建到 SQL Server 的新数据源"窗口，如图 11-9 所示。在数据源"名称"文本框中输入数据源名称"Buydsn"，"描述"可不填，连接服务器的名称可在 microsoft sql server management studio 中查看，根据实际情况填写，之后单击"下一步"按钮。

⑤ 在弹出的窗口(见图 11-10)中，选择"使用网络登录 ID 的 Windows NT 验证(W)"或使用"用户输入登录 ID 和密码的 SQL Server 验证(S)"均可。如果在安装 sql 时设置了用户名和密码，建议选择(S)方式验证，然后输入用户名和密码，单击"下一步"按钮。

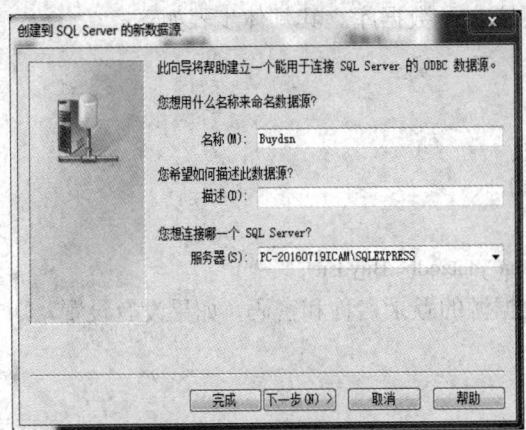

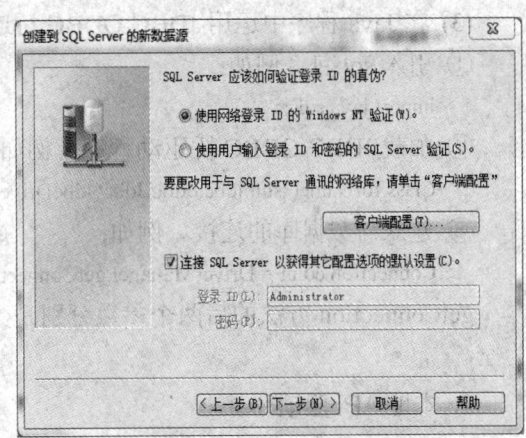

图 11-9　创建 Sql server 的新数据源　　　　图 11-10　选择验证登录 ID 的方式

⑥ 在弹出的窗口(见图 11-11)中，选择更改默认的数据库为：Buy，其他选项默认。单击"下一步"按钮，弹出如图 11-12 所示窗口，采用默认设置后单击"完成"按钮。

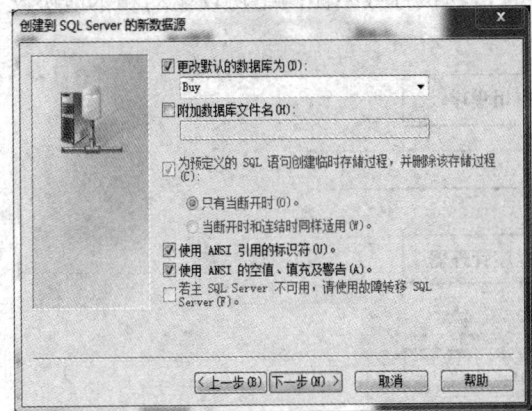

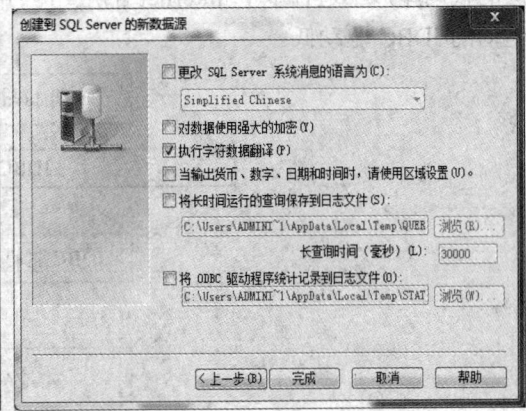

图 11-11　设置高级选项(1)　　　　　　　图 11-12　设置高级选项(2)

⑦ 在弹出的窗口(见图 11-13)中，安装 ODBC Microsoft SQL Server 并测试数据源，测试成功后单击"确定"按钮，如图 11-14 所示。

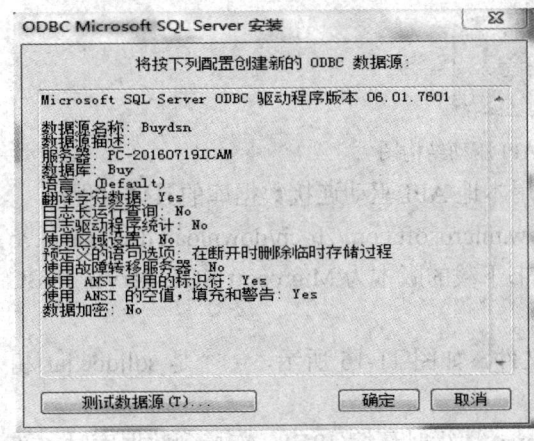

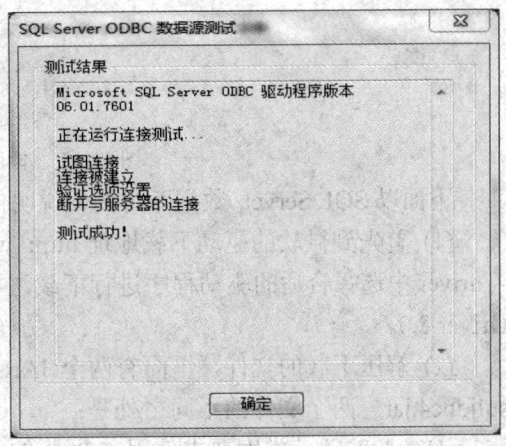

图 11-13　测试数据源　　　　　　　　图 11-14　数据源 Buydsn 创建成功

(3) 在 Java 程序中运用 JDBC-ODBC 桥连接 Buy 数据库。其具体步骤如下：

① 引入 sql 包。例如：

import java.sql.*;

② 加载 JDBC-ODBC 桥驱动程序。例如：

Class.forName("sun.jdbc.odbc.JdbcOdbcDriver");

③ 建立与数据库的连接。例如：

Connection conn = DriverManager.getConnection("jdbc:odbc:Buydsn", "", "");

getConnection 方法的后两个参数分别是数据源的登录名称和密码，如果没有设置，则为空。

2. 本地 API 驱动

此类型的驱动程序把客户机 API 上的 JDBC 调用转换为对 Oracle、Sybase、DB2 或其他 DBMS 的调用，需要下载不同类型数据库的驱动代码，其结构如图 11-15 所示。这种驱动比 JDBC-ODBC 桥执行效率大大提高了。但是，它仍然需要在客户端加载数据库厂商提供的代码库，不适合基于 Internet 的应用。并且，其执行效率比网络协议驱动和本地协议驱动的 JDBC 驱动低。

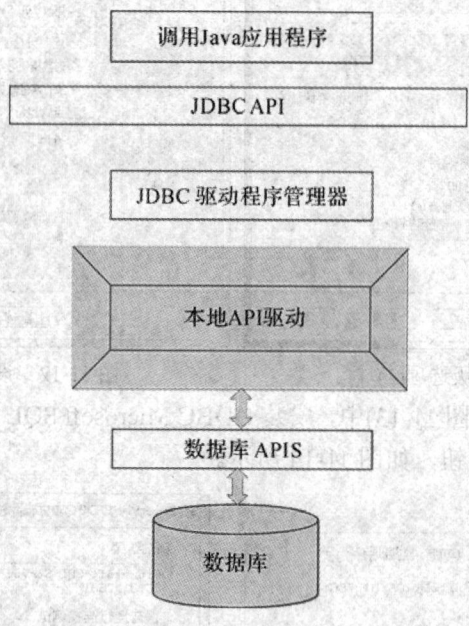

图 11-15　本地 API 驱动结构图

下面以 SQL Server 数据库为例，说明使用本地 API 驱动连接数据库的具体过程：

(1) 首先到微软的驱动下载地址 http://www.microsoft.com/zh-cn/download/driver.aspx?q = driver 中选择合适的驱动程序进行下载，本书下载的版本为 Microsoft SQL Server JDBC Driver 2.0。

(2) 解压下载的文件，里面有两个 JAR 文件，如图 11-16 所示，一个是 sqljdbc.jar 和 sqljdbc4.jar。两个文件的不同之处是：

① sqljdbc.jar 类库要求使用 5.0 版的 Java 运行时环境(JRE)。连接到数据库时，在

JRE 6.0 上使用 sqljdbc.jar 会引发异常。

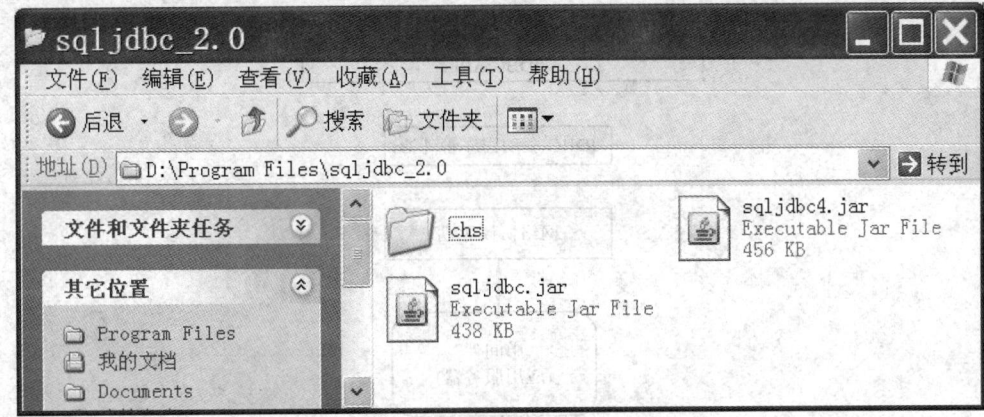

图 11-16 SQL Server JDBC 驱动程序

② sqljdbc4.jar 类库提供对 JDBC4.0 的支持。它不仅包括 sqljdbc.jar 的所有功能,还包括新增的 JDBC 4.0 方法。sqljdbc4.jar 类库要求使用 6.0 或更高版本的 Java 运行环境(JRE)。在 JRE1.4 或 5.0 上使用 sqljdbc4.jar 会引发异常。

(3) 为 SQL Server 的 JDBC 驱动程序配置环境变量,由于本书采用 JDK1.6 的版本,所以在 classpath 后面追加参数如下:

D:\Program Files\sqljdbc_2.0\sqljdbc4.jar

(4) 设置 SQL Server 的参数。

① 打开 SQL Server Configuration Manager。

② 打开“SQL Server 2005 网络配置”→“MSSQLSERVER 的协议”→“TCP/IP”,双击进入,在 IP 地址一栏中,把相应的端口号改成 1433,再重启服务。

(5) 在 SQL Server2005 中创建数据库 Buy,与该数据库建立连接的代码如下:

```
Class.forName("com.microsoft.sqlserver.jdbc.SQLServerDriver");

Connection con = DriverManager.getConnection("jdbc:sqlserver: //PC-20160719 ICAM
                \SQLEXPRESS:1433;

DatabaseName = Buy"," ","");
```

getConnection()方法的三个参数分别表示“连接服务器的 URL 和数据库名称”、“SQL Server 用户名”、“密码”。

3. 网络协议驱动

这种类型的驱动把对数据库的访问请求传递给网络上的中间件服务器,中间件服务器把请求翻译为符合数据库规范的调用,再把这种调用传给数据库服务器,具体结构如图 11-17 所示。

由于这种驱动是基于 server 的,所以不需要在客户端加载数据库厂商提供的代码库。而且它在执行效率和可升级性方面是比较好的。因为大部分功能实现都在 server 端,所以这种驱动设计得很小,能够非常快速地加载到内存中。但是,这种驱动在中间件层仍然需要配置其他数据库驱动程序,并且由于多了一个中间层传递数据,它的执行效率还不是最好的。

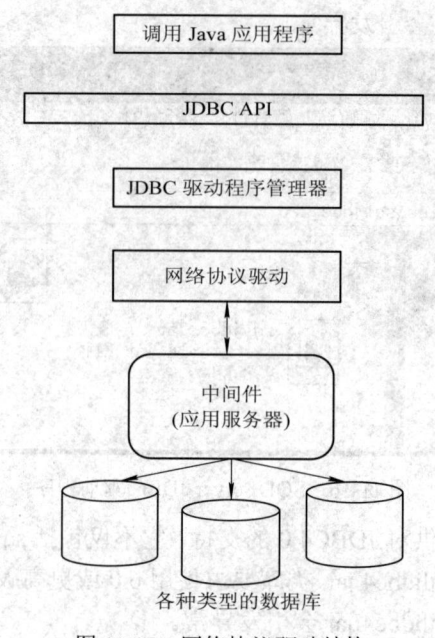

图 11-17　网络协议驱动结构

4．本地协议驱动

这种类型的驱动程序将 JDBC 调用直接转换为 DBMS 所使用的网络协议，其结构如图 11-18 所示。它将允许从客户机器上直接调用 DBMS 服务器，是 Intranet 访问的一个很实用的解决方法。

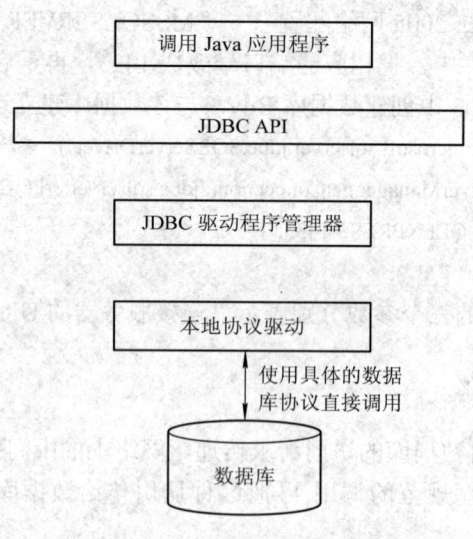

图 11-18　本地协议驱动结构

11.1.3　连接数据库

在访问数据库时，首先要加载数据库的驱动程序，不过只需在第一次访问数据库时加载一次；然后在每次访问数据库时创建一个 Connection 实例；紧接着执行操作数据库的

SQL 语句，并处理返回结果；最后在完成此次操作时销毁前面创建的 Connection 实例，释放与数据库的连接。

1. 加载 JDBC 驱动

在与数据库建立连接之前，必须先加载欲连接数据库的驱动程序到 JVM(Java 虚拟机)中，加载方法为通过 java.lang.Class 类的静态方法 forName(String className)；成功加载后，会将加载的驱动类注册给 DriverManager 类；如果加载失败，将抛出 ClassNotFoundException 异常，即未找到指定的驱动类，所以需要在加载数据库驱动类时捕捉可能抛出的异常。

通常情况下将负责加载数据库驱动的代码放在 static 块中，因为 static 块的特点是只在其所在类第一次被加载时执行，即第一次访问数据库时执行，这样就可以避免反复加载数据库驱动，减少对资源的浪费，同时提高了访问数据库的速度。

下面以加载 Sql Server2014 数据库驱动程序到 JVM 中为例，具体代码如下：

```
public class JDBC {
    static {
        try {
            Class.forName("com.microsoft.sqlserver.jdbc.SQLServerDriver");
        } catch (ClassNotFoundException e) {
            e.printStackTrace(); // 输出捕获到的异常信息
        }
    }
    public static void main(String[] args) {
    }
}
```

加载数据库的驱动，具体代码如下。

```
public GetConnection(){
try{
    Class.forName(className);
}catch(ClassNotFoundException e){
    System.out.println("加载数据库驱动失败！");
    e.printStackTrace();
}
}
```

2. 创建数据库连接

java.sql.DriverManager(驱动程序管理器)类是 JDBC 的管理层，负责建立和管理数据库连接。通过 DriverManager 类的静态方法 getConnection(String url, String user, String password) 可以建立数据库连接，三个参数依次为欲连接数据库的路径、用户名和密码，该方法的返回值类型为 java.sql.Connection。

与数据库建立连接的典型代码如下：

```
import java.sql.Connection;
```

```
import java.sql.DriverManager;
import java.sql.SQLException;
public class JDBC {
    Private static final String URL =
    "jdbc:sqlserver://PC-20160719ICAM\\SQLEXPRESS:1433;DatabaseName = Buy";
    private static final String USERNAME = "sa";
    private static final String PASSWORD = "*******";
    static {
        try {
            Class.forName("com.microsoft.sqlserver.jdbc.SQLServerDriver");
        } catch (ClassNotFoundException e) {
            e.printStackTrace(); // 输出捕获到的异常信息
        }
    }
    public static void main(String[] args) {
        try {
            Connection conn = DriverManager.getConnection(URL, USERNAME,
            PASSWORD);
        } catch (SQLException e) {
            e.printStackTrace();
        }
    }
}
```

3. 执行 SQL 语句

建立数据库连接(Connection)的目的是与数据库进行通信，实现方法为执行 SQL 语句，但是通过 Connection 实例并不能执行 SQL 语句，还需要通过 Connection 实例创建 Statement 实例，Statement 实例又分为以下三种类型：

(1) Statement。该类型的实例提供了直接在数据库中执行 SQL 语句的方法。对于只执行一次的查询及数据定义语句，如 CREATE TABLE、DROP TABLE 等操作，Statement 对象就足够了。其语法结构如下：

```
Statement stmt = conn.createStatement();
```

(2) PreparedStatement。该类型的实例用于需要执行多次，每次仅仅是数据取值不同的 SQL 语句。PreparedStatement 具有预编译功能，对批量数据操作的执行效率高。其语法格式如下：

```
PreparedStatement ps = conn.prepareStatement("INSERT into users values (?, ?,?,?)");
```

? 代表具体要输入的参数。

(3) CallableStatement。该类型的实例被用来访问数据库中的存储过程。它提供了一些方法来指定 SQL 语句所有使用的输入输出参数。其语法格式如下：

```
CallableStatement cstmt = con.prepareCall("{call getTestData(?, ?)}");
```

注意：不同类型的数据库只是在加载驱动和建立连接时输入的参数不同，后面发送和执行 SQL 语句都是相同的。

上面给出的三种不同类型中 Statement 是最基础的；PreparedStatement 继承 Statement，并做了相应的扩展；而 CallableStatement 继承了 PreparedStatement，又做了相应的扩展。

4. 获得查询结果

通过 Statement 接口的 executeQuery()或 executeUpdate()方法，可以执行 SQL 语句，同时将返回执行结果，如果执行的是 executeQuery()方法，将返回一个 ResultSet 型的结果集，其中不仅包含所有满足查询条件的记录，还包含相应数据表的相关信息，例如每一列的名称、类型和列的数量等。如果执行的是 executeUpdate()方法，将返回一个 int 型数值，代表影响数据库记录的条数，即插入、修改或删除记录的条数。

(1) 执行 SQL 查询语句，首先要创建一个用于存放查询结果的 ResultSet(结果集)对象，例如：

```
ResultSet rs = stmt.executeQuery("SELECT * FROM Buy.dbo.users");
```

(2) 执行 insert、delete、update 等 SQL 语句，这三种 SQL 语句只有操作成功与否，不返回结果集，语法格式如下：

```
stmt.executeUpdate(sql);
```

其中，sql 代表具体的 insert、delete、update 语句。例如：

```
stmt.executeUpdate("DELETE FROM Buy WHERE order_id = '1'and username = '小明' ");
```

(3) 针对查询语句，访问结果记录集 ResultSet 对象。ResultSet 包含任意数量的命名列，可以按名字或序号访问这些列；还包含一或更多个行，可以按顺序自上而下逐一访问。当建立一个 ResultSet 类对象时，它指向第一行之前的位置。ResultSet 对象常用方法如下：

getString(int)：将序号为 int 的列的内容作为字符串返回。

getString(String)：将名称为 String 的列的内容作为字符串返回。

getInt(int)：将序号为 int 的列的内容作为整数返回。

getInt(String)：将名称为 String 的列的内容作为整数返回。

getFloat(int)：将序号为 int 的列的内容作为一个 float 型数返回。

getFloat(String)：将名称为 String 的列的内容作为一个 float 型数返回。

getData(int)：将序号为 int 的列的内容作为日期返回。

getData(String)：将名称为 String 的列的内容作为日期返回。

next( )：把行指针移到下一行，如果没有剩余行，则返回 false。

close( )：关闭结果集。

例如，根据上面的查询结果，要输出所有学生的姓名，可以使用如下代码：

```
while(rs.next()){
    String name = rs.getString("name");
    //由于 name 属性在第二列，上条语句也可以写成 String name = rs.getString(2);
    our.println(name+"<br>");
}
```

上述代码采用循环语句将查询结果集逐行遍历，直到 rs.next()返回 false，即行指针到最后一行为止。

5. 关闭连接

在建立 Connection、Statement 和 ResultSet 实例时，均需占用一定的数据库和 JDBC 资源，所以每次访问数据库结束后，应该及时销毁这些实例，释放它们占用的所有资源。具体方法是通过各个实例的 close()方法，执行 close()方法时建议按照如下的顺序：

```
resultSet.close();
statement.close();
connection.close();
```

建议按上面的顺序关闭的原因在于 Connection 是一个接口，close()方法的实现方式可能多种多样。如果是通过 DriverManager 类的 getConnection()方法得到的 Connection 实例，在调用 close()方法关闭 Connection 实例时就会同时关闭 Statement 实例和 ResultSet 实例。但是通常情况下需要采用数据库连接池，在调用通过连接池得到的 Connection 实例的 close()方法时，Connection 实例可能并没有被释放，而是被放回到了连接池中，又被其他连接调用。在这种情况下如果不手动关闭 Statement 实例和 ResultSet 实例，它们在 Connection 中可能会越来越多。虽然 JVM 的垃圾回收机制会定时清理缓存，但是如果清理得不及时，当数据库连接达到一定数量时，将严重影响数据库和计算机的运行速度，甚至导致软件或系统瘫痪。

下面通过实例详细讲解在 Web 开发中使用 JDBC 访问数据库的用法与基本模式。在本实例中采用 Servelt+JavaScript+JSP 实现在页面(index.jsp)中对 book 表的查询、插入、删除和修改。本例中所用的各程序间的结构关系如图 11-19 所示，Index.jsp 界面运行结果如图 11-20 所示。

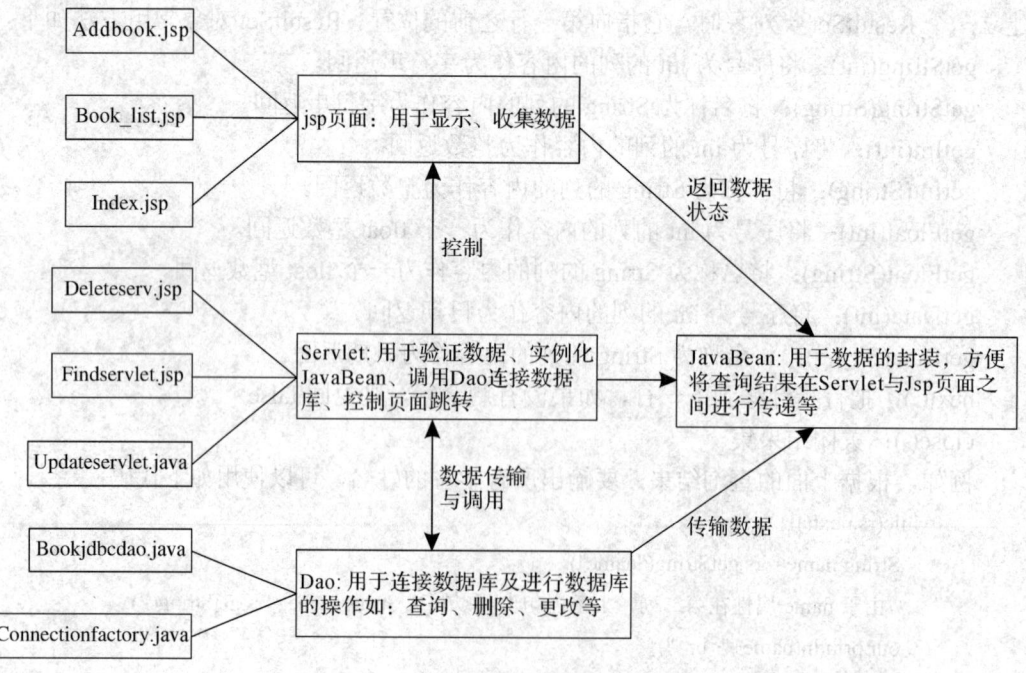

图 11-19　实例中各程序间的结构关系图

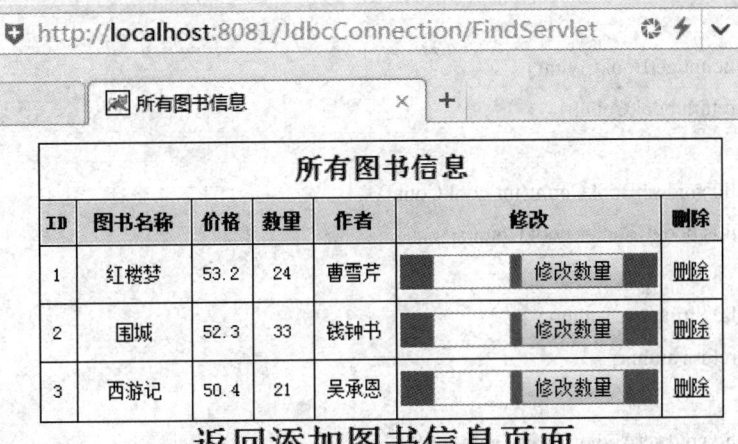

图 11-20 ndex.jsp 的运行结果

11.2 数 据 查 询

对 book 表的查询在 index.jsp 页面中实现，点击查询图书信息，页面跳转到 FindServlet，可以看到所有的图书信息，如图 11-21 所示。

http://localhost:8081/JdbcConnection/FindServlet

所有图书信息						
ID	图书名称	价格	数里	作者	修改	删除
1	红楼梦	53.2	24	曹雪芹	修改数里	删除
2	围城	52.3	33	钱钟书	修改数里	删除
3	西游记	50.4	21	吴承恩	修改数里	删除

返回添加图书信息页面

图 11-21 查询到的所有图书界面

(1) 要实现数据查询操作，首先创建名为 book 的类，用于封装图书信息，具体代码如下：

```
package example.bean.book;
public class Book {
    private int id;                  // 编号
    private String name;            // 图书名称
```

```java
    private double price;              // 价格
    private int bookCount;             // 数量
    private String author;             // 作者
    public int getId() {
        return id;
    }
    public void setId(int id) {
        this.id = id;
    }
    public String getName() {
        return name;
    }
    public void setName(String name) {
        this.name = name;
    }
    public double getPrice() {
        return price;
    }
    public void setPrice(double price) {
        this.price = price;
    }
    public int getBookCount() {
        return bookCount;
    }
    public void setBookCount(int bookCount) {
        this.bookCount = bookCount;
    }
    public String getAuthor() {
        return author;
    }
    public void setAuthor(String author) {
        this.author = author;
    }
}
```

(2) 创建名为 FindServlet 的 Servlet 对象用于查询所有的图书信息。在此 Servlet 中，编写 doGet()方法，建立数据库连接，并将所查询到的数据放置在 HttpServletRequest 对象中，将请求转发到 JSP 页面。其具体代码如下：

```java
package example.Servlet.book;
import java.io.IOException;
```

```java
import java.sql.Connection;
import java.sql.DriverManager;
import java.sql.ResultSet;
import java.sql.Statement;
import java.util.ArrayList;
import java.util.List;
import javax.Servlet.ServletException;
import javax.Servlet.http.HttpServlet;
import javax.Servlet.http.HttpServletRequest;
import javax.Servlet.http.HttpServletResponse;
import example.bean.book.Book;
/**
* Servlet implementation class FindServlet
*/
public class FindServlet extends HttpServlet {
    private static final long serialVersionUID = 1L;
    /**
    * @see HttpServlet#doGet(HttpServletRequest request, HttpServletResponse
    *        response)
    */
    protected void doGet(HttpServletRequest request,
    HttpServletResponse response) throws ServletException, IOException {
        try {
            // 加载数据库驱动，注册到驱动管理器
            Class.forName("com.microsoft.sqlserver.jdbc.SQLServerDriver");
            // 数据库连接字符串
            String url =
                ."jdbc:sqlserver://PC-20160719ICAM\\SQLEXPRESS:1433;DatabaseName = Buy";
            String username = "sa";                          // 数据库用户名
            String password = "******";                      // 数据库密码
            // 创建 Connection 连接
            Connection conn = DriverManager.getConnection(url, username,
                        password);
            String sql = "select * from Buy.dbo.book";       // 查询图书信息的 SQL 语句
            Statement statement = conn.createStatement();    //获取 Statement 对象
            ResultSet resultSet = statement.executeQuery(sql);   //执行查询
            List<Book> list = new ArrayList<Book>();         //实例化 List
            while (resultSet.next()) {    //光标向后移动，判断是否有效
            Book book = new Book();                          //实例化 Book 对象
```

```
                book.setId(resultSet.getInt("id"));                     //对 id 赋值
                book.setName(resultSet.getString("name"));              //对 name 赋值
                book.setPrice(resultSet.getDouble("price"));            //对 price 赋值
                book.setBookCount(resultSet.getInt("bookCount"));       /对 bookCount 赋值
                book.setAuthor(resultSet.getString("author"));          //对 author 赋值
                list.add(book);                                         //将 book 加入 list
                request.setAttribute("list", list);                     //将 list 放入 request
                resultSet.close();                                      //关闭 result
                statement.close();                                      //关闭 statement
                conn.close();                                           //关闭 connection
            } catch (Exception e) {//捕获异常
                e.printStackTrace();
            }
            request.getRequestDispatcher("book_list.jsp")
            .forward(request, response);                                //请求转发到 book_list.jsp
        }
        /**
         * @see HttpServlet#doPost(HttpServletRequest request, HttpServletResponse
         *          response)
         */
        protected void doPost(HttpServletRequest request,
        HttpServletResponse response) throws ServletException, IOException {
            // TODO Auto-generated method stub
            doGet(request, response);
        }
    }
```

(3) 创建 book_list.jsp 页面，用于显示所有的图书信息(其中也包括数据修改和删除操作的部分代码，后续将详细讲解)。其具体代码如下：

```
<!--<%@page import = "sun.awt.SunHints.Value"%>-->
<%@ page language = "java" contentType = "text/html; charset = utf-8"
    pageEncoding = "utf-8"%>
<!DOCTYPE html PUBLIC "-//W3C//DTD HTML 4.01 Transitional//EN" "http://www.w3.org/
TR/html4/loose.dtd">
<%@page import = "java.util.List"%>
<%@page import = "example.bean.book.Book"%>
<html>
<head>
<meta http-equiv = "Content-Type" content = "text/html; charset = utf-8">
<title>所有图书信息</title>
```

```
<style type = "text/css">
td {
    font-size: 12px;
}
h2 {
    margin: 0px
}
</style>
<script type = "text/javascript">
function check(form) {
    with (form) {
        if (bookCount.value == "") {
            alert("请输入更新数量！");
            return false;
        }
        if (isNaN(bookCount.value)) {
            alert("格式错误！");
            return false;
        }
        return true;
    }
}
</script>
</head>
<body>
    <table align = "center" width = "450" border = "1" height = "180"
        bordercolor = "white" bgcolor = "black" cellpadding = "1" cellspacing = "1">
        <tr bgcolor = "white">
            <td align = "center" colspan = "7">
                <h2>所有图书信息</h2>
            </td>
        </tr>
        <tr align = "center" bgcolor = "#e1ffc1">
            <td><b>ID</b></td>
            <td><b>图书名称</b></td>
            <td><b>价格</b></td>
            <td><b>数量</b></td>
            <td><b>作者</b></td>
            <td><b>修改</b></td>
```

```
            <td><b>删除</b></td>
        </tr>
        <%
            // 获取图书信息集合
            List<Book> list = (List<Book>) request.getAttribute("list");
            // 判断集合是否为空
            if (list == null || list.size() < 1) {
                out.print("没有数据！");
            } else {
            // 遍历图书集合中的数据
            for (Book book : list) {
        %>
        <tr align = "center"    bgcolor = "white">
            <td><% = book.getId()%></td>
            <td><% = book.getName()%></td>
            <td><% = book.getPrice()%></td>
            <td><% = book.getBookCount()%></td>
            <td><% = book.getAuthor()%></td>
            <td >
                <form style = "align:center;    background-color: gray" action = "UpdateServlet"
method = "post"
        onsubmit = "return check(this);">
                <input type = "hidden" name = "id" value = "<% = book.getId()%>"> <input
                type = "text" name = "bookCount" size = "3">
                <input type = "submit" value = "修改数量">
            </form>
        </td>
        <td>
        <a href = "DeleteServlet?id = <% = book.getId()%>">删除</a>
        </td>
        </tr>
        <%
            }
    }
%>
</table>
<h2 align = "center">
<a href = "index.jsp">返回添加图书信息页面</a>
</h2>
```

```
</body>
</html>
```

(4) 最后创建 Index.jsp 页面。它是程序中的主页，该页面编写了一个导航链接，用于请求查看所有的图书信息（其中包含添加数据操作的部分代码，后续将详细讲解）。其具体代码如下：

```
<%@page import = "java.sql.SQLException"%>
<%@page import = "java.sql.DriverManager"%>
<%@page import = "java.sql.Connection"%>
<%@ page language = "java" contentType = "text/html; charset = utf-8"
pageEncoding = "utf-8"%>
<!DOCTYPE html PUBLIC "-//W3C//DTD HTML 4.01 Transitional//EN"
"http://www.w3.org/TR/html4/loose.dtd">
<html>
<head>
<meta http-equiv = "Content-Type" content = "text/html; charset = utf-8">
<title>添加图书信息</title>
<script type = "text/javascript">
    function check(form) {
        with (form) {
            if (name.value == "") {
                alert("图书名称不能为空");
                return false;
            }
            if (price.value == "") {
                alert("图书价格不能为空");
                return false;
            }
            if (author.value == "") {
                alert("作者不能为空");
                return false;
            }
        }
    }
</script>
</head>
<body>
<form action = "addbook.jsp" method = "post" onsubmit = "check(this)">
    <table align = "center" width = "450">
        <tr>
```

```
            <td align = "center" colspan = "2">
                <h2>添加图书信息</h2>
                <hr>
            </td>
        </tr>
        <tr>
            <td align = "right">图书名称：</td>
            <td><input type = "text" name = "name"></td>
        </tr>
        <tr>
            <td align = "right">价  格：</td>
            <td><input type = "text" name = "price"></td>
        </tr>
        <tr>
            <td align = "right">编号：</td>
            <td><input type = "text" name = "id" /></td>
        </tr>
        <tr>
            <td align = "right">数  量：</td>
            <td><input type = "text" name = "bookCount" /></td>
        </tr>
        <tr>
            <td align = "right">作  者：</td>
            <td><input type = "text" name = "author" /></td>
        </tr>
        <tr>
            <td align = "center" colspan = "2"><input type = "submit" value = "添　加">
            </td>
        </tr>
    </table>
</form>
<h2 align = "center">
    <a href = "FindServlet">查询图书信息</a>
</h2>
</body>
</html>
```

通过上面对四个程序 book.java、findServlet.java、book_list.jsp 和 index.jsp 的源代码分析可以看出：查询操作是综合运用了 CSS、JavaScript、HTML、JSP、本地 API 驱动连接数据库的技术实现了对 book 表的查询，并将查询结果以表格形式在客户端浏览器上进行显示，同时在 index.jsp 页面上还为客户提供了数据添加的操作按钮和数据输入框。

11.3 数 据 添 加

当客户端需要在 book 表中增加一本书籍信息时，可以在图 11-20 所示的 index.jsp 页面中的文本框内输入新增书籍的信息，并确保图书名称、作者、价格的取值不为空，如图 11-22 所示。信息输入完成后，单击"添加"按钮，Tomcat 服务器对 book 表执行数据添加操作，并向客户端返回 book 表的所有数据，执行结果如图 11-23 所示，若要查看刚才添加成功的图书信息，可单击"返回"按钮，回到 index.jsp 页面，单击"查询图书信息"再次进行查询，如图 11-24 所示，其中 ID：4 的数据是新增的图书信息。

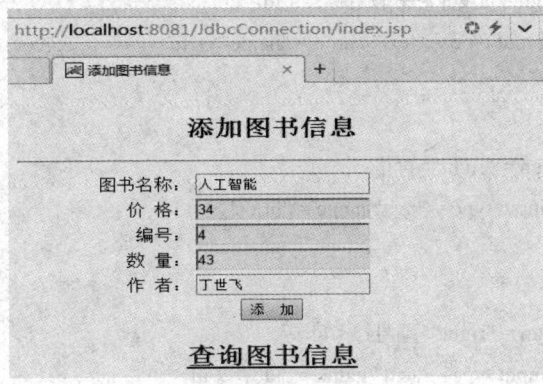

图 11-22　输入新增的图书信息

图 11-23　执行数据添加操作后运行结果

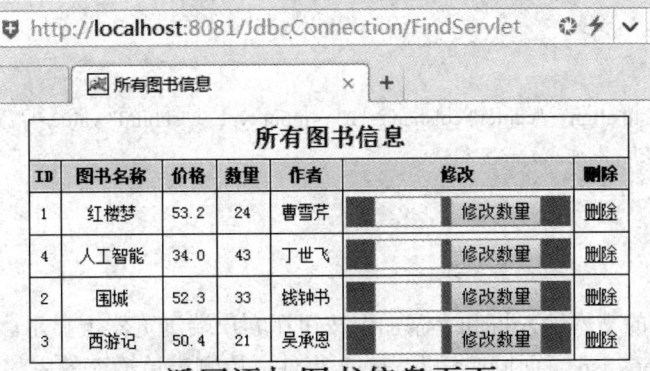

图 11-24　看添加后的结果

(1) 用于让用户添加数据的表单代码段如下：

```html
<form action = "addbook.jsp" method = "post" onsubmit = "check(this)">
    <table align = "center" width = "450">
        <tr>
            <td align = "center" colspan = "2">
                <h2>添加图书信息</h2>
                <hr>
            </td>
        </tr>
        <tr>
            <td align = "right">图书名称：</td>
            <td><input type = "text" name = "name"></td>
        </tr>
        <tr>
            <td align = "right">价格：</td>
            <td><input type = "text" name = "price"></td>
        </tr>
        <tr>
            <td align = "right">编号：</td>
            <td><input type = "text" name = "id" /></td>
        </tr>
        <tr>
            <td align = "right">数量：</td>
            <td><input type = "text" name = "bookCount" /></td>
        </tr>
        <tr>
            <td align = "right">作者：</td>
            <td><input type = "text" name = "author" /></td>
        </tr>
        <tr>
            <td align = "center" colspan = "2"><input type = "submit" value = "添加">
            </td>
        </tr>
    </table>
</form>
```

表单 form 中的文本输入框和"添加"按钮在客户端浏览器上显示。表单类型是 post，提交表单到 addbook.jsp 页面同时触发 check 事件，检测表单输入的完整性及正确性。

(2) addBook.jsp 页面用于对添加图书信息请求进行处理，通过 JDBC 将提交的图书信息数据写入数据库中，具体代码如下：

```
<%@ page language = "java" contentType = "text/html; charset = utf-8"
pageEncoding = "utf-8"%>
<!DOCTYPE html PUBLIC "-//W3C//DTD HTML 4.01 Transitional//EN"
"http://www.w3.org/TR/html4/loose.dtd">
<%@page import = "java.sql.Connection"%>
<%@page import = "java.sql.DriverManager"%>
<%@page import = "java.sql.PreparedStatement"%>
<html>
<head>
<meta http-equiv = "Content-Type" content = "text/html; charset = utf-8">
<title>添加结果</title>
</head>
<body>
    <%
        request.setCharacterEncoding("utf-8");        //设置编码格式为 utf-8
    %>            //构建一个新的 bean，class 为类的路径
<jsp:useBean id = "book" class = "example.bean.book.Book"></jsp:useBean>
<jsp:setProperty property = "*" name = "book" />//储存用户在 Jsp 输入的所有值，用于匹配 Bean
                                中的属性
    <%
        try {
        // 加载数据库驱动，注册到驱动管理器
        Class.forName("com.microsoft.sqlserver.jdbc.SQLServerDriver");
        // 数据库连接字符串
        String url =
        "jdbc:sqlserver://PC-20160719ICAM\\SQLEXPRESS:1433;DatabaseName = Buy";
        String username = "sa";                // 数据库用户名
        String password = "******";            // 数据库密码
        // 创建 Connection 连接
        Connection conn = DriverManager.getConnection(url, username, password);
        System.out.println("数据库连接成功了");
        // 添加图书信息的 SQL 语句
        String sql = "insert into Buy.dbo.book(id,name,price,bookCount,author) values(?,?,?,?,?)";
        PreparedStatement ps = conn.prepareStatement(sql);// 获取 PreparedStatement
        ps.setInt(1, book.getId());                // 对 SQL 语句中的第 1 个参数赋值
        ps.setString(2, book.getName());            // 对 SQL 语句中的第 2 个参数赋值
        ps.setDouble(3, book.getPrice());        // 对 SQL 语句中的第 3 个参数赋值
        ps.setInt(4, book.getBookCount());        // 对 SQL 语句中的第 4 个参数赋值
        ps.setString(5, book.getAuthor());        // 对 SQL 语句中的第 5 个参数赋值
```

```
        int row = ps.executeUpdate();            // 执行更新操作，返回所影响的行数
        // 判断是否更新成功
        if (row > 0) {
            // 更新成输出信息
            out.print("成功添加了  " + row + "条数据!");
        }
        ps.close();                    // 关闭 PreparedStatement，释放资源
        conn.close();                  // 关闭 Connection，释放资源
    } catch (Exception e) {
        out.print("图书信息添加失败!");
        e.printStackTrace();
    }
%>
<br>
<a href = "index.jsp">返回</a>
</body>
</html>
```

通过阅读 addbook.jsp 的源代码和相应的注释可以获知：当用户填写新的图书数据并单击"添加"按钮后，JSP 容器 Tomcat 执行 book.class 文件；然后与数据库 Buy 建立连接，将数据添加语句"insert into…"赋值给字符串变量 sql，接着 PreparedStatement 对象执行该 SQL 语句；最后客户端的页面跳转到 addbook.jsp。这时用户可以看到："成功添加 1 条数据！"的信息，单击"返回"，回到 index.jsp 页面。这里，PreparedStatement 是已经被预编译过的，因而当其执行时，只需 DBMS 运行 SQL 语句，而不必先编译。当需要执行 Statement 对象多次的时候，PreparedStatement 对象将会大大降低运行时间，当然也加快了访问数据库的速度。此时我们也可以回到数据库中查看 book 表的变化，如图 11-25 所示。

id	name	price	bookCount	author
1	红楼梦	53.2	24	曹雪芹
4	人工智能	34	43	丁世飞
2	围城	52.3	33	钱钟书
3	西游记	50.4	21	吴承恩
NULL	NULL	NULL	NULL	NULL

PC-20160719ICAM....Buy - dbo.book ×

图 11-25　新增数据后的 book 表

11.4　数据删除

在 booklist.jsp 中，每一行数据后面都有一个"删除"和"修改"按钮。当用户在如图 11-24 所示的页面单击第 2 行数据后面"删除"按钮后，Tomcat 执行对 book 表中编号 ID

为 4 的数据行(即元组)的删除(delete)操作，可以看到 ID4 的一行数据被删除。然后对当前的 book 表进行查询，结果如图 11-26 所示。

图 11-26　删除 ID 为 4 图书的数据

要完成删除数据的操作，需要在所有图书信息 book_list.jsp 的页面中添加删除的表单，再通过 Servlet 删除数据库中的数量。

(1) 从 book 实例中取得的 getId()值存入 id 中，并传递到 DeleteServlet 中。其表单代码段如下。

```
<td>
    <a href = "DeleteServlet?id = <% = book.getId()%>">删除</a>
</td>
```

(2) 创建删除图书信息的 Servlet 对象，其名称为 DeleteServlet。

```
package example.Servlet.book;
import java.io.IOException;
import java.sql.Connection;
import java.sql.DriverManager;
import java.sql.PreparedStatement;
import javax.Servlet.ServletException;
import javax.Servlet.http.HttpServlet;
import javax.Servlet.http.HttpServletRequest;
import javax.Servlet.http.HttpServletResponse;
import example.dao.book.BookJdbcDao;
import example.dao.book.ConnectionFactory;
/**
* Servlet implementation class DeleteServlet
*/
public class DeleteServlet extends HttpServlet {
    private static final long serialVersionUID = 1L;
    /**
    * @see HttpServlet#doGet(HttpServletRequest request, HttpServletResponse
```

```
 *        response)
 */
protected void doGet(HttpServletRequest request,
HttpServletResponse response) throws ServletException, IOException {
    int id = Integer.valueOf(request.getParameter("id"));        // 获取图书 id
    try {
        // 加载数据库驱动，注册到驱动管理器
        Class.forName("com.microsoft.sqlserver.jdbc.SQLServerDriver");
        // 数据库连接字符串
        String url =
                "jdbc:sqlserver://PC-20160719ICAM \\SQLEXPRESS:1433;
                DatabaseName = Buy";String username = "sa";        // 数据库用户名
        String password = "******";                               // 数据库密码
        Connection conn = DriverManager.getConnection(url, username, password);
        //创建 Connection 连接
        String sql = "delete from Buy.dbo.book where id = ?";// 删除图书信息的 SQL 语句
        PreparedStatement ps = conn.prepareStatement(sql);   // 获取 PreparedStatement
        ps.setInt(1, id);                    // 对 SQL 语句中的第一个占位符赋值
        ps.executeUpdate();                  // 执行更新操作
        ps.close();                          // 关闭 PreparedStatement
        conn.close();                        // 关闭 Connection
        BookJdbcDao bookDao = new BookJdbcDao();
        Connection conn1 = ConnectionFactory.getInstance().getConnection();
        bookDao.delete(conn1, id);
    } catch (Exception e) {
        e.printStackTrace();
    }
    response.sendRedirect("FindServlet");// 重定向到 FindServlet
}
/**
 * @see HttpServlet#doPost(HttpServletRequest request, HttpServletResponse
 *        response)
 */
protected void doPost(HttpServletRequest request,
HttpServletResponse response) throws ServletException, IOException {
doGet(request, response);
}
}
```

注意：

    int id = Integer.valueOf(request.getParameter("id"));

括号中的 id 是从表单中传过来的，是一个 String 型，需要转型。

    String sql = "delete from tb_book where id=?";

    ps.setInt(1, id);

修改第一个语句中的第一个参数，这里的修改其实就是执行删除操作了。

11.5　数据更新

在图 11-27 中的"修改"一栏下，用户可以在每一行后面的文本框中输入新的书籍数量，单击"修改数量"按钮后，可以看到"红楼梦"的数量由原来的"24"自动变为文本框中新输入的值"20"，从而完成书籍数量的更新。其结果如图 11-28 所示。

图 11-27　修改图书数量页面

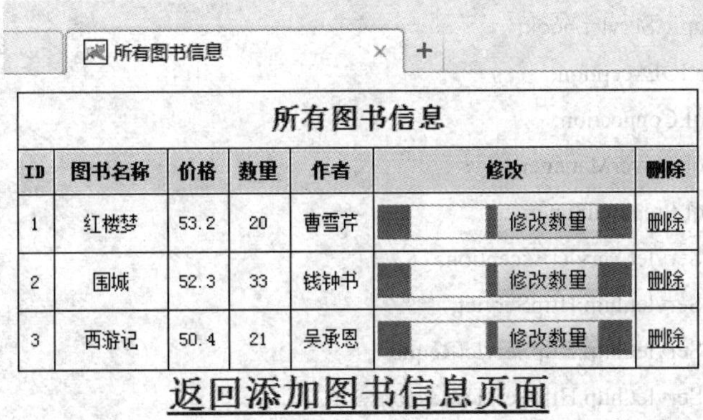

图 11-28　修改图书数量后界面

要完成更新数据的操作，需要在所有图书信息的页面中添加图书数量的表单，通过 Servlet 修改数据库中的数量。

(1) 在 book_list.jsp 页面中添加修改图书数量的表单，将该表单提交到 UpdateServlet，表单代码段如下：

```
<form style = "align:center;   background-color: gray" action = "UpdateServlet" method = "post"
    onsubmit = "return check(this);">
        <input type = "hidden" name = "id" value = "<% = book.getId()%>"> <input
        type = "text" name = "bookCount" size = "3">
        <input type = "submit" value = "修改数量">
</form>
```

(2) 添加 js 表单验证,check 属性用于存储数据合法性的正则表达式,如果数据不合法,则弹出 alert,产生提示信息并返回到该表单元素,代码如下:

```
<script type = "text/javascript">
function check(form) {
    with (form) {
        if (bookCount.value == "") {
            alert("请输入更新数量!");
            return false;
        }
        if (isNaN(bookCount.value)) {
            alert("格式错误!");
            return false;
        }
        return true;
    }
}
</script>
```

(3) 创建修改图书信息的 Servlet 对象,其名称为 UpdateServlet,代码如下:

```
package example.Servlet.book;
import java.io.IOException;
import java.sql.Connection;
import java.sql.DriverManager;
import java.sql.PreparedStatement;
import javax.Servlet.ServletException;
import javax.Servlet.http.HttpServlet;
import javax.Servlet.http.HttpServletRequest;
import javax.Servlet.http.HttpServletResponse;
/**
* Servlet implementation class UpdateServlet
*/
public class UpdateServlet extends HttpServlet {
    private static final long serialVersionUID = 1L;
    /**
```

```
* @see HttpServlet#doGet(HttpServletRequest request, HttpServletResponse
*       response)
*/
protected void doGet(HttpServletRequest request,
HttpServletResponse response) throws ServletException, IOException {
    int id = Integer.valueOf(request.getParameter("id"));
    int bookCount = Integer.valueOf(request.getParameter("bookCount"));
    try {
        // 加载数据库驱动，注册到驱动管理器
        Class.forName("com.microsoft.sqlserver.jdbc.SQLServerDriver");
        // 数据库连接字符串
        String url =
        "jdbc:sqlserver://PC-20160719ICAM\\SQLEXPRESS:1433;DatabaseName = Buy";
        String username = "sa";// 数据库用户名
        String password = "******";// 数据库密码
        Connection conn = DriverManager.getConnection(url, username, password);
        //创建 Connection 连接
        String sql = "update Buy.dbo.book set bookcount = ? where id = ?";// 更新 SQL 语句
        PreparedStatement ps = conn.prepareStatement(sql);   // 获取 PreparedStatement 对象
        ps.setInt(1, bookCount);              // 对 SQL 语句中的第一个参数赋值
        ps.setInt(2, id);                     // 对 SQL 语句中的第二个参数赋值
        ps.executeUpdate();                   // 执行更新操作
        ps.close();                           // 关闭 PreparedStatement
        conn.close();                         // 关闭 Connection
    } catch (Exception e) {
        e.printStackTrace();
    }
    response.sendRedirect("FindServlet");   // 重定向到 FindServlet
}
/**
* @see HttpServlet#doPost(HttpServletRequest request, HttpServletResponse
*       response)
*/
protected void doPost(HttpServletRequest request,
HttpServletResponse response) throws ServletException, IOException {
    // TODO Auto-generated method stub
    doGet(request, response);
}
}
```

通过上述代码分析可以总结出给用户提供一个方便、快捷的数据操作界面。

11.6 数据库连接池

11.6.1 数据库连接池概述

前面讲述的基于 JDBC 驱动程序的数据库访问方法具有简单易用的优点。但使用这种模式进行 Web 应用程序开发，存在很多问题：

(1) 每一次 Web 请求都要建立一次数据库连接。建立连接是一个费时的活动，每次都得花费 0.05～1 s 的时间，而且系统还要分配内存资源。这个时间对于一次或几次数据库操作，或许感觉不出系统有多大的开销。可是对于现在的 Web 应用，尤其是大型电子商务网站，同时有几百人甚至几千人在线是很正常的事。在这种情况下，频繁地进行数据库连接操作势必占用很多的系统资源，网站的响应速度必定下降，严重的甚至会造成服务器的崩溃。这就是制约某些电子商务网站发展的技术瓶颈问题。

(2) 对于每一次数据库连接，使用完后都得断开。否则，如果程序出现异常而未能关闭，将会导致数据库系统中的内存泄漏，最终将不得不重启数据库。

(3) 这种开发不能控制被创建的连接对象数，系统资源会被毫无顾及地分配出去，如连接过多，也可能导致内存泄漏，服务器崩溃。

通过上面的分析可以看出，问题的根源就在于对数据库连接资源的低效管理。而目前，对于共享资源，有一个著名的实际模式：资源池(Resource Pool)。该模式正是为了解决资源的频繁分配，释放所造成的问题。为解决上述问题，可以采用数据库连接池技术。

数据库连接池的基本思想就是为数据库连接建立一个"缓冲池"。预先在缓冲池中放入一定数量的连接，当需要建立数据库连接时，只需从"缓冲池"中取出一个，使用完毕之后再放回去。我们可以通过设定连接池最大连接数来防止系统无尽的与数据库连接。更为重要的是我们可以通过连接池的管理机制监视数据库的连接的数量和使用情况，为系统开发，测试及性能调整提供依据。连接池的结构如图 11-29 所示。由图 11-29 可以看出连接池主要由三部分组成：连接池的建立、连接池的管理、连接池的关闭。下面就着重讨论这三部分及连接池的配置问题。

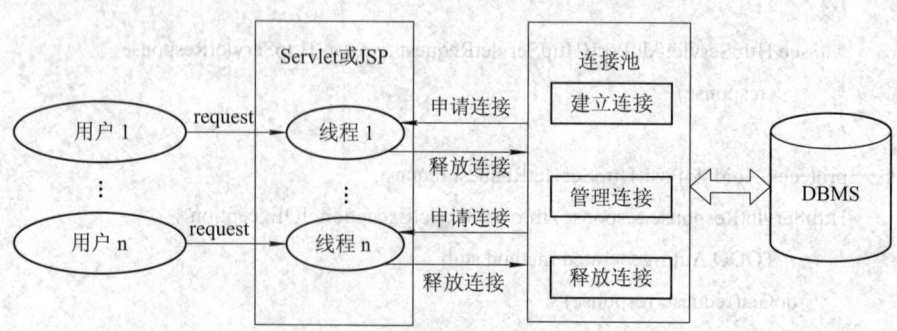

图 11-29　连接池的工作原理

1. 连接池的建立

应用程序中建立的连接池其实是一个静态的。所谓静态连接池，是指连接池中的连接在系统初始化时就已分配好，且不能随意关闭连接。Java 中提供了很多容器类，可以方便地构建连接池，如 Vector、Stack、Servlet、Bean 等，通过读取连接属性文件 Connections.properties 与数据库实例建立连接。在系统初始化时，根据相应的配置创建连接并放置在连接池中，以便需要使用时能从连接池中获取，这样就可以避免随意地建立、关闭造成的开销。

2. 连接池的管理

连接池管理策略是连接池机制的核心。当连接池建立后，如何对连接池中的连接进行管理，解决好连接池内连接的分配和释放，对系统的性能有很大的影响。连接的合理分配、释放可以提高连接的复用，降低系统建立新连接的开销，同时也加速了用户的访问速度。下面介绍连接池中连接的分配、释放策略。

连接池的分配、释放策略对于有效复用连接非常重要，目前采用的方法是一个很有名的设计模式：Reference Counting(引用记数)。该模式在复用资源方面应用的非常广泛，把该方法运用到对于连接的分配释放上，为每一个数据库连接，保留一个引用记数，用来记录该连接的使用者的个数。具体的实现方法如下：

当客户请求数据库连接时，首先查看连接池中是否有空闲连接(指当前没有分配出去的连接)。如果存在空闲连接，则把连接分配给客户并作相应处理(即标签该连接为正在使用，引用计数加 1)。如果没有空闲连接，则查看当前所开的连接数是不是已经达到 maxConn(最大连接数)；如果没达到，就重新创建一个连接给请求的客户；如果达到，就按设定的 maxWaitTime(最大等待时间)进行等待；如果等待 maxWaitTime 后仍没有空闲连接，就抛出无空闲连接的异常给用户。

当客户释放数据库连接时，先判断该连接的引用次数是否超过了规定值，如果超过，就删除该连接，并判断当前连接池内总的连接数是否小于 minConn(最小连接数)，若小于就将连接池充满；如果没超过，就将该连接标签为开放状态，可供再次复用。可以看出，正是这套策略保证了数据库连接的有效复用，避免频繁地建立、释放连接所带来的系统资源开销。

3. 连接池的关闭

当应用程序退出时，应关闭连接池，此时应把在连接池建立时向数据库申请的连接对象统一归还给数据库(即关闭所有数据库连接)，这与连接池的建立正好是一个相反过程。

4. 连接池的配置

数据库连接池中到底要放置多少个连接，才能使系统的性能更佳，用 minConn 和 maxConn 来限制。minConn 是当应用启动的时候连接池所创建的连接数，如果过大，则启动将变慢，但是启动后响应更快；如果过小，启动加快，但是最初使用的用户将因为连接池中没有足够的连接不可避免地延缓了执行速度。因此，应该在开发的过程中设定较小 minConn，而在实际应用的中设定较大 minConn。maxConn 是连接池中的最大连接数，可以通过反复试验来确定此饱和点。为此在连接池类 ConnectionPool 中加入两个方法 getActiveSize()和 getOpenSize()。ActiveSize 表示某一时间内有多少连接正在被使用，

OpenSize 表示连接池中有多少连接被打开，反映了连接池使用的峰值。将这两个值在日志信息中反应出来，minConn 的值应该小于平均 ActiveSize，而 maxConn 的值应该在 ActiveSize 和 OpenSize 之间。

11.6.2　数据库连接池的配置

下面以 Tomcat6.0 和 SQL Server2005 为例讲解数据库连接池的具体配置方法。

(1) 将数据库的 JDBC 驱动程序复制到<CATALINA_HOME>/lib 目录下。

注意：CATALINA_HOME 表示 tomcat 的安装目录。

(2) 在<CATALINA_HOME>/conf/context.xml 中配置 Resource，即连接池。例如：

```
<Context>
    <Resource name = "jdbc/myDataSource" auth = "Container"
    type = "javax.sql.DataSource"
    driverClassName = " com.microsoft.sqlserver.jdbc.SQLServerDriver "
    url = " jdbc:sqlserver://localhost:1433;DatabaseName = SC "
    username = "root"
    password = ""
    maxActive = "50"
    maxIdle = "20"
    maxWait = "10000"/>
</Context>
```

从上述的连接池配置示例中可以看出，通过 Resource 标签的属性对连接池对应的数据源、JDBC 驱动等进行设置。每个属性的具体含义如下：

name 表示 JNDI 资源的名称，这里表示数据源的名称；auth 表示连接池管理权的属性，这里取值 Container，即声明为容器管理；type 表示对象类型，这里取值为 javax.sql.DataSource，声明为数据库连接池；url 表示连接数据库的路径；username 和 password 分别表示连接到数据库时使用的账号和密码；maxActive 表示最大活动连接数，0 表示不受限制；maxIdle 表示最大空闲连接数，0 表示不受限制；maxWait 表示空闲状态的等待时间，以毫秒为单位，–1 表示无限制。

(3) 在 Web 应用的 web.xml 中配置对数据源连接池的引用，例如：

```
<?xml version = "1.0" encoding = "UTF-8"?>
<web-app version = "2.5"
    xmlns = "http://java.sun.com/xml/ns/javaee"
    xmlns:xsi = "http://www.w3.org/2001/XMLSchema-instance"
    xsi:schemaLocation = "http://java.sun.com/xml/ns/javaee
    http://java.sun.com/xml/ns/javaee/web-app_2_5.xsd">
    <resource-ref>
        <description>dateSource</description>
        <res-ref-name>jdbc/ myDataSource </res-ref-name>
```

```
    <res-type>javax.sql.DataSource</res-type>
    <res-auth>Container</res-auth>
  </resource-ref>
</web-app>
```

(4) 在 JSP 或 Servlet 程序中通过连接池访问数据库，例如：

```
connectionPool.jsp
<%@ page language = "java" import = "java.sql.*" pageEncoding = "utf-8"%>
<%@page import = "javax.sql.DataSource" %>
<%@page import = "javax.naming.*" %>
<!DOCTYPE HTML PUBLIC "-//W3C//DTD HTML 4.01 Transitional//EN">
<html>
  <head>
    <title>数据库连接池应用</title>
  </head>
  <body>
    <h3>通过连接池访问数据库</h3><hr>
    <%
      Connection con = null;
      Statement stmt = null;
      ResultSet rs = null;
      //从连接池取得连接
      Context ctx = new InitialContext();
      DataSource ds = (DataSource)ctx.lookup("java:comp/env/jdbc/ myDataSource ");
      con = ds.getConnection();
      //查询数据表
      stmt = con.createStatement();
      rs = stmt.executeQuery("select name,department from student");
      while(rs.next()){
        out.println("<li>姓名： "+rs.getString(1));
        out.println(" 专业： "+rs.getString(2)+"<br>");
      }
      //关闭连接，释放资源
      rs.close();
      stmt.close();
      con.close();
    %>
  </body>
</html>
```

connectionPool.jsp 的运行结果如图 11-30 所示。

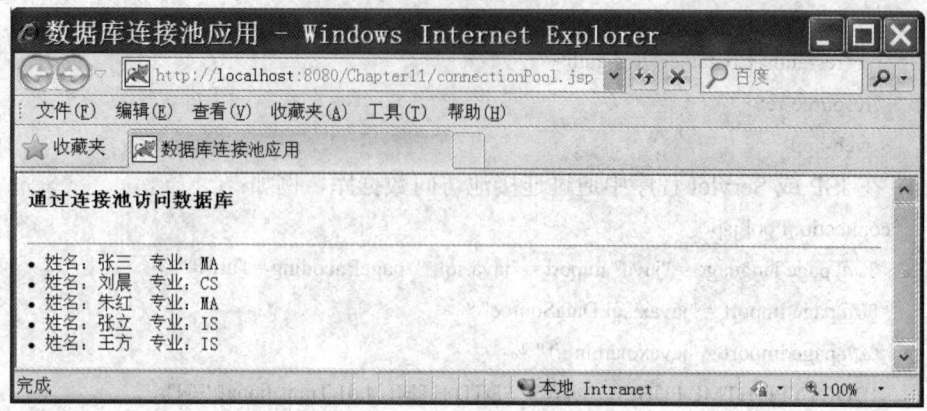

图 11-30 数据库连接池应用示例

思 考 题

1. JDBC 的功能有哪些?
2. JDBC 访问数据库的步骤是什么?
3. 为什么要使用数据库连接池?
4. 选择合适的数据库管理软件实现一个简单的留言板。

第 12 章　新闻发布网站的设计

【学习提示】

　　本章通过对一个典型的新闻发布网站的设计思路进行剖析，展示了在网站设计和开发过程中的共性方法，着重分析网站设计中的重点和难点，在实践中更好地理解和学习网站设计开发的基本流程及主要技术。

　　网站代码的编辑和系统调试开发工具为 MyEclipse，在 MyEclipse 中配置集成 Tomcat 使得对软件进行调试更为方便。数据库则可使用 MySQL 或 SQL SERVER。

12.1　需求分析

12.1.1　网站基本功能描述

　　各类网站的设计中几乎都包含新闻发布的功能。通过这一功能，网站的管理者可以方便地编排栏目、发布新闻信息，而网站的浏览者则可方便地查看各栏目中的相关新闻，有些网站还提供了新闻评论的功能。本章所介绍的网站首页如图 12-1 所示。

图 12-1　新闻网站主界面

　　根据网站的规模不同，不同的信息发布网站的功能也有很大差异，但都包括如下最基本的功能：

　　· 前台信息浏览。这是本系统面向广大用户最核心的功能，用户可以浏览到自己感兴趣的信息。前台的网页设计包括首页面展示、栏目页面展示、信息的详细展示，显然这些页面都应当由 JSP 动态生成。

• 后台新闻维护。这部分功能是面向网站管理员的，管理员登录验证之后可以编辑多个栏目版块新闻，可对新闻内容实施增、删、改、查等操作。

12.1.2　总体设计

对于大型和复杂的网站系统设计工作，开发者通常会选择三层体系结构作为系统的整体架构。三层体系结构包括表现层、业务逻辑层和数据层。通常，业务逻辑层既要处理业务逻辑，又要对关系数据库中的数据表进行 CRUD(Create、Read、Update、Delete)操作，这种方式会导致业务逻辑与关系数据库的耦合性太强，降低了管理信息系统的灵活性和适应性。为了降低这种耦合性，可以将数据的访问操作从业务逻辑层中分离出来，单独作为一个数据持久层，如图 12-2 所示。

虽然本章所讨论的新闻网站的设计案例只给出基本的功能，但作为网站开发实践的案例，系统也采用了上述的多层体系结构。

在使用多层体系结构的前提下，网站的具体设计中使用了如下技术：运用 ORM 技术对后台的数据库操作进行封装；使用 MVC 设计结构对网站各模块进行划分；为了提高网站的与安全性能与用户体验，还进行了网页静态化以及基于 AJAX 的设计。系统中各个层次的划分与所应用技术之间的关系大致如图 12-3 所示。

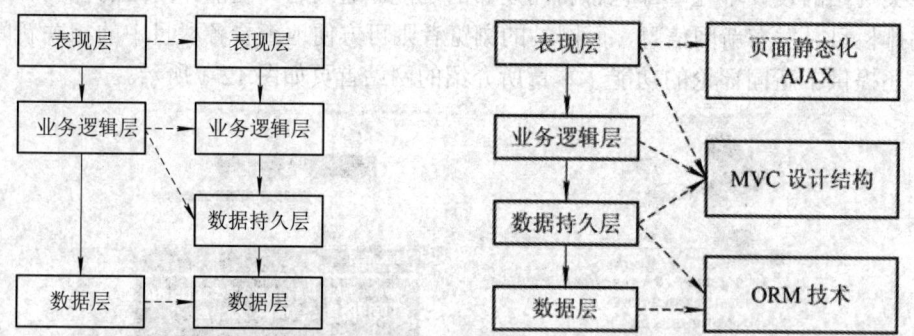

图 12-2　系统开发中的多层体系结构　　图 12-3　各个层次的划分与所应用技术之间的关系图

由上述可知，在设计开发过程中主要的技术难点有：

(1) 对象与关系映射的设计。我们所采用的数据库是关系型数据库(RDB)，而用来开发系统的语言工具 Java 是一种面向对象(OO)语言，两者看待数据的角度有很大差异。通过"对象/关系映射"(Object Relational Mapping，ORM)可以实现两者的数据对接，因此，系统实现中需要考虑如何采用 ORM 来实现数据持久层。

(2) 基于 MVC 设计结构的设计。在学习了 MVC 设计结构的基础知识之后，应考虑如何将 MVC 设计结构应用到具体的设计中，设计过程中需要结合具体的情况进行考虑和分析。

(3) 动态网页静态化的设计。新闻网站中每一条新闻内容的网页都是由 JSP 程序动态生成的，而这些页面可能会被大量的用户重复访问。如果每次访问都执行相应的程序来生成 HTML 页面，那就会消耗大量的系统资源、降低系统效率。但如果所有的新闻内容页面都由网页设计人员手工排版完成，也是不符合软件工程的原则，是不可行的。系统需要提供动态网页静态化的功能,将每个新闻页面一次性自动生成为静态的 HTML 文件提供用户访问，从而提高系统的执行效率。

(4) 基于 AJAX 的友好用户体验设计。用户体验已经成为软件系统成败的非常重要的因素，AJAX 技术可以帮助网站系统提供友好的用户体验、降低网络带宽消耗，实现用户对数据进行快捷、方便地操作。

下面将会对上述技术难点进行逐一分析并深入探讨。

12.2　ORM 技术应用

12.2.1　ORM 技术简介

网站设计与开发项目就是一种软件工程项目，其开发过程符合软件工程的一般原则和步骤。如何把复杂的系统逐步分解，形成大量的、简单的模块是很多软件工程方法的目标。对数据的增、删、改、查操作是基于数据库的网站设计中最基本、最通用的功能，把复杂的功能逐步分解为对数据的增、删、改、查操作是网站系统需求分析和模块分解的过程中非常重要的环节。

在面向关系的数据库中，描述事物的关系用到的是表、记录、字段，而在面向对象的程序设计中，描述事物用到的是类、对象、属性。面向对象通过对现实事物进行抽象，用软件工程化的方法进行描述，而关系数据库则是建立在严格的数学理论上对事物的关系进行描述的。在描述事物同一级别上(例如表对应类，记录对应对象)，两者有所联系却又不能完全等同，这就构成了所谓的"阻抗不匹配"问题。

在新闻网站系统设计中所采用的数据库是关系型数据库(RDB)，而用来开发系统的语言工具 Java 是一种面向对象(OO)语言，两者看待数据的角度有很大差异。通过"对象/关系映射"(Object Relational Mapping，ORM)可以实现两者的数据对接。

ORM 是一种数据持久层的技术，它实现了业务逻辑层中的对象模型与数据层中的关系模型之间的透明转换，很好地解决了对象模型与关系模型之间的"阻抗不匹配"问题。图 12-4 显示了 ORM 在多层系统架构中的作用。

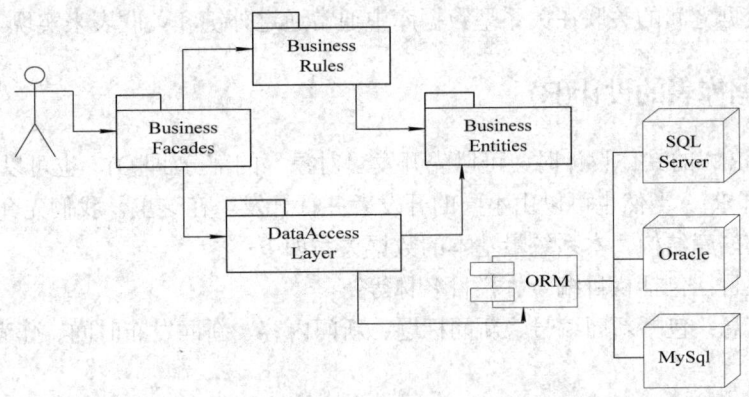

图 12-4　ORM 在多层系统架构中的作用

从图中可以看出，ORM 的实质在于：一方面将关系数据库中的业务数据用对象的形式表示出来，并通过面向对象的方式将这些对象组织起来，实现系统业务逻辑功能的过程，即实现从关系模型到对象模型的映射；另一方面将业务逻辑中的业务对象以某种方式存储到关系数据库中，完成对象数据存储的过程，即要实现对象模型到关系模型的映射。这其中最重要的概念就是映射(Mapping)，通过这种映射可以将业务逻辑对象与数据库分离开来，使管理信息系统开发人员既可利用面向对象程序设计语言的简单易用性，又可利用关系数据库的存储优势。

ORM 的映射模式分为三个层次，分别为属性到字段的映射、类到表的映射和关系映射。下面将分别介绍这三个层次的映射规则。

(1) 属性到字段的映射。这是 ORM 中最基本的映射。对象的属性可以映射到关系数据表中的零个或多个字段。一般情况下，对象的一个属性对应到关系数据表中的一列，以下两种情况除外：

一种情况是对象的有些属性不需要持久化。例如，一个"学生"类的"年龄"属性，是用出生日期计算出来的，不需要持久化存储，所以这个属性就没有必要映射到数据表中的字段上。

另一种情况是对象的某个或某些属性本身也是对象。仍然以"学生"类为例，它的"通信地址"属性有可能也是一个对象，它本身就映射为一张数据库表。"通信地址"的各个属性(不同的地址)再分别映射到数据表中的字段。在这种情况下，对象的一个属性映射成了多个字段。

(2) 类到表的映射。一个对象的类可直接或间接的映射为数据库中的表。当类结构比较简单时(与其他的类没有继承等关系)，可直接映射为一张表。但当对象比较复杂时，特别是考虑到类的继承问题，如何在数据库中映射被继承的属性就成为此类映射的核心问题。针对该问题，一般有三种策略，分别为整个类层次一张表、每个具体类一张表以及每个类一张表。

(3) 关系映射。ORM 不仅要将对象映射到关系数据库，对象之间的关系也需要映射到关系数据库中。对象之间的关系主要包括继承、关联和聚合。其中，对象之间的继承关系已经在类到表的映射中进行了处理，这里主要讨论另外两种关系。

关联表达了对象之间的连接数量关系，包括一对一关联，一对多关联，多对多关联和反射关联。数据之间的关联在关系型数据库中通常通过外键和关联表来实现。

12.2.2　数据库表的设计(R)

在进行 ORM 的具体设计时，可以先开发"对象"的部分(即 O)，也可以先开发"关系"的部分(即 R)，当然也可以由不同的开发者并行开发。在这里，我们先介绍新闻发布系统所需的数据库结构。本系统最基本的数据关系如下：

· 新闻栏目：包括栏目编号、栏目名称等；

· 新闻信息：包括新闻编号、新闻标题、新闻内容、新闻发布时间、作者、所属栏目编号等。

上述的数据关系在数据库系统中是由两张表来实现的，它们分别是 column 表和 article 表。

　　column 表存储新闻栏目信息，栏目实体的引入是为了将新闻正确分类(本系统栏目不再有子栏目设置)。Columm 表结构如表 12-1 所示。

表 12-1　column 表结构

序号	字段	描述	类型长度	主外码	可空	默认值
1	column_id	栏目编号	int	主码	否	
2	column_title	栏目标题	nvarchar(256)		否	
3	column_introduce	栏目简介	nvarchar(256)		否	

　　article 表存储新闻信息，包括新闻编号、新闻标题、内容、发布者、发布时间、所属栏目等信息。表中所属栏目 column_id 字段作为外码与 column 表中的主码对应。article 表结构如表 12-2 所示。

表 12-2　article 表结构

序号	字段	描述	类型长度	主外码	可空	默认值
1	article_id	自动编号	Int	主码	否	
2	article_title	标题	nvarchar(256)		否	
3	column_id	栏目编号	int	外码	否	
4	article_author	作者	nvarchar(256)		是	
5	article_content	内容	nvarchar(Max)		否	
6	article_updateTime	更新时间	smalldatetime		否	
7	article_addTime	添加时间	smalldatetime		否	
8	article_viewnum	查看次数	int		否	
9	article_htmlurl	新闻地址	nvarchar(256)		是	
10	article_keywords	关键字	nvarchar(500)		是	
11	article_status	状态	int		否	
12	article_istop	是否置顶	bit		否	false
13	article_iscomment	是否评论	bit		否	false

12.2.3　数据对象的设计(O)

　　本系统主要操作的两类信息为新闻栏目和新闻信息，在面向对象的设计中可抽象为 Column 类和 Article 类。由于 Column 类与 Article 类以及其相关类在实现上大同小异，下面仅介绍 Article 类及与其相关的映射类，并结合相关代码作分析说明。

　　首先对 Article 类进行实现。通过分析，对存在于 article 表中的字段可以将其一一对应设为 Article 类中的属性，并以面向对象的思想对属性进行了封装，根据对数据的访问需要分别对各属性定义 get 与 set 方法。完整的代码如下(为节省篇幅，对代码中的缩进、空格和空行进行了缩减)：

　　/************Article.java 核心代码*********************/

　　package bean.article;

```java
import java.util.Date;
public class Article {
    private int articleid;
    private String artitle;
    private int columnid;
    private String artauthor;
    private String content;
    private Date artupdateTime;
    private Date artaddTime;
    private int viewnum;
    private String arthtmlurl;
    private String artkeywords;
    private int artstatus;
    private String artistop;
    private String artiscomment;
    public int getArticleid() {    return articleid;    }
    public void setArticleid(int articleid) {    this.articleid = articleid;    }
    public String getArtitle() {    return artitle;    }
    public void setArtitle(String arttitle) {    this.artitle = arttitle;    }
    public int getColumnid() { return columnid; }
    public void setColumnid(int columnid) {    this.columnid = columnid;    }
    public String getArtauthor() {    return artauthor; }
    public void setArtauthor(String artauthor) {this.artauthor = artauthor;        }
    public String getContent() {      return content;      }
    public void setContent(String content) {      this.content = content;  }
    public Date getArtupdateTime() {        return artupdateTime; }
    public void setArtupdateTime(Date artupdateTime)
    {this.artupdateTime = artupdateTime;}
    public Date getArtaddTime() {    return artaddTime;        }
    public void setArtaddTime(Date artaddTime) {    this.artaddTime =
        artaddTime;        }
    public int getViewnum() { return viewnum; }
    public void setViewnum(int viewnum) {      this.viewnum = viewnum;    }
    public String getArthtmlurl() {    return arthtmlurl;}
    public void setArthtmlurl(String arthtmlurl) {        this.arthtmlurl =
        arthtmlurl;  }
    public String getArtkeywords() { return artkeywords; }
    public void setArtkeywords(String artkeywords) { this.artkeywords =
        artkeywords; }
```

```
        public int getArtstatus() {  return artstatus;  }
        public void setArtstatus(int artstatus) {        this.artstatus = artstatus;
        }
        public String getArtistop() {              return artistop;    }
        public void setArtistop(String artistop) {    this.artistop = artistop; }
        public String getArtiscomment() {            return artiscomment;         }
        public void setArtiscomment(String artiscomment) {    this.artiscomment = artiscomment;}
    }
```

从代码中可以看出，类定义中的很多属性和方法的设计都非常简单，事实上大多数代码可以由开发工具帮助生成。

12.2.4　关系与对象的匹配(M)

有了"R"和"O"，接下来就需要设计映射类"M"，以实现关系与对象的匹配。"M"的作用、位置以及与"R"、"O"之间的关系如图 12-5 所示。

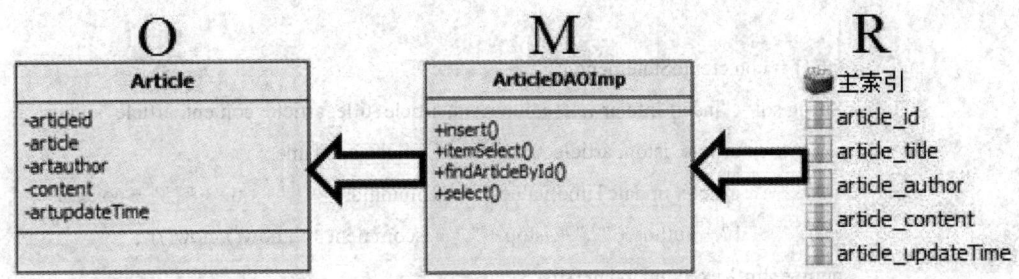

图 12-5　ORM 各部分图示

从图中可以看出，映射类"M"的主要任务就是在"R"和"O"之间建立适当的映射关系，搭建系统访问数据库的桥梁，因此也是 ORM 设计中工作的重心。对映射类"M"命名通常体现了其主要的功能：即对"数据访问对象(Data Access Objects，DAO)"的实现。对应前文的 Article 类，下面的映射类命名为 ArticleDaoImp 类。

ArticleDaoImp 类主要实现了对数据库 article 表进行的 CRUD 操作。针对部分特定的需求，设计相应的代码完成所需功能，例如根据文章编号查询文章的功能用 findArticleById(int id)方法实现，获取某栏目中前若干条新闻的功能用 select(int id,int topnum) 方法实现等。ArticleDaoImp 类的完整代码如下：

```
/************ArticleDaoImp.java（数据持久化层（DAO 层））代码***************/
package bean.article;
import java.sql.CallableStatement;
import java.sql.Connection;
import java.sql.ResultSet;
import java.sql.SQLException;
import java.sql.Statement;
```

```java
import java.util.ArrayList;
import java.util.List;
import bean.commom.*;
import bean.DB;          //该类主要封装了对 JDBC 与数据库的连接进行的初始化操作
public class ArticleDAOImp {
    //对数据进行插入操作
    Public static int insert(String title, int columnid, String author,
    String content, boolean istop, boolean iscomment) {
        DB db = new DB();
        Connection con = db.getCon();
        Statement stmt1 = null;
        Statement stmt2 = null;
        ResultSet rs = null;
        int num = 0;
        int Articleid = 0;
        try {
            stmt1 = con.createStatement();
            String sql = "insert into article(column_id, article_title, article_content, article_author,
                    article_istop, article_iscomment, article_addTime,
                    article_updateTime)values(' " + columnid + " ',' " + title + " ',' " + content + " ',
                    ' " + author + " '," + istop + "," + iscomment + ", now(), now())";
            num = stmt1.executeUpdate(sql);
            stmt2 = con.createStatement();
            rs = stmt2.executeQuery("SELECT @@IDENTITY AS 'Identity' ");
            if (rs.next()) {
                Articleid = rs.getInt(1);
            }
            stmt1.close();
            stmt2.close();
            con.close();
        } catch (SQLException e) {
            e.printStackTrace();
        }
        if (num > 0 && Articleid > 0) {
            return Articleid;
        }
        return 0;
    }
    //通过对满足相应条件 pageSize, currPage, clumnId 的文章在数据库中进行搜索，并返回结果
```

```java
public static List<Article> itemSelect(int pageSize,int currPage,int columnId) {
    DB db = new DB();
    Connection con = db.getCon();
    Statement stmt = null;
    ResultSet rs = null;
    String sql = "select
    article_id, column_id, article_title,article_htmlurl, article_updateTime, art
    icle_author, article_istop, article_iscomment, case when
    char_length(article_content>200) then
    concat(substring(article_content,1,200),'...') else article_content end as article_content1 from
            article where column_id=" + columnId + "   order by article_istop desc,article_id desc
            limit " + pageSize * (currPage - 1) + "," + pageSize + "";
    try {
        stmt = con.createStatement();
        rs = stmt.executeQuery(sql);
    } catch (SQLException e) {
        e.printStackTrace();
    }
    List<Article> list = new ArrayList<Article>();
    try {
        while (rs.next()) {
            Article article = new Article();
            article.setArticleid(rs.getInt("article_id"));
            article.setColumnid(rs.getInt("column_id"));
            article.setArtistop(rs.getString("article_istop"));
            article.setArtiscomment(rs.getString("article_iscomment"));
            article.setArtitle(HtmlUtil. getStringtrim(rs.getString("article_title"), 15));
            article.setArthtmlurl(rs.getString("article_htmlurl"));
            article.setArtupdateTime(rs.getTimestamp("article_updateTime"));
            article.setArtauthor(rs.getString("article_author"));
            article.setContent(rs.getString("article_content1"));              list.add(article);
        }
    } catch (NumberFormatException e) {
        e.printStackTrace();
    } catch (SQLException e) {
        e.printStackTrace();
    }
    return list;
}
```

```
    //通过栏目 id 对 article 表进行搜索，返回前 topnum 条数据
    public static List<Article> select(int id,int topnum) {
        DB db = new DB();
        Connection con = db.getCon();
        Statement stmt = null;
        ResultSet rs = null;
        String sql = "SELECT article_id, article_title, column_id, article_author, article_content,
                article_updateTime, article_addTime," +"article_viewnum, article_htmlurl,
                article_keywords, article_status," + "case when article_istop = 1 then '是'
                else '否' end article_istop," + "case when article_iscomment = 1 then '是' else '否'
                end article_iscomment FROM article where column_id = ' "+id+" ' order
                by article_updateTime desc limit "+topnum+" ";
        try {
            stmt = con.createStatement();
            rs = stmt.executeQuery(sql);
        } catch (SQLException e) {
            e.printStackTrace();
        }
        List<Article> list = new ArrayList<Article>();
        try {
            while (rs.next()) {
                Article article = new Article();
                article.setArticleid(rs.getInt("article_id"));
                article.setArtitle(HtmlUtil.getStringtrim(rs.getString("article_title"),15));
                article.setColumnid(rs.getInt("column_id"));
                article.setArtauthor(rs.getString("article_author"));
                article.setContent(rs.getString("article_content"));
                article.setArtupdateTime(rs.getTimestamp("article_updateTime"));
                article.setArtaddTime(rs.getTimestamp("article_addTime"));
                article.setViewnum(rs.getInt("article_viewnum"));
                article.setArthtmlurl(rs.getString("article_htmlurl"));
                article.setArtkeywords(rs.getString("article_keywords"));
                article.setArtstatus(rs.getInt("article_status"));
                article.setArtistop(rs.getString("article_istop"));
                article.setArtiscomment(rs.getString("article_iscomment"));
                list.add(article);
            }
        } catch (NumberFormatException e) {
            e.printStackTrace();
```

```
        } catch (SQLException e) {
            e.printStackTrace();
        }
        return list;
    }
    //以文章 Id 为搜索条件进行数据搜索
    public static Article findArticleById(int id) {
        DB db = new DB();
        Connection con = db.getCon();
        Statement stmt = null;
        ResultSet rs = null;
        String sql = "SELECT article_id, article_title, column_id, article_author, article_content,
                    article_updateTime, " + "article_addTime,article_viewnum, article_htmlurl,
                    article_keywords, article_status," + "case when article_istop = 1 then '是' else '否'
                    end article_istop, case when article_iscomment = 1 " + "then '是' else '否'
                    end article_iscomment FROM article where article_id = ' "+id+" ' ";
        try {
            stmt = con.createStatement();
            rs = stmt.executeQuery(sql);
        } catch (SQLException e) {
            e.printStackTrace();
        }
        Article article = new Article();
        try {
            while (rs.next()) {
                article.setArticleid(rs.getInt("article_id"));
                article.setArtitle(rs.getString("article_title"));
                article.setColumnid(rs.getInt("column_id"));
                article.setArtauthor(rs.getString("article_author"));
                article.setContent(rs.getString("article_content"));
                article.setArtupdateTime(rs.getTimestamp("article_updateTime"));
                article.setArtaddTime(rs.getTimestamp("article_addTime"));
                article.setViewnum(rs.getInt("article_viewnum"));
                article.setArthtmlurl(rs.getString("article_htmlurl"));
                article.setArtkeywords(rs.getString("article_htmlurl"));
                article.setArtstatus(rs.getInt("article_status"));
                article.setArtistop(rs.getString("article_istop"));
                article.setArtiscomment(rs.getString("article_iscomment"));
            }
```

```java
            } catch (NumberFormatException e) {
                e.printStackTrace();
            } catch (SQLException e) {
                e.printStackTrace();
            }
        return article;
    }
    //以文章 Id 作为条件对文章进行删除
    public static boolean delete(int id) {
        DB db = new DB();
        Connection con = db.getCon();
        Statement stmt = null;
        int n = 0;
        try {
            stmt = con.createStatement();
            String sql = "delete from article where article_id = " + id;
            n = stmt.executeUpdate(sql);
            stmt.close();
            con.close();
        } catch (Exception e) {
        }
        if (n > 0) {
            return true;
        }
        return false;
    }
    //更改相应文章 Id 的数据内容
    public static boolean update(String title, int col_id, String author,
    String content, int istop, int iscomment, int id) {
        DB db = new DB();
        Connection con = db.getCon();
        Statement stmt = null;
        int num = 0;
        try {
            stmt = con.createStatement();
            String sql = "update article set article_title = ' "+ title +"', column_id = ' " + col_id + " ',
                    article_author = ' "+author+"', article_content = ' "+content+"',
                    article_updateTime = now(), article_istop = "+istop+",
                    article_iscomment = "+iscomment+" where article_id = ' "+id+" ' ";
```

```
            stmt.executeUpdate(sql);
            num = stmt.executeUpdate(sql);
            stmt.close();
            con.close();
        } catch (Exception e) {
        }
        if (num > 0) {
            return true;
        }
        return false;
    }
    //更改相应文章 Id 的 url 字段内容
    public static void updateUrl(int id,String url)
    {
        DB db = new DB();
        Connection con = db.getCon();
        Statement stmt = null;
        try {
            stmt = con.createStatement();
            String sql = "update article set article_htmlurl = ' "+url+" ' where
            article_id = ' "+id+" ' ";
            stmt.executeUpdate(sql);
        }
        catch (Exception e)
        {
            e.printStackTrace();
        }
    }
}
```

需要注意：ArticleDaoImp 类中的所有成员函数都是以静态函数(static)的方式被封装在类中，这意味着系统的其他模块在使用 ArticleDaoImp 类时不需要进行类的实例化，而是直接通过"类"来访问这些函数。

12.3　MVC 框架模式应用

12.3.1　MVC 简介

在软件工程中，经常以"低耦合，高内聚"作为面向对象软件设计的目标。低耦合即为降低各个模块之间的逻辑联系，各模块逻辑分工明确，模块之间以适当的接口进行数据交互，接口也尽可能地少而简单；高内聚即为单一模块内的逻辑明确，由相关性很强的代码所组成，每一模块只负责单一的任务。以该目标设计的软件逻辑明确，代码可读性强，易于维护和变更，便于移植和重用。

为了达到上述软件设计的目标，常常会对软件进行功能结构上的划分，而划分的方法有许多，在这里我们将对网站开发中较为常用的 MVC 设计结构做一介绍。

MVC 设计结构，即模型/视图/控制器(Model / View / Controller)结构，是一种重要的面向对象设计结构，它可以有效地使系统中的数据输入、处理和输出功能在模块设计的基础上建立规范的接口。

MVC 设计结构把软件系统分为三个基本部分：模型、视图和控制器。使用 MVC 结构的益处是可以完全降低业务层和应用表示层的相互影响。Model 和 View 代码分离可使相同的数据(或对象)以多种形式表现。MVC 在项目中提供对象和层之间的相对独立，将使系统的维护变得更简单，同时可以提升代码的重用性。它强制性地将应用程序的输入、处理和输出分开，三个核心部件各自处理自己的任务。各个部分的功能和联系如图 12-6 所示。

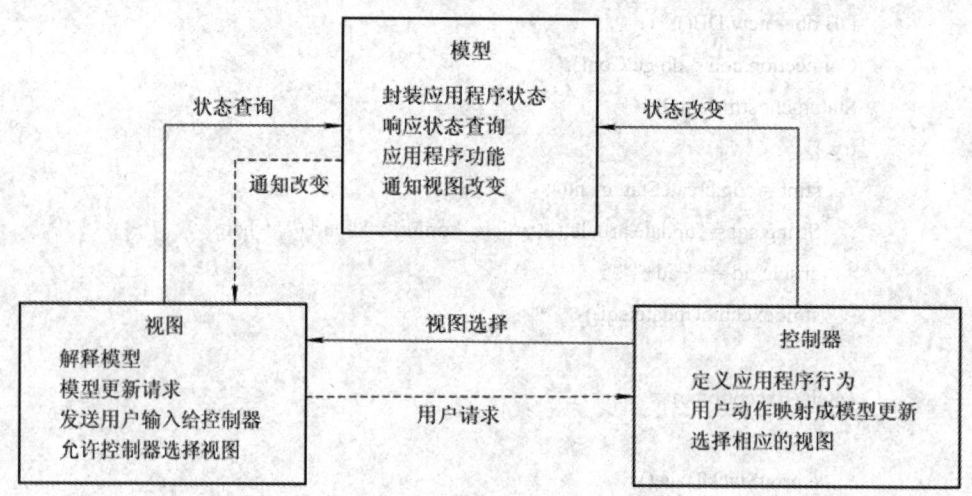

图 12-6 MVC 结构图

(1) 视图。视图代表用户交互界面。一个应用可以有很多不同的视图。视图负责采集模型数据，即解释模型以某种格式显示给用户。同时传递用户请求和输入数据给控制器和模型，完成用户交互。当视图相关的模型数据变化时，视图自动更新。对视图来讲，它只是作为一种输出数据并允许用户操纵的方式。

(2) 模型。模型就是业务流程/状态的处理以及业务规则的制定。业务流程的处理过程对其他层来说是黑箱操作。模型中包含业务规则的制定，是 MVC 的核心。模型封装应用程序状态，并接受视图的状态查询，返回最终的处理结果。同时，模型根据控制器指令修改状态。一个模型能为多个视图提供数据。模型代码只需写一次就可以被多个视图重用，所以增强了代码重用，为后期维护提供方便。

(3) 控制器。控制器可以理解为视图和模型的纽带。它先接收请求，将模型与视图匹配在一起，共同完成用户的请求。控制器就是一个分发器，决定选择何种模型，视图，可以完成什么样的用户请求。控制器并不做任何的数据处理，只将信息传递给模型，而不由视图直接和模型关联处理，将业务逻辑和表现层分离。例如，用户点击一个连接，控制器接收请求后，并不处理业务信息，它只把用户的信息传递给模型，告诉模型做什么，选择符合要求的视图返回给用户。因此，一个模型可能对应多个视图，一个视图可能对应多个模型。

　　模型、视图与控制器的分离，使得一个模型可以具有多个显示视图。如果用户通过某个视图的控制器改变了模型的数据，所有其他依赖于这些数据的视图都应反映这些变化。MVC 的处理过程是：首先控制器接收用户的请求，并决定应该调用哪个模型来进行处理，然后模型用业务逻辑来处理用户的请求并返回数据，最后控制器用相应的视图格式化模型返回的数据，并通过表示层呈现给用户。

　　系统中的"视图对象"是指系统与用户交互的界面，它主要负责接收用户的数据输入和数据的显示输出；"模型对象"描述了系统的数据格式和逻辑规则，它主要负责系统的数据处理任务，例如对数据库的访问和操作；"控制对象"负责协调系统的运行，按照用户的输入和一定的逻辑规则调用相应的模型和视图。在 MVC 结构中可以有多个视图对应模型和控制器，使用户可以选择不同的角度观察同一组数据，也可以有多个模型对数据作多种的处理，而控制器可以根据具体情况选择使用视图和模型。

12.3.2　网站 MVC 结构设计

　　MVC 是一种结构良好，逻辑分明，便于拓展和管理的软件设计思想，MVC 结构已经广泛应用于各类软件工程，包括基于 JSP 和其它基于 Java 的 Web 应用开发。

　　在使用 JSP 进行 Web 应用开发的发展过程中，先后出现了 Model1 和 Model2 的设计结构。Model1 模型的特点就是几乎所有的逻辑与显示工作都由 JSP 页面完成，只用少量的 JavaBean 来完成对数据库的操作。以 MVC 结构的角度来看，视图与控制器的实现混杂在一起，分工不明确，实现模型功能的 JavaBean 功能有限，且与数据库和 JSP 的耦合度高。Model1 各模块的交互过程如图 12-7 所示。

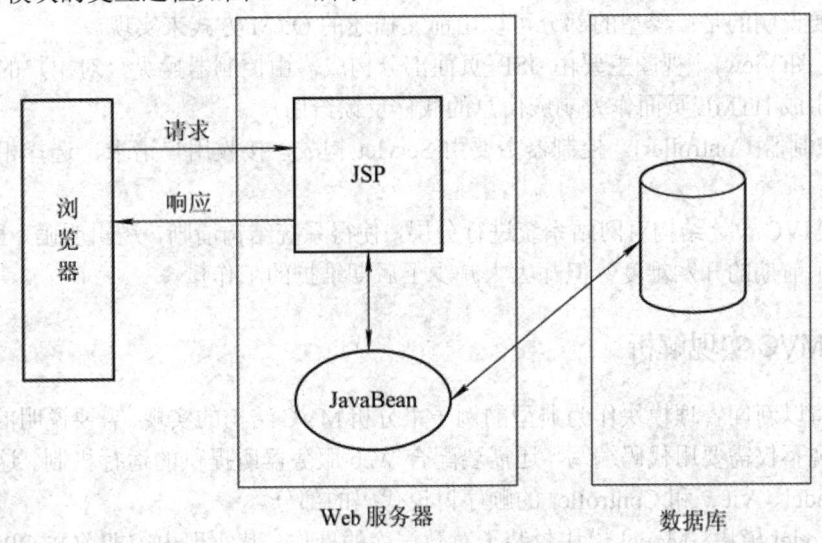

图 12-7　Modle1 各模块交互过程

由上述可知，Model1 架构的实现较为简单，各模块之间的耦合度高，管理难度高。

随着网站开发技术的成熟，Web 应用的开发出现了 Model2 设计结构。Model2 由 Sun 公司提出，它引入了 MVC 结构的特点，明晰了各个模块之间的职责和功能。在 Model2 中，业务逻辑主要由 Servlet 文件构成，实现了控制器的功能，JSP 则主要用于视图的展现，JavaBean 则封装了对数据库的操作，实现了模型的功能。相对于 Model1，Model2 更加适合大型 Web 应用程序的开发，但同时也加大了开发的复杂度。Model2 各模块的交互过程如图 12-8 所示。

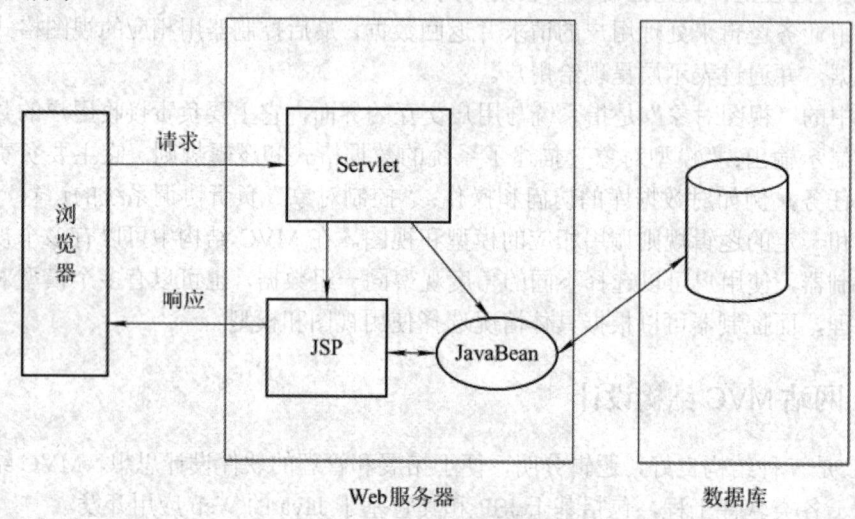

图 12-8   Model2 各模块交互过程

新闻站的设计主要采用了 Model2 结构，符合 MVC 设计结构的思想。基于 MVC 结构的网站设计中各个模块的组成和说明如下：

(1) 模型(Model)。模型主要封装的是对数据库进行操作的功能，调用者使用模型提供的接口且无需了解数据库和数据访问等方面的实现细节，从而达到其他模块与数据库解耦目的。需要说明的是：模型的部分可以由前文描述的 ORM 方式来实现。

(2) 视图(View)。视图主要由 JSP 页面部分构成，由控制器操纵，对用户的请求做出处理，并生成 HTML 页面作为响应信息的载体反馈给用户。

(3) 控制器(Controller)。控制器主要由 Servlet 构成，接收用户请求，选择相应的视图做出响应。

使用 MVC 设计结构对网站系统进行分层，使得系统结构清晰，逻辑明确。虽然 MVC 设计加大了前期的开发难度，但却大大减少了后期维护的工作量。

12.3.3   MVC 实现解析

本节将以新闻管理模块作为典型的例子来分析 MVC 结构的实现。需要说明的是：MVC 结构的实现不仅需要用代码编写，还需要配合 Web 服务器所提供的运行机制。这里，我们主要以 Model、View 和 Controller 的顺序讨论代码的部分。

(1) Model 模块。Model 模块封装了对数据库的操作，其实现内容即前文 ORM 设计所实现数据访问功能，故对其实现代码不再赘述。

(2) View 模块。View 模块是直接与用户进行交互的部分，包含的页面也较多，主要包括新闻管理界面、添加新闻界面、修改新闻界面、评论留言界面等。下面将举例说明 View 模块如何调用 Model 模块进行数据的展示。网站用一个 JSP 页面(Item.jsp)来列出某个栏目中的新闻标题以及简述，如图 12-9 所示。

图 12-9 Item.jsp 效果图

Item.jsp 文件的部分代码如下：

```
<%@ page language = "java" import = "java.util.*, bean.article.*"
pageEncoding = "UTF-8"%>
<%
    String _columnid = request.getParameter("id");
    int columnid = Integer.parseInt(_columnid);
%> //获取栏目的对应 id
……
<%
    List<Article> list_1 = ArticleDAOImp.select(columnid,7);
    for(int i = 0; i<list_1.size(); i++)   //循环列出新闻标题与简略
    {
%>
<DIV style = "TEXT-ALIGN: left; WIDTH: 100%" id = MasterContent1_Panel1><BR>
<DIV class = frame>
<h4><A    href = "<% = list_1.get(i).getArthtmlurl() %>">
<% = list_1.get(i).getArtitle() %></A>   //这里分别获取了新闻链接与新闻标题
</h4>   <span style = " font-size:12px ; FLOAT: right"
class = titltTime><% = list_1.get(i).getArtupdateTime() %></span>
<DIV class = "list">
<P><SPAN style = "FONT-SIZE: medium">
<% = list_1.get(i).getContent() %></SPAN></P>
```

......

    <A href = "<% = list_1.get(i).getArthtmlurl() %>">[详情]</A></P></DIV>

    <P><SPAN> 作 者 <% = list_1.get(i).getArtauthor()%>:</SPAN> | <SPAN> 关 键词:</SPAN></P></DIV></DIV>

    <% } %>

从上述代码可以看到,在代码首行需要引入 Model 模块包含的 java 文件,即 bean.article 包(如图 12-10 所示)。bean.article 包含了 Article.java 以及 ArticleDAOImp.java 两个 java 文件。这里引入的 Java Bean 就是 Model 所封装的与数据库操作相关的 ORM 类。

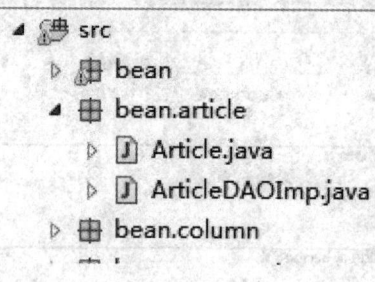

图 12-10　bean.article 结构说明

代码中直接调用 Model 封装的 ArticleDAOImp 中的 select 方法,根据具体的需要获取数据库中的数据。使用 Article 类作为数据的载体,生成实例集 List<Article>,使数据可以方便地在系统中进行调用。

除了查询数据,网站系统通常还需要对数据进行增、删、改的操作。下面以添加新闻的页面 addArticle.jsp 为例作解析。添加新闻页面效果如图 12-11 所示。

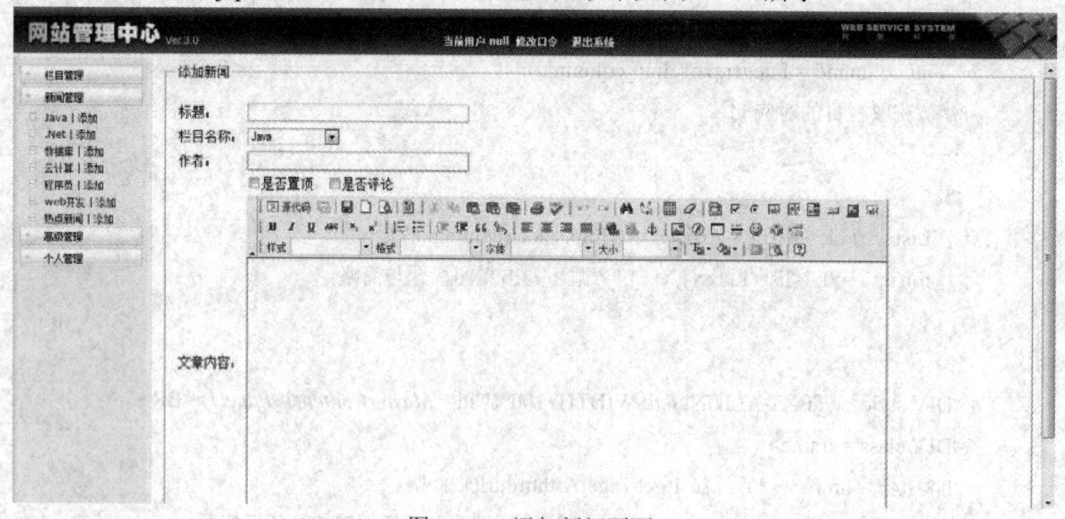

图 12-11　添加新闻页面

addArticle.jsp 文件的完整代码如下:

```
<%@ page contentType = "text/html; charset = UTF-8" language = "java"
import = "java.sql.*, java.util.*, net.fckeditor.*, bean.column.*"errorPage = "" %>
//相关文件的包含
<%@ taglib uri = "http://java.fckeditor.net" prefix = "FCK" %>
```

```
//使用 FCK 文本编辑器
<fieldset>
<legend>添加新闻</legend>
<br/>
<form action = "addArticleAction" name = "frm" method = "post">
<table width = "880" border = "0">
    <tr>
        <td width = "85">标题：</td>
        <td><label>
            <input name = "title" type = "text" id = "title" size = "40" />
        </label></td>
    </tr>
    <tr>
        <td>栏目名称：</td>
        <td><select name = "column" id = "column">
            <option value = "0">------请选择------</option>
            <%
                String _columnid = request.getParameter("id");
                int columnid = Integer.parseInt(_columnid);
                List<Column> colist = ColumnDAOImp.select();
                for(int i = 0; i<colist.size(); i++)
                {
                    if(colist.get(i).getColumnid() == columnid)
                    {
            %>
                    <option value = "<% = colist.get(i).getColumnid()%>"
                    selected = "selected"><% = colist.get(i).getColumntitle()%></option>
                    <%
                    continue;
                    }
            %>
            <option value = "<% = colist.get(i).getColumnid()%>">
                <% = colist.get(i). getColumntitle()%></option>
            <%}%>
        </select></td>
    </tr>
<tr>
    <td>作者：</td>
    <td><label>
```

```
            <input type = "text" name = "author" id = "author" size = "40" />
        </label></td>
    </tr>
    <tr>
        <td> </td>
        <td>
        <input type = "checkbox" name = "istop" value = "1" />是否置顶 
            <input type = "checkbox" name = "comment" value = "1"/>是否评论
        </td>
    </tr>
        <tr>
        <td>文章内容：</td>
        <td><%
            FCKeditor fckEditor = new FCKeditor(request, "EditorDefault");
            fckEditor.setHeight("400");
            fckEditor.setWidth("790");
            out.println(fckEditor);
        %></td>
    </tr>
        <tr>
        <td colspan = "2" align = "right">
        <input type = "submit" name = "Submit" value = " 添加新闻  " onclick = "return checknews();" />
    </td>
    </tr>
</table>
</form>
</fieldset>
```

从上述代码中可以看出，表单提交后将以 POST 方式交由 addArticleAction 处理，在网站 URL 与 Servlet 映射关系中，addArticleAction 与 AddArticleAction 相关联，故请求将转由 AddArticleAction 这一 Servlet 进行控制处理，这一过程将在 Controller 模块的实现解析中进行阐述。

该页面同样使用了直接在页面中调用 Model 模块进行查询操作的方法：通过调用 Model 模块 ColumnDAOImp(栏目部分的 ORM 实现)的 select 方法访问数据库获取所需数据，并保存至 Column 实例中，通过一个 for 循环列出了列表中的选项，并选取对应的栏目名作为默认值。

为了使新闻的文字编辑工作变得简便，提高用户体验度，应设计一个功能完善的网页文本编辑器，这需要通过大量的 JavaScript 程序设计和与其相关联的 Java 代码来完成。为了快速地实现这一功能，新闻站选择了一个开源的、功能齐备且便于植入的网页文本编辑器——FCKedit。在文件首部引入 FCKedit 的相关路径，便可在代码中使用它了。

　　可以看出，在网站 View 模块中可以调用 Model 模块进行数据库的 CRUD 操作，无需用到繁复的 SQL 语句。调用 Model 模块提供的方法便可轻松快捷地完成任务，使代码更为简洁精炼；此外，由于将数据库的操作都封装集中在 Model 模块中，使得以后对其进行变更或维护也变得更为简单。设想一下，若是没有 Model 模块，网站代码中将到处充斥着重复数据库连接和大量的 SQL 语句，对这样的系统进行修改和维护将是一项多么令人头疼工作。

　　(3) Controller 模块。Controller 模块主要以 Servlet 来实现，负责接收控制请求，包含主要的逻辑控制功能。在系统中，对新闻信息进行增、删、改的 Controller 模块主要由三个 Servlet 构成——AddArticleAction.java、DeleteArticle.java 和 EditArticle.java，分别负责控制文章的添加、删除和修改操作。虽然对于数据的查询也可以采用 Servlet 来完成，但考虑到系统的规模和代码的简洁性，这个新闻系统对于查询操作的实现直接采用 JSP 页面来实现。下面以控制新闻添加的 Servlet 为例对 Controller 模块进行解析。

　　AddArticleAction.java 负责对添加新闻界面填入的数据进行控制，其完整代码如下：

```java
package bean.Servlet.article;
import java.io.IOException;
import javax.Servlet.ServletException;
import javax.Servlet.http.HttpServlet;
import javax.Servlet.http.HttpServletRequest;
import javax.Servlet.http.HttpServletResponse;
import bean.article.ArticleDAOImp;
public class AddArticleAction extends HttpServlet {
    public void destroy() {
        super.destroy(); // Just puts "destroy" string in log
    }
    public void doGet(HttpServletRequest request, HttpServletResponse response)
    throws ServletException, IOException {
        doPost(request, response);
    }
    public void doPost(HttpServletRequest request, HttpServletResponse response) throws
ServletException, IOException {
        request.setCharacterEncoding("UTF-8");
        String title = request.getParameter("title");
        String column_id = request.getParameter("column");
        int columnid = Integer.parseInt(column_id);
        String author = request.getParameter("author");
        String is_top = request.getParameter("istop");
        String _comment = request.getParameter("comment");
        boolean istop = is_top == null?false:true;
        boolean comment = _comment == null?false:true;
```

```
String content = request.getParameter("EditorDefault");
int Articleid =
ArticleDAOImp.insert(title, columnid, author, content, istop, comment);
if (Articleid>0) {response.sendRedirect("/news/article/editNews.jsp?id = "+Articleid);
    }
else{
response.sendRedirect("/news/common/failure.jsp");
}
}
public void init() throws ServletException {}
}
```

在上述代码中,Servlet 进行控制的过程比较简单:程序首先获取了界面所传入的各项数据信息,之后调用了 Model 模块的 ArticleDAOImp 类的 insert 方法将获取的数据持久化到数据库中,根据写入数据库的操作是否成功来选择不同的 JSP 页面进行跳转。

(4) 总结。MVC 三个模块的交互过程可以总结为:View 模块调用 Model 模块进行数据库查询操作,将获取的数据与页面元素进行交互,并展现给用户;此外,View 模块还负责将用户请求转交至 Controller 模块,由 Controller 模块进行控制,并调度相应的 View 模块做出响应;在 Controller 模块的控制过程中,将调用 Model 模块进行数据库的 CRUD 操作。交互过程如图 12-12 所示。

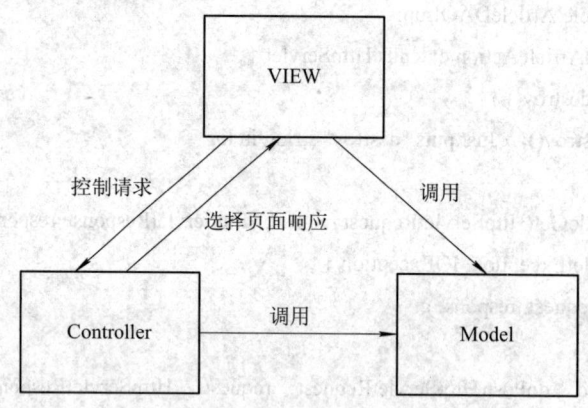

图 12-12 新闻站 MVC 模块交互示意图

可以看出,Controller 模块是整个 MVC 结构的中枢环节,可对系统其他模块进行控制和调度,Controller 模块从前台的 View 模块中获取用户的请求数据,进行相应的逻辑业务处理,调用 Model 模块进行数据的持久化操作,并选择相应的 View 模块将响应的结果返回用户。

12.4   实现网页静态化

JSP 页面也被称为动态页面,这是相对于 HTML 文件而言的,当然 JSP 页面的执行结果也是 HTML。正是因为 JSP 页面实际上是可执行的 Java 程序，因此在响应用户页面请求时需要一定的执行时间。如果网站的用户较少，通常 JSP 的执行时间不会特别长，但当网站有大量的用户访问时，服务器执行大量 JSP 所带来的延迟响应就会直接影响用户的体验。因此，在网站开发中需要考虑将那些不断重复执行、对于不同的用户执行结果相同的那些 JSP 页面进行优化。

　　"动态网页静态化"简单地说就是：让系统一次性执行 JSP 页面，将生成的 HTML 结果保存为静态的 HTML 文件；生成或修改相应的超链接，让用户对动态页面的访问转变为对静态页面的访问，从而提高网站的响应速度。

　　一般认为，生成 HTML 静态网页的好处包括：

· 减轻服务器负担；

· 有利于搜索引擎优化(SEO)，Baidu、Google 等搜索引擎都会优先收录静态页面；

· 加快页面打开速度。静态页面无需连接数据库，因此打开速度较动态页面有明显提高；

· HTML 页面不会受系统相关漏洞的影响。静态页面可以减少被攻击的漏洞，防止 SQL 注入。同时，数据库出错时，也不影响网站正常访问。

　　静态化的核心环节包括两个步骤：第一步，模仿浏览器访问相关动态页面；第二步，将获取的 HTML 文本(也就是动态页面的执行结果)保存为服务器中的 HTML 文件。

　　本系统使用了文件系统对象(FSO)的方法生成并保存文件以实现静态化，主要由 MakeHtml.java 以及 MakeArticle.java 来完成。需要静态化的的页面为 articleDetail.jsp。现将核心代码展示如下：

```
/*********************MakeArticle.java 的核心代码：*****************/

package bean.Servlet.article;

import java.io.IOException;

import java.util.Date;

import javax.Servlet.ServletException;

import javax.Servlet.http.HttpServlet;

import javax.Servlet.http.HttpServletRequest;

import javax.Servlet.http.HttpServletResponse;

import bean.article.ArticleDAOImp;

import bean.statics.MakeHtml;

public class MakeArticle extends HttpServlet {

    @SuppressWarnings("deprecation")

    public void doGet(HttpServletRequest request, HttpServletResponse response)

    throws ServletException, IOException {

        String _id = request.getParameter("id");

        int id = Integer.parseInt(_id);

        String path = request.getContextPath();

        System.out.println("path 前:"+path);

        String basePath = request.getScheme() + "://" + request.getServerName()
```

```java
                                + ":" + request.getServerPort() + path + "/";
        String serverPath = request.getRealPath(request.getRequestURI());
        System.out.println("serverPath:" + serverPath);
        System.out.println("request.getRequestURI():"+request.getRequestURI());
        System.out.println("request.getRequestURL():"+request.getRequestURL());
        serverPath = serverPath.replace('\\', '/');
        serverPath = serverPath.substring(0, serverPath.lastIndexOf(path));
        //静态化后重新获取站点根目录绝对路径
        System.out.println(serverPath);
        String date = new java.text.SimpleDateFormat("yyMM").format(new Date());
        String filepath = serverPath + "/html/" + date + "/static_" + id
                        + ".html";
        String url = basePath + "article/articleDetail.jsp?id=" + id;
        System.out.println("filepath:"+filepath);
        System.out.println("url:"+url);
        String htmlurl = "../html/" + date + "/static_" + id + ".html";
        MakeHtml.writeHtml(filepath, MakeHtml.getHtmlCode(url));
        String htmlurl2=path+"/html/" + date + "/static_" + id + ".html";
        //静态化后的文件所要存储的绝对物理地址
        ArticleDAOImp.updateUrl(id, htmlurl2);
        response.sendRedirect(htmlurl);
    }
    public void doPost(HttpServletRequest request, HttpServletResponse response)
    throws ServletException, IOException {
        doGet(request, response);
    }
}
/*****************************************************************
MakeHtml.java 的部分代码：***************************+**************/
package bean.statics;
import java.io.*;
import java.net.HttpURLConnection;
import java.net.URL;
import java.util.Date;
public class MakeHtml {
    private static long star = 0;
    private static long end = 0;
    private static long ttime = 0;
    // 返回 html 代码
```

```java
public static String getHtmlCode(String httpUrl) {
    Date before = new Date();
    star = before.getTime();
    String htmlCode = "";
    try {
        InputStream in = null;
        URL url = new java.net.URL(httpUrl);
        HttpURLConnection connection = null;
        connection = (HttpURLConnection) url.openConnection();
        connection.setRequestProperty("User-Agent", "Mozilla/4.0");
        connection.connect();
        in = connection.getInputStream();
        BufferedReader breader = new BufferedReader(new InputStreamReader(
                        in, "gb2312"));
        String currentLine;
        while ((currentLine = breader.readLine()) != null) {
            htmlCode += currentLine;
        }
    } catch (Exception e) {
        e.printStackTrace();
    } finally {
        Date after = new Date();
        end = after.getTime();
        ttime = end - star;
        System.out.println("执行时间:" + ttime + "秒");
    }
    return htmlCode;
}
// 存储文件
public static void writeHtml(String filePath, String info) {
    PrintWriter pw = null;
    String fileDirectory=filePath.substring(0, filePath.lastIndexOf('/'));
    try {
        File createFileFolder = new File(fileDirectory);
        boolean isExit = createFileFolder.exists();
        if (isExit != true)
        {
            createFileFolder.mkdirs();
        }
```

```
            File file = new File(filePath);
            boolean fileExist = file.exists();
            if(fileExist! = true)
            {
                file.createNewFile();
            }
            else {
                file.delete();
                file.createNewFile();
            }
            pw = new PrintWriter(new FileOutputStream(filePath, true));
            pw.println(info);
            pw.close();
        } catch (Exception ex)
        {
            System.out.println(ex.getMessage());
        } finally
        {
            pw.close();
        }
    }
```

12.5　应用 AJAX 实现快捷交互

12.5.1　AJAX 简介

一般认为，与 C/S 结构相比，B/S 结构在系统部署、维护和用户规模拓展方面具有明显的优势。HTML 中的超链接是网页中的重要元素，用户通过点击这些超链接可以在不同的页面之间进行切换，或者不断刷新页面中的数据。但正是这些超链接，使得用户不得不等待全新的页面从服务器下载到浏览器，而在此期间用户几乎不能做任何操作。

长期以来，这种"幻灯片"式的用户体验似乎已经成为 B/S 系统的特点。但随着用户对流畅的浏览体验的需求，结合了多种技术的 AJAX 模式便越来越受到网站设计人员的重视，随之也出现了许多采用该模式的网站，例如 Gmail 和 GoogleMaps 就是典型的 AJAX 应用。在 Gmail 当中，AJAX 负责开启线程会话，以显示不同邮件的文本内容；在 GoogleMaps 中，AJAX 为用户提供了无缝拖拉及滚动地图的可能。AJAX 所要解决的问题就是改变之前反应迟缓的网络表现，降低网络带宽消耗，提高用户体验度，实现用户方便快捷地进行网上冲浪。

AJAX 为 Asynchronous JavaScript and XML 的缩写，它不是一项单一的技术，而是多

种技术构成的组合体，其中包括：

- 可扩展超文本标记语言(XHTML)用以描述网页的结构；
- 层次样式表(CSS)用以描述网页的风格；
- 文档对象模型(DOM)用以进行动态显示和交互；
- 可扩展标记语言(XML)和可扩展样式语言转换(XSLT)用以进行数据描述；
- XMLHttpRequest 技术用以进行异步数据交换；
- JavaScript 用以进行客户端脚本设计。

AJAX 在技术方面采用了异步数据传输模式，即在浏览器端运行的 JavaScript 代码与 Web 服务器直接进行联系，并在浏览器和 Web 服务器之间传送采用 XML 格式(或其他格式)的数据。然后，JavaScript 代码将 CSS 加载到结果数据集上，并在现有的网页中特定的部位加以显示。

AJAX 最主要的特点是 Web 页面的变化不会打断交互流程，而与后台代码的交互或页面刷新的过程均在同一页面中实现。通过 AJAX 技术，用户可以体会到类似 C/S 应用的流畅、高可用、更丰富、更动态的 Web 体验。

AJAX 处理过程是由创建一个 XMLHttpRequest 对象实例开始的。XMLHttpRequest 允许客户端脚本执行 HTTP 请求，并且将解析 XML 格式的服务器响应。AJAX 使用 HTTP 方法(GET 或 POST)来处理请求，并将目标 URL 设置到 XMLHttpRequest 对象上。创建 XMLHttpRequest 对象的过程如下：

```
/* 创建 XMLHttpRequest 实例对象*/
var xmlHttp = false;
try {
    xmlHttp = new ActiveXObject("Msxml2.XMLHTTP");
} catch (e)
{
    try {
        xmlHttp = new ActiveXObject("Microsoft.XMLHTTP");
    } catch (e2)
    {
        xmlHttp = false;
    }
}
if (!xmlHttp && typeof XMLHttpRequest != 'undefined')
{
    xmlHttp = new XMLHttpRequest();
}
```

图 12-13 给出了 AJAX 模型的运行过程。从图中可以看出，对于 Web 服务器来说，处理 XMLHttpRequest 发出的请求与处理其他 HttpServletRequest 请求的过程是一样的。在解析请求参数后，Web 服务器执行必需的应用逻辑，将响应结果序列化为 XML 格式的数据，并将此 XML 数据写回 HttpServletResponse 对象。

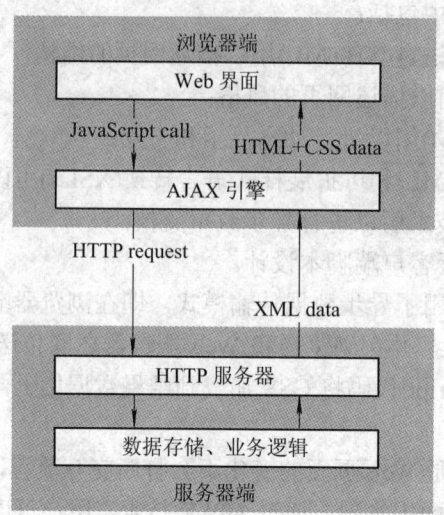

图 12-13　AJAX 模型的运行过程

12.5.2　AJAX 程序实现

本系统主要在登录验证与后台栏目编辑处使用了 AJAX。以后者为例,我们来分析它的代码结构。栏目编辑功能的界面如图 12-14 所示。

序号	栏目名称	栏目介绍	
16	Java	Java开发技术类新闻	✖ ✎
17	.Net	.Net技术类新闻	✖ ✎
18	数据库	数据库技术新闻	✖ ✎
19	云计算	云计算技术新闻	✖ ✎
20	程序员	关于程序员的奇闻趣事	✖ ✎
21	Web开发	Web开发技术新闻	✖ ✎
22	热点新闻	最新的IT技术新闻	✖ ✎

图 12-14　新闻系统栏目编辑功能的界面

图 12-14 中单击"铅笔"标签之前的效果,当单击"铅笔"标签之后(表示要对某一行信息进行编辑),效果如图 12-15 所示。

序号	栏目名称	栏目介绍	
16	Java	Java开发技术类新闻	✖ ✔
17	.Net	.Net技术类新闻	✖ ✎
18	数据库	数据库技术新闻	✖ ✎
19	云计算	云计算技术新闻	✖ ✎
20	程序员	关于程序员的奇闻趣事	✖ ✎
21	Web开发	Web开发技术新闻	✖ ✎
22	热点新闻	最新的IT技术新闻	✖ ✎

图 12-15　对某一行进行编辑时的界面

　　可以看到，利用前台的 JavaScript 可以改变触发事件(此处为点击"铅笔"标签)触发效果(此处编辑框背景颜色改变，且"小铅笔"变成了"对勾")。进一步结合 AJAX 技术，可以在此处方便地通过表格框的输入改变并更新后台的数据。相比于传统的表单提交的方式，这种效果无疑更加直观与便利，大大改善了用户体验。

　　现在，我们来具体分析此处的 AJAX 代码结构。这一段效果通过 Column.js 来实现，具体代码分析如下：

```javascript
function del() {
    return confirm("真的要删除该栏目吗？");
}
// 以上为检查是否删除的 js, 不多做解释
function edit(obj) {
    var tr = obj.parentNode.parentNode; // 获取行节点
    var input = document.createElement("input");
    var input2 = document.createElement("input");
    var nodes = tr.getElementsByTagName("td"); // 根据 td 标签获取该行所有的孩子节点
    nodes[3].getElementsByTagName("img")[1].src = "../images/gx2.gif";
    input.type = "text";
    input2.type = "text";
    input.style.background = "#FF9900";
    input2.style.background = "#FF9900";
    input.value = nodes[1].innerHTML;
    input2.value = nodes[2].innerHTML;
    nodes[1].innerHTML = "";
    nodes[2].innerHTML = "";
    nodes[1].appendChild(input);
    nodes[2].appendChild(input2);
    obj.onclick = ( function(o) {
        return function() {
            submit(o);
        }
    })(obj);
}
function submit(obj)
{
    var tr = obj.parentNode.parentNode;
    var nodes = tr.getElementsByTagName("td");
    var input1 = nodes[1].getElementsByTagName("input")[0];
    var input2 = nodes[2].getElementsByTagName("input")[0];
    var id = nodes[0].innerHTML;
```

```
            var v1 = input1.value;
            var v2 = input2.value
            nodes[1].removeChild(input1);
            nodes[2].removeChild(input2);
            nodes[1].innerHTML = v1;
            nodes[2].innerHTML = v2;
            nodes[3].getElementsByTagName("img")[1].src = "../images/gx.gif";
            v1 = encodeURI(encodeURI(v1));
            v2 = encodeURI(encodeURI(v2));
            dataAction(v1, v2, id);
        }
```

以上这段 JavaScript 代码很好地使用了 DOM 的思想(DOM 已在前边章节做出介绍，再此不再进行详细阐述)。也正因为 DOM 和 AJAX 技术的出现，JavaScript 在前端的表现能力大为提升，更加丰富了用户体验。

```
        function dataAction(v1, v2, id) {
        var xmlhttp = null;
        if (window.XMLHttpRequest) {// code for Firefox, Opera, IE7, etc.
            xmlhttp = new XMLHttpRequest();
        } else if (window.ActiveXObject) {// code for IE6, IE5
            xmlhttp = new ActiveXObject("Microsoft.XMLHTTP");
        }
```

以上的 AJAX 代码主要检查了浏览器对于 XMLHttpRequest 对象的支持情况。由于 XMLHttpRequest 不是一个 W3C 标准，所以可以采用多种方法使用 JavaScript 来创建 XMLHttpRequest 的实例。Internet Explorer 把 XMLHttpRequest 实现为一个 ActiveX 对象，其他浏览器(如 Firefox、Safari 和 Opera)把它实现为一个本地 JavaScript 对象。由于存在这些差别，JavaScript 代码中必须包含有关的逻辑，从而使用 ActiveX 技术或者使用本地 JavaScript 对象技术来创建 XMLHttpRequest 的一个实例。

```
        if (xmlhttp != null) {
        xmlhttp.onreadystatechange = state_Change;
        xmlhttp.open("GET", "updateColAction?columntitle=" + v1 + "&column_desc="
            + v2 + "&id=" + id+"&random="+Math.random(), true);
        xmlhttp.send(null);
```

XMLHttpRequest.open 方法会建立对服务器的调用。这是初始化一个请求的纯脚本方法。它有两个必要的参数，还有三个可选参数。要提供调用的特定方法(GET、POST 或 PUT)，还要提供所调用资源的 URL。另外还可以传递一个 Boolean 值，指示这个调用是异步的还是同步的。默认值为 true，表示请求本质上是异步的。如果这个参数为 false，处理就会等待，直到从服务器返回响应为止。由于异步调用是使用 AJAX 的主要优势之一，所以倘若将这个参数设置为 false，从某种程度上讲与使用 XMLHttpRequest 对象的初衷不太相符。不过，前面已经说过，在某些情况下这个参数设置为 false 也是有用的，例如在向后台提交数据之前可以先验证用户的输入。

　　XMLHttpRequest.send 方法具体向服务器发出请求。如果请求声明为异步的,这个方法就会立即返回,否则它会等待直到接收到响应为止。可选参数可以是 DOM 对象的实例、输入流或者串。传入这个方法的内容会作为请求体的一部分发送。

12.6　应用 Servlet 实现验证码

　　本节将通过解析新闻网站中所包含的验证码功能的设计与实现,让读者更深入地理解Servlet 编程。

12.6.1　验证码设计分析

　　在很多网站的登录界面中都需要用户输入验证码。设置验证码的目的主要是为了防止黑客利用特定的软件不断尝试用户密码以进行暴力破解。

　　验证码程序的工作机制是:在后台生成随机的字符串,并将字符串处理成图像,让用户按照图像所示的字符串进行输入。系统通过对比用户所输入的验证码来决定是否给予用户相应的操作权限。在这个过程中,生成图像的目的就是为了防止用户使用特制软件轻易地对验证码进行破解。在图像上进行一些模糊化处理,可以加大破解图像验证码的难度,提高验证码的可靠性。

　　设计验证码程序的难点主要有两个,即 JSP 页面如何与 Servlet 进行交互以及如何对验证码进行图形化处理。虽然也可以通过 JSP 页面实现验证码的功能,但从验证码的生成和使用方式来考虑,直接使用 Servlet 程序完成验证码的生成最为恰当。下面将对验证码进行图像处理的逻辑代码封装在名为 ValidateCode 的 Servlet 类中。

　　在本节中,主要以文章评论留言中的验证码设计进行讨论,以阐述基于 Servlet 的验证码实现过程。图 12-16 为包含验证码的新闻网站文章评论的界面。

图 12-16　包含验证码的新闻网站文章评论的界面

12.6.2　Servlet 程序实现

在此例中，单击"我要评论"后，会以 GET 方式通过超链接将文章 ID 号传至 cmtBoard.jsp 页面，该页面的核心代码如下：

```
<script type = "text/javascript">function changeImg()
{
    var img = document.getElementsByTagName("img")[0];
    img.src = "/news/validateCodeServlet?random = "+Math.random();
}
</script>
<div style = "border: 0px solid blue;width: 500px">
    <form name = "comment_1">
        <input type = hidden name = "newsid" id = "newsid" value = <% = _articleid%>/>
        <div style="background: yellow; width: 100%">我来评论</div>
        昵称：
        <input type = "text" id = "user" name = "user" value = "网友">
           验证码：
        <input type = "text" id = "comm" name = "validate" size = "4">
        <img src = "/news/validateCodeServlet" onclick = "changeImg()" />
        <span style = "font-size: small"><a href = "javascript:changeImg()">点击图片刷新</a></span>
        <br>
        <textarea id = "content" name = "content" style="width: 98%; height: 150px">
        </textarea>
        <center>
            <input type = "reset" value = "  重置  ">    
            <input type = "button" value = "  提交  " onclick = "validateCodes()">
        </center>
    </form>
</div>
```

在上述代码中，cmtBoard.jsp 主要实现的功能是接受用户的输入，同时将验证码显示给用户，让用户对图形验证码进行分辨并输入。从源代码中的"<img src = "/news/validate CodeServlet"onclick = "changeImg()" />"可以看到，页面的图片来源来自于validateCodeServlet，实际上就是 ValidateCode 的 Servlet 类通过编译后对应的 URL 映射地址。ValidateCode 类的完整代码如下：

```
/****************************ValidateCode.java 的代码：
********************/
package bean;
import javax.imageio.ImageIO;
import javax.Servlet.http.HttpServlet;
```

```java
import java.awt.Color;
import java.awt.Font;
import java.awt.Graphics2D;
import java.awt.image.BufferedImage;
import java.util.Random;
import javax.Servlet.ServletException;
import javax.Servlet.ServletOutputStream;
import javax.Servlet.http.HttpServletRequest;
import javax.Servlet.http.HttpServletResponse;
import javax.Servlet.http.HttpSession;
public class ValidateCode extends HttpServlet {
    private int x = 0;
    // 设置验证码图片中显示的字体高度
    private int fontHeight;
    private int codeY;
    // 在这里定义了验证码图片的宽度
    private int width = 60;
    // 定义验证码图片的高度。
    private int height = 20;
    // 定义验证码字符个数，此处设置为 5 位
    private int codeNum = 5;
    //定义验证码字典，注意字典中已经剔除了 0,1,L,l,o,O,p,P 八个容易被认错混淆的字符
    char[] codes = { '2', '3', '4', '5', '6', '7', '8', '9', 'A', 'B', 'C',
                'D', 'E', 'F', 'G', 'H', 'I', 'J', 'K', 'M', 'N', 'Q', 'R', 'S',
                'T', 'U', 'V', 'W', 'X', 'Y', 'Z', 'a', 'b', 'c', 'd', 'e', 'f',
                'g', 'h', 'i', 'j', 'k', 'm', 'n', 'q', 'r', 's', 't', 'u', 'v',
                'w', 'x', 'y', 'z' };
    /**
    * 对验证图片属性进行初始化
    */
    public void init() throws ServletException {
        // 从部署文件 web.xml 中获取程序初始化信息，图片宽度跟高度，字符个数信息
        // 获取初始化字符个数
        String strCodeNums = this.getInitParameter("codeNum");
        // 获取验证码图片宽度参数
        String strW = this.getInitParameter("width");
        // 获取验证码图片高度参数
        String strH = this.getInitParameter("height");
        // 将配置的字符串信息转换成数值类型数字
```

```
        try {
            if (strH != null && strH.length() != 0) {
                height = Integer.parseInt(strH);
            }
            if (strW != null && strW.length() != 0) {
                width = Integer.parseInt(strW);
            }
            if (strCodeNums != null && strCodeNums.length() != 0) {
                codeNum = Integer.parseInt(strCodeNums);
            }
        } catch (NumberFormatException e) {}
        x = width / (codeNum + 1);
        fontHeight = height - 2;
        codeY = height - 4;
    }
protected void service(HttpServletRequest req, HttpServletResponse resp)
throws ServletException, java.io.IOException {
    // 定义验证码图像的缓冲流
    BufferedImage buffImg = new BufferedImage(width, height,
    BufferedImage.TYPE_INT_RGB);
    // 产生图形上下文
    Graphics2D g = buffImg.createGraphics();
    // 创建随机数产生函数
    Random random = new Random();
    // 将验证码图像背景填充为白色
    g.setColor(Color.WHITE);
    g.fillRect(0, 0, width, height);
    // 创建字体格式，字体的大小则根据验证码图片的高度来设定。
    Font font = new Font("Fixedsys", Font.PLAIN, fontHeight);
    // 设置字体。
    g.setFont(font);
    // 为验证码图片画边框，为一个像素。
    g.setColor(Color.BLACK);
    g.drawRect(0, 0, width - 1, height - 1);
    // 随机生产 12 条图片干扰线条，使验证码图片中的字符不被轻易识别
    g.setColor(Color.BLACK);
    for (int i = 0; i < 12; i++) {
        int x = random.nextInt(width);
        int y = random.nextInt(height);
```

```
        int xl = random.nextInt(12);
        int yl = random.nextInt(12);
        g.drawLine(x, y, x + xl, y + yl);
    }
    // randomCode 保存随机产生的验证码
    StringBuffer randomCode = new StringBuffer();
    // 定义颜色三素
    int red = 0, green = 0, blue = 0;
    // 随机生产 codeNum 个数字验证码
    for (int i = 0; i < codeNum; i++) {
        // 得到随机产生的验证码
        String strRand = String.valueOf(codes[random.nextInt(54)]);
        // 使用随机函数产生随机的颜色分量来构造颜色值，这样输出的每位数字的颜色值都将不同
        red = random.nextInt(255);
        green = random.nextInt(255);
        blue = random.nextInt(255);
        // 用随机产生的颜色将验证码绘制到图像中。
        g.setColor(new Color(red, green, blue));
        g.drawString(strRand, (i + 1) * x, codeY);
        // 将产生的四个随机数组合在一起。
        randomCode.append(strRand);
    }
    // 将生产的验证码保存到 Session 中，便于之后对用户输入的验证码进行验证
    HttpSession session = req.getSession();
    session.setAttribute("validate",randomCode.toString().toLowerCase());
    // 设置图像缓存为 no-cache。
    resp.setHeader("Pragma", "no-cache");
    resp.setHeader("Cache-Control", "no-cache");
    resp.setDateHeader("Expires", 0);
    resp.setContentType("image/jpeg");
    // 将最终生产的验证码图片输出到 Servlet 的输出流中，供前台显示
    ServletOutputStream sos = resp.getOutputStream();
    ImageIO.write(buffImg, "jpeg", sos);
    sos.close();
    }
}
```

　　细心的读者也许会发现：在 cmtBoard.jsp 页面的 JS 函数 changeImage()中，获取新的图片时用到的超链接使用 GET 方法向 validateCodeServlet 传递了 random 这一参数，而这一参数并没有在 ValidateCode 这一 Servlet 类中用到。传递这样的参数是否是"多此一举"？

事实上，其目的就是为了避免更新验证码失败的情况。用户使用的浏览器设置可能会将之前访问过的 URL 资源留存在 cache 中，当下次访问相同的 URL 时就不需要向服务器申请新的资源，而是从 cache 中取出副本重复利用，目的在于提高浏览网页的效率，但这样就会导致无法更新验证码信息。因此在更新验证码时有必要构造不同的 URL，让用户浏览器与服务器能进行正常的交互。random 参数的内容"Math.random()"，是一个随机产生的，范围为 0 至 1，小数点位数在 16~18 间的小数，由此拼接产生的 URL 相同的几率非常小，浏览器会将其视为不同的 URL 而重新向服务器发出访问请求，而服务器也会再次调用相应的 Servlet 生成新的验证码。

第 13 章　其他网站框架及开发技术

【学习提示】

　　为了给读者提供进一步学习的思路，本章列举了一些重要的信息以供参考。其中包括：在开发大型而复杂的网站时需要基于 Java 的设计框架，让开发者可以站在巨人的肩膀上；搜索引擎和 SEO 技术可以帮助网站的开发者实现其商业目标；ASP.NET 和 PHP 技术可以帮助开发者了解一些重要的、非 Java 的网站开发技术，以扩展开发思路。

13.1　基于 Java 的网站设计框架

13.1.1　应用框架的优点

　　随着用户对网站功能和性能的要求不断提高，网站的设计模式也需要不断改进。如果一个网站的架构和所有功能都要用 Java 语言一一写出来，那么开发的速度和质量将会面临很大的考验。因此，通过应用 Spring、Struts 等设计框架提高网站建设的速度和质量，已成为网站建设者的必要手段。下面介绍采用应用框架方式的主要优点。

1. 有效地提高代码的重用性

　　如果应用框架技术来开发应用系统，就能够在多个不同的层次上实现重用，这不仅体现在系统功能代码的实现方面，也体现在系统体系结构及组件类的设计方面。比如在系统的分析抽象层上，重用的元素主要有子系统和类等，此时的系统设计人员只需要专注于对领域知识的了解，使需求分析能够更充分；而在应用系统的设计层面上，可重用的元素有系统体系结构、子系统体系结构、设计模式、框架、容器、组件、类库、模板和组件类等，这不仅可以实现在代码方面的重用，还包括在设计思想和方法等层次的重用。同时，网站系统开发的效率和整体质量也能够得到明显提高。

2. 简化和优化应用系统的设计和实现

　　Rickard Berg(Jboss 的创始人之一)曾经说过："框架的强大之处不是源自它能让你做什么，而是它不能让你做什么"。Rickard 的话不仅说明框架能够使原本很混乱的东西变得结构化，而且也提出在应用某种框架时不应该再进行什么行为。因为应用框架能够将网站系统的设计和实现工作标准化，从而也就达到了简化和优化系统的设计和实现的目的。

3. 提高网站系统开发的工程化

　　利用框架来开发、集成网站系统，可以使软件开发更加符合软件工程模式。这样的工程化软件生产方式将大大缩短开发周期。采用框架形式的开发可以充分利用继承和重用等机制，因此要比一切从头开始并且自己独立地开发实现要快速、高效得多。

4. 提高系统的灵活性

由于基于框架的系统有很多功能是通过配置(编辑 XML 文件设定配置参数)而不是编程实现来完成的，因而提高了系统的灵活性。在系统需求发生变化时，只需要修改相应的系统配置文件中的项目内容。因此，框架技术提供的参数化配置使应用系统本身的适应性、灵活性得到了增强。

目前，在国际上已有多种基于 J2EE Web 开发框架，它们都提供了较好的层次分隔能力。在实现 MVC 的基础上，这些框架通过提供一些现成的辅助类库，促进了网站建设效率和质量的提高。现在应用较广泛的框架包括 Struts、Webwork、Tapestry、JSF 以及 Spring MVC 等。其中，Struts 和 Spring 的体系结构和开发模式都非常符合网站建设的需要。

13.1.2　Struts 框架

Struts 是 Apache 软件组织提供的一项开放源码项目，它为 Java Web 应用提供了模型-视图-控制器(Model-View-Controller，MVC)框架，尤其适用于开发大型可扩展的 Web 应用，使得开发人员可以把精力集中在如何解决实际业务问题上。Struts 框架提供了许多供扩展和定制的地方，而且应用程序也可以方便地扩展框架来更好地适应用户的实际需求。Apache 于 2007 年推出了基于 WebWork 技术体系架构的 Struts 2.0 框架技术，由此带来了革命性的改进。

从某种程度上来讲，Struts2 不是 Struts1 的升级，而是继承了 WebWork 框架，或者说是 WebWork 的升级。Struts2 吸收了 Struts1 和 WebWork 两者的优势，因此深受广大 Java 程序员的关注。Struts 的体系结构如图 13-1 所示。

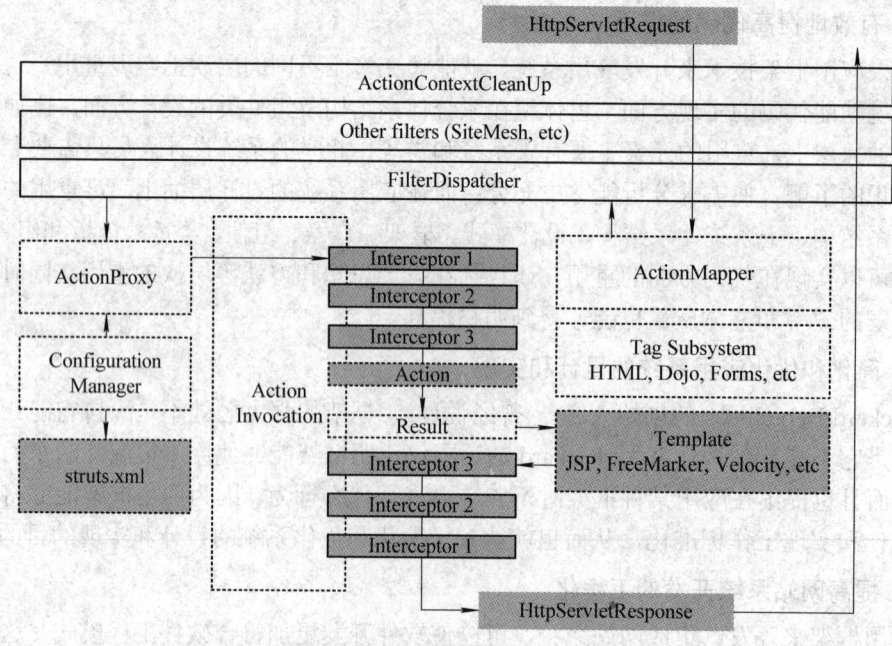

图 13-1　Struts 的体系结构

13.1.3　Spring 框架

Spring 是一个开源框架，它是为了解决大中型应用开发的复杂性而创建的。Spring 使用基本的 JavaBeans 来完成以前由 EJB 完成的功能，它是一个轻量的控制反转和面向切面的容器框架，并且是非侵入式的。Spring 应用中的对象不依赖于 Spring 的特定类，并且 Spring 通过控制反转技术促进了松耦合。Spring 包含对面向切面编程的丰富支持，允许通过分离应用的业务逻辑与系统服务(如数据库操作审计与事务管理等)进行内聚性的开发；它也包含和管理应用对象的配置以及生命周期。

Spring 框架的发展离不开大量开源社区程序员的支持。2002 年，Rod Johnson 在《Expert One-on-One J2EE Design and Development》一书中阐述了 Spring 的架构思想。接着在他的另一本书《Expert One on one J2EE Development Without EJB》出版之后，其在开源使用协议下提供了相关的源代码。2003 年 2 月，一批自愿拓展 Spring 框架的程序开发员组成团队，在 Sourceforge 上构建了一个项目，并在 2004 年 3 月发布了第一个版本。2005 年 12 月，Spring 第一次会议在迈阿密举行。2010 年 11 月，Spring 推出了 3.0.5 版本，该版本提供了更加完善和稳定的功能框架。

Spring 框架是一个分层的 J2EE 应用程序框架，它是一个从实际项目开发经验中抽取出来的、可高度重用的开发框架。它基于控制反转组件，使得 Java 组件被集中配置和管理，提高了代码的可复用性、易测试性和可维护性。Spring 是为了解决企业应用程序开发复杂性而创建的，因而可以使用 Spring 来替代 EJB 开发企业级应用，而不用担心工作量太大以及开发进度难以控制和测试过程复杂等问题。该框架的主要优势是其良好的设计和分层架构，软件开发人员可以只选择 Spring 提供的某项技术，而不需要使用所有的技术，同时，Spring 还提供了和其他开源框架的无缝集成，为 J2EE 应用程序开发提供了集成的框架。它以 IoC(控制反转)和 AOP(面向切面编程)两种先进的技术为基础，简化了企业级开发的复杂度。Spring 框架由七个模块组成，如图 13-2 所示。

Spring AOP Source-level metadata AOP infrastructure	Spring ORM Hibernate support iBatis support JDO Support	Spring web WebApplicationContext Mutipart resolver Web utlities	Spring Web MVC Web MVC Framework Web Views Jsp/PDF/ Export
	Spring DAO Transaction infrastructure JDBC support DAO support	Spring Context Application context UIsupport Validation JNDL EJB support and Remodeling Mail	
Spring core Support utilities Bean container			

图 13-2　Spring 框架由七个模块

Spring 的依赖注入技术(Inversion of Control，IoC)使得应用程序本身不负责依赖对象的创建和维护，而依赖对象的创建和维护是由外部容器负责的，它外化了组件之间依赖关系的创建和管理。控制反转就是控制权的转移，控制权由应用程序本身转移到了外部容器。这是一种很好的解耦方式，应用程序的实现和被调用者的实现完全没有关系，也不需要主动定位工厂，实例之间的依赖关系由 IoC 容器负责管理。

Spring 框架提供了构建 Web 应用程序的全功能 MVC 模块。使用 Spring 可插入的 MVC 架构，可以选择使用内置的 Spring Web 框架或 Struts 的 Web 框架。通过策略接口，Spring 框架是高度可配置的，而且包含多种视图技术，如 JSP、Velocity、Tiles、iText 和 POI。Spring MVC 框架和使用的视图技术无关，所以使用什么视图技术由开发人员决定。Spring MVC 分离了控制器、模型对象、分发器以及处理程序对象，这种分离使它们更容易进行定制。

面向切面编程(Aspect Oriented Programming，AOP)作为面向对象编程的一种补充，将程序运行过程分解成各个切面，有效地剥离和当前业务无关的代码，并把与当前业务无关的代码统一写到一个代理对象里面，由其代劳。这样编写的代码很"干净"，提高了代码的可读性和可维护性，使得模块之间的分工更为明确。实际的网站建设过程中，可以通过 AOP 来处理一些具有切面性质的系统级服务，如事务管理、安全检查、缓存和对象池管理等。Spring 框架给 AOP 提供了丰富的支持，允许通过分离应用的业务逻辑与系统级服务来进行高内聚性的开发。

13.1.4 Hibernate 框架

Hibernate 是最流行的开源 ORM 框架之一，被选作 JBoss 持久层的解决方案，而随着 JBoss 加入 Red Hat 组织，Hibernate 也称为 Red Hat 的一个重要项目。

Hibernate 对 JDBC 进行了非常轻量级的对象封装，使得 Java 程序员可以方便地使用面向对象编程思维来操纵关系数据库。Hibernate 既可以在 Java 的客户端程序中使用，也可以在 Servlet/JSP 的 Web 应用中使用。另外，Hibernate 还可以在应用 EJB 的 J2EE 架构中取代 CMP，完成数据持久化的重任。基于 Hibernate 的 ORM 体系架构如图 13-3 所示。

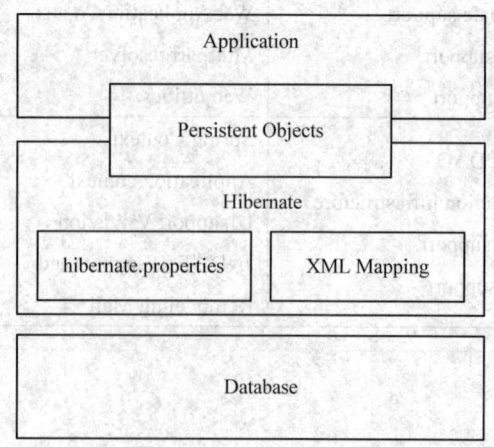

图 13-3 基于 Hibernate 的 ORM 体系架构

从图中可以看出，Hibernate 需要一个 hibernate.properties 文件，该文件用于配置

Hibernate 和数据库的连接信息，在实际应用中也可用 hibernate.cfg.xml 文件来代替。另外，它还需要一些 XML 映射配置文件来确定持久化类和数据表、数据列之间的对应关系。Hibernate 的持久化解决方案将用户从复杂的 JDBC 访问中释放出来，用户无需关注底层的 JDBC 操作，而是以面向对象的方式进行持久层操作。底层数据连接的获得、数据访问的实现以及事务控制等都无需用户关心。这是一种"全面解决"的体系结构方案，将应用层从底层的 JDBC/JTA API 中抽象出来，并通过配置文件管理底层的 JDBC 连接。

13.2　搜索引擎与网站推广技术

13.2.1　搜索引擎的工作原理

搜索引擎(Search Engine)根据站点的内容提取各网站的信息再分门别类地建立自己的数据库并向用户提供查询服务。每个引擎的工作原理是不同的，有的根据页面内容，有的按页面标题，有的按 Meta 来分，还有的是将这些方法综合起来运用的。

搜索引擎的工作包括如下三个过程：一是在互联网中发现、搜集网页信息；二是对所搜集的信息进行提取和组织，并建立索引库；三是由检索程序根据用户输入的查询关键词，在索引库中快速检出相关文档，进行文档与查询内容的相关度比较，对检出的结果进行排序，并将查询结果返回给用户。前两个过程是后台系统的主要工作，第三个过程则面向搜索用户。

在目前数量众多的搜索引擎中，根据它们的技术原理，可以分为三大主要类型：基于 robot 的搜索引擎、目录索引型(directory，也叫做 catalog)搜索引擎和元(Meta)搜索引擎。

1. 基于 robot 的搜索引擎

基于 robot 的搜索引擎是利用　个称为 robot(也叫做 spider、Web crawler 或 Web wanderer)的程序自动访问 Web 站点，提取站点上的网页。robot 搜集的网页被加入到搜索引擎的数据库中，供用户查询使用。基于 robot 的搜索引擎一般要定期访问以前搜集的网页，刷新索引数据库，以反映出网页的更新情况。

3. 目录索引型搜索引擎

目录索引型与基于 robot 搜索引擎所不同的是，目录索引型的索引数据库是依靠编辑人员建立起来的，这些编辑人员在访问了某个 Web 站点后根据一套自定的评判标准及主观印象撰写出对该站点的描述，并根据站点的内容和性质将其归为一个预先分好的类别，再分门别类地存放在相应的目录中，当用户在查询时，可以通过关键词搜索，也可以按分类目录逐层检索。由于目录索引型的索引数据库依靠人工来评价一个网站的内容，因此用户从目录搜索得到的结果往往比从基于 robot 的搜索引擎得到的结果更具有参考价值。事实上，现在很多搜索站点都同时提供目录和基于 robot 的搜索服务，以便尽可能地为用户提供全面的查询结果。

3. 元搜索引擎

元搜索引擎(Meta search engine)将用户提交的检索请求送到多个独立的搜索引擎上去

搜索，并将检索结果集中处理，以统一的格式提供给用户，因此有"搜索引擎之上"的搜索引擎之称。它的主要精力放在提高搜索速度、智能化处理搜索结果、个性搜索功能的设置和用户检索界面的友好性上，查全率和查准率都比较高。它的特点是本身并没有存放网页信息的数据库，当用户查询一个关键词时，它把用户的查询请求转换成其他搜索引擎所能够接受的命令格式，并行地访问数个搜索引擎来查询这个关键词，并把这些搜索引擎返回的结果经过处理后再返回给用户。

13.2.2　搜索引擎的发展趋势

搜索引擎经过多年的发展，功能越来越强大，为用户提供的服务也越来越全面，查询结果更精确，其发展的趋势更加人性化、个性化和智能化。搜索引擎提供的主要服务和发展趋势包括以下几个方面。

1. 自然语言搜索技术

以自然语言理解技术为基础的新一代搜索引擎，我们称之为智能搜索引擎。由于它将信息检索从目前基于关键词层面提高到基于知识(或概念)层面，对知识有一定的理解与处理能力，能够实现分词技术、同义词技术、概念搜索、短语识别以及机器翻译技术等。因而这种搜索引擎具有信息服务的智能化、人性化特征，允许检索人员采用自然语言进行信息的检索，并提供更方便、更确切的搜索服务。

2. 目录索引型与基于 robot 的搜索相结合。

由于目录索引型和基于 robot 的搜索引擎有各自的特点，很多搜索站点同时提供这两种类型的服务。

3. 智能化搜索

传统的搜索引擎使用方法是被动搜索。未来的搜索引擎可利用智能代理技术进行主动信息检索，通过对用户的查询计划、意图、兴趣方向进行推理、预测并为用户提供有效的检索结果，是这种智能系统的支柱技术。它使用自动获得的知识进行信息搜集过滤，并自动地将用户感兴趣的信息通过电子邮件或其他方式提交给用户。研究智能检索系统已是形势所迫并成为众所关注的焦点。

4. 多媒体搜索

随着互联网宽带技术的发展，未来的互联网是多媒体数据的时代。开发出可查寻图像、声音、图片和电影的搜索引擎是一个新的方向，它包括基于描述的多媒体检索和基于内容的多媒体检索。基于描述的多媒体检索就是用一个关键词来描述所要查找的图片或音乐；基于内容的多媒体检索就是用一些视觉特征来查找多媒体信息，这些视觉特征包括颜色、形状、纹理等。

5. 本地化搜索

本地化搜索是一个比较明显的发展趋势。世界上许多著名的搜索引擎都在美国，他们以英语为基础，按英文的思维方式和观点搜集和检索资料，这对于全球不同国家的用户来说显然是不适合的。各国的文化传统、思维方式和生活习惯不同，在对网站内容的搜索要求上也就存在差异。随着互联网在全球的迅速普及，综合性的搜索引擎已经不能满足很多非美国网民的信息需求。搜索结果要符合当地用户的要求，搜索引擎就必须本地化，百度搜索就是成功的中文搜索引擎。

13.2.3　常用搜索引擎简介

互联网的发展过程中，新型搜索引擎技术和搜索引擎公司不断产生，有力地推动了互联网的繁荣发展。以下是互联网中具有很大影响力的搜索引擎。

1. Google 搜索引擎(www.google.com)

1998 年 9 月，美国斯坦福大学的两名研究生拉里·佩吉和谢尔盖·布林开始测试他们设计的 Google 搜索引擎。不到 3 年的时间，这一网站已在全球范围内拥有了一个正在快速增长的忠实用户群。目前，每天都有 7000 万用户登录 Google 网上搜索引擎。Google 每天处理的搜索超过 1.5 亿次，而目前可检索的网络页面数量达 13.27 亿个。

2. 百度搜索引擎(www.baidu.com)

百度 1999 年底成立于美国硅谷，它的创建者是在美国硅谷有多年经验的李彦宏和徐勇。2000 年百度公司回国发展，目前是全球最优秀的中文信息检索与传递技术供应商之一。百度搜索引擎由四部分组成：蜘蛛程序、监控程序、索引数据库和检索程序。搜索引擎使用了高性能的"网络蜘蛛"程序，可以自动地在互联网中搜索信息，搜索范围涵盖了中国大陆、香港、台湾、澳门、新加坡等华语地区以及北美、欧洲的部分站点。百度搜索引擎拥有目前世界上最大的中文信息库，总量达到 6000 万页以上。

3. 雅虎搜索引擎(www.yahoo.com)

雅虎在全球共有 24 个网站，12 种语言版本，其中雅虎中国网站于 1999 年 9 月正式开通，它是雅虎在全球的第 20 个网站。它为用户提供了强大的搜索功能，通过其 14 类简单易用、手工分类的简体中文网站目录及强大的搜索引擎，用户可以轻松地搜索到政治、经济、文化、科技、房地产、教育、艺术、娱乐和体育等各方面的信息。

13.2.4　搜索引擎优化 SEO

随着搜索引擎在网络上的地位日渐重要，搜索引擎营销(Search Engine Marketing)的概念也因此应运而生。搜索引擎营销一般也称为搜索引擎最优化 SEO(Search Engine optimization)，主要是指使网站在搜索引擎上，尤其在一些重要关键字的搜寻结果上有比较好的排名，以便更容易让网络用户点击进入网站浏览内容。

不同的搜索引擎有不同的搜索引擎排名标准，所以即使一个网站在 Google 排名中处于前 10 位不一定代表网站能在百度搜索引擎、雅虎搜索引擎或者搜狐搜索引擎排名中也在前十位。尽管如此，各大搜索引擎排名还是有一定规则可循的，这些因素包括：

- 关键词与网页内容的匹配度。如果你的网页关键词匹配度较高，那么它在各大搜索引擎排名中就会靠前。
- 外部关联连接的数量，也就是说有多少个网站链接到你的网站上。一般来说，外部链接数量越多，就说明你的网站越重要。
- 内部关联连接，即具有很好的导航结构。

在网页设计中使用 Meta 标记可以为搜索引擎提供准确的关键词信息：

        `<meta name = "keyword" contents = "关键词一, 关键词二, 关键词三, … ">`

阐明整个网站的关键词，关键词间用逗点隔开，总长度最好不要超过 1000 个 Character (约 44 个字)。

        `<meta name = "description" contents = "整个网站的描述... ">`

阐明整个网站吸引人的地方，可用逗点隔开，总长度最好不要超过 200 个 Character (约 15 个字) 。

        `<meta name = "robots" content = "ALL, NONE, INDEX, NOINDEX, FOLLOW, NOFOLLOW">`

此功能是给搜寻引擎使用的，用来告诉 robot 哪些网页是要撷取的或不用撷取的，一般都设定成 ALL(默认值)。

下面 HTML 代码是一个"轮胎"领域的网站所做的网页关键词设置：

        `<TITLE>中国轮胎网是中国首家提供橡胶轮胎信息查询服务的网站</TITLE>`

        …

        `<meta name = "description" content = "轮胎/轮胎企业大全/轮胎产品大全橡胶/">`

        `<meta name = "keywords" content = "轮胎, 轮胎进出口, … 助剂">`

除了通过调整页面和网站的内容结构来提高网站在搜索引擎中的排名，网站还可以通过购买关键词来达到网站推广的目的。关键词购买的方式在各搜索引擎中都有详细的描述，这里不再赘述，但值得注意的是，关键词的选取和组合也需要认真的设计和计算。

网站开展 SEO 工作需要对网络、网站、信息检索和文案编辑等专业的了解，通过设计或调整网站或网页的内容结构以符合搜索引擎友好性的原则。但是也有网站的管理者以一些旁门左道的方法企图蒙骗搜索引擎，以达到提高搜寻结果排名的目的。然而，这些伎俩或许短时间内可以骗取搜索引擎的青睐，但是搜索引擎也是在不断改进以防范各种欺瞒的方法，一旦发现网站有欺骗搜索引擎的行为(Search Engine Spam)，那么该网站将被列为黑名单，任何的搜寻结果都不会出现该网站的连接。

13.3　ASP.NET 技术介绍

13.3.1　DOTNET 开发平台

Microsoft .NET(DOTNET)本身并不是一种产品或服务，而是关于计算技术的一种架构，包括软件开发方式以及用户用各种计算设备开发的能力。.NET 战略的关键在于：它独立于任何特定的语言或平台，使采用不同程序语言创建的应用程序能相互通信，并可以将其分布到多种移动设备和个人计算机上。

.NET 框架构成了应用程序开发的基础。Microsoft Visual Studio 提供的工具集用于开发 XML Web 服务与使用 .NET 框架及通用面向对象的编程模型的应用程序。

.NET 框架有三个主要目标：

· 简化 Web 服务与应用程序的开发。

· 提供一套工作于不同编程语言及计算设备的开发工具和库。

- 使 Microsoft Windows 应用程序更为可靠、安全和易用。

.NET 框架开发环境包括五项关键技术：

- 用于开发 XML Web 服务的 Visual Studio 开发环境。
- 支持程序运行的公共语言运行库。
- 内容丰富的类库。
- 使用公共语言运行库和类库的编程语言。
- 用于开发 Web 应用程序与 Web 服务的 ASP.NET。

从图 13-4 中我们可以简要地了解 .NET 开发框架的几个主要组成部分：首先是整个开发框架的基础，即通用语言运行时它所提供的一组基础类库；在开发技术方面，.NET 提供了数据库访问技术 ADO.NET，以及网站开发技术 ASP.NET 和 Windows 编程技术 Win Forms；在开发语言方面，.NET 提供了 Visual Basic、Visual C++、C# 和 Javascript 等多种语言支持；而 Visual Studio.NET 则是全面支持 .NET 的开发工具。

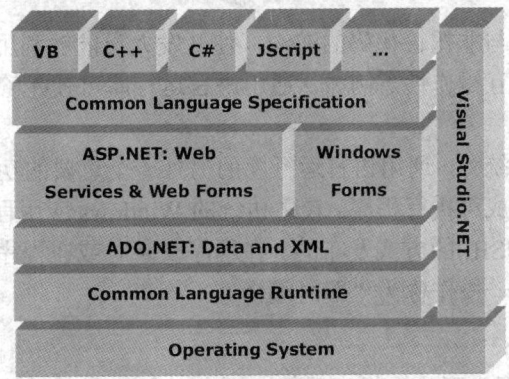

图 13-4 DOTNET 框架图

13.3.2 DOTNET 主要技术

为了学习方便，我们在表 13-1 中将基于.NET 和基于 Java 的网站开发技术进行对比，帮助开发者在学习多种开发工具和平台时提高效率。需要注意的是：这种对比并不是完全的一一对应，也不能简单地理解为语言之间的区别。

表 13-1 基于.NET 和基于 Java 的网站开发技术对比

技术	Java 平台	.NET 平台
开发集成环境	Eclipse 等	Visual Studio
运行环境	Java 虚拟机	通用语言运行库
类库	Java 类库	.NET 框架类库
Web 表现层开发	JSP	ASP.NET
数据层开发	JDBC	ADO.NET

1. Visual Studio

Visual Studio 是面向 XML Web 服务而构建的开发环境。通过允许应用程序在 Internet

上进行交流与共享数据，XML Web 服务使得企业能将 Internet 转换成一个真正的平台，用于集成和传递其核心产品和服务。Visual Studio 与 XML Web 服务提供了一个简单、灵活并基于标准的模型，允许开发者从新代码中汇编应用程序，而无需考虑平台、编程语言或对象模型。

2．通用语言运行库(Common Language Runtime)

当应用程序执行时，通用语言运行库可以提供服务并对这些服务进行管理。这些服务包括增强安全性，管理内存、进程、线程及语言集成。语言集成允许组件与 XML Web 服务完全集成，而不管使用的是何种语言。

多数 Windows 可执行程序使用的是非托管代码，这些代码无法提供安全性或内存管理方面的保证。在通用语言运行库下执行的代码则是托管代码，因为它依赖于通用语言运行库完成(如内存管理之类的)许多低级别服务。使用托管代码能比非托管代码提供更高级别的可靠性与安全性。

为了跨越托管代码与非托管代码的鸿沟，使开发人员能够利用巨量的 Windows 代码，通用语言运行库使用了互操作性。例如，通用语言运行库可使托管代码调用在非托管代码中定义的函数。

除了作为运行库系统外，通用语言运行库的另外一个重要的功能是作为一台虚拟机将托管代码应用程序编译成可执行程序。较之传统的 Windows 应用程序有所不同，它们是以一种被称做中间语言(MSIL)的方式发布的。在程序安装时或在程序初次运行时，通用语言在运行时完成编译，这一操作称为"即时编译"。

3．基础类库

Microsoft.NET 框架类库是一组广泛的、面向对象的可重用类的集合，为应用程序提供各种高级的组件和服务。它将程序员从繁重的编程细节中解放出来而专注于程序的商业逻辑，为应用程序提供各种开发支持——不管是传统的命令行程序还是 Windows 图形界面程序，或是面向因特网分布式计算平台的 ASP.NET 或 XML Web 服务。基础类库主要包括：

基类提供了诸如输入/输出、字符串操作、安全性管理、网络通信、线程管理、文本管理及其他函数等标准功能。

• Data 类支持稳定的数据管理，并纳入了 SQL 类以通过标准 SQL 接口处理稳定的数据存储。

• XML 类使得 XML 数据处理、搜索与转换成为可能。

• XML Web 服务类支持轻量级的分布式组件开发，这些组件即使在遇到防火墙和网络地址转换软件时也能正常运行。

• Web 窗体包含的类使用户可以迅速开发 Web 图形用户界面的应用程序。

• Windows 窗体支持一组类，通过这些类可以开发基于 Windows 的 GUI 应用程序，促进拖放式 GUI 开发，此外还为.NET 框架的所有编程语言提供一个公共的、一致的开发界面。

4．ASP.NET

ASP.NET 并不仅是 Active Server Pages 的一个新版本，事实上它是一个一体化的 Web 开发平台，能向创建企业级 Web 程序的开发者提供所需的服务。它继承了 ASP 的精华，而且可利用 CLR 提供丰富的服务和特性，并增添了许多新特性。

ASP.NET 与 ASP 有良好的兼容性，同时也提供了一个新的编程模型和基础结构，使开发功能更强大的新型应用程序成为可能，并通过添加 ASP.NET 功能可对已有的 ASP 程序进行扩展。

ASP.NET 的基础是 Web 窗体。Web 窗体是一类用户界面元素，可以构建 Web 应用程序的外观，Web 窗体与 Windows 窗体类似，都为置于其上的控件提供属性、方法与事件。用户界面元素可通过请求所需的适当标记语言(HTML)来呈现自己。若使用 Visual Studio .NET 进行开发，则可以采用拖放式界面来创建 Web 应用程序用户界面。

5.　ADO.NET

几乎所有的应用程序都需要访问从简单的文本文件到大型的关系型数据库等各种不同类型的数据。在 Microsoft .NET 中访问数据库的技术是 ADO.NET。ADO.NET 将成为构建数据感知.NET 应用程序的基础。

不同于 ADO 的是，ADO.NET 更具有通用性，不是专门针对数据库而进行的设计。首先，ADO .NET 提供了对 XML 的强大支持，这也是 ADO.NET 的一个主要设计目标。在 ADO .NET 中通过 XML Reader、XML Writer、XML Navigator 和 XML Document 等可以方便地创建和使用 XML 数据，并且支持 W3C 的 XSLT、DTD、XDR 等标准。ADO.NET 对 XML 的支持也为 XML 成为 Microsoft .NET 中数据交换的统一格式提供了基础。其次，ADO.NET 引入了 Data Set 的概念，这是一个驻于内存的数据缓冲区，它提供了数据的关系型视图。不管数据来源于一个关系型的数据库，还是来源于一个 XML 文档，我们都可以用一个统一的编程模型来创建和使用它。它替代了原有的 Recordset 的对象，提高了程序的交互性和可扩展性，尤其适合于分布式的应用场合。另外，ADO.NET 中还引入了一些新的对象，例如 Data Reader 可以用来高效率地读取数据，产生一个只读的记录集等。简而言之，ADO.NET 通过一系列新的对象和编程模型，并与 XML 紧密结合，使得 Microsoft .NET 中的数据操作更加方便和高效。

13.3.3　DOTNET 编程语言

Microsoft 引入了一种新的编程语言 C#，并对其他多种语言作了重新设计，以便利用通用语言运行库与类库。这几种语言包括：

- Microsoft Visual C#.NET；
- Microsoft Visual Basic.NET；
- Microsoft Visual C++.NET。

1.　Microsoft Visual C#.NET

C# 是一种现代的面向对象的编程语言，可使程序员快速开发各类应用程序，并提供能够利用计算与通信技术的工具和服务。

由于其革命性的面向对象设计，C# 是构建上至高级别商务对象，下至系统级应用程序的各种组件的绝佳选择。使用直观的 C# 语言构造，可以把这些组件转换为 XML Web 服务，使得通过 Internet 从任何操作系统上运行的任何语言来调用他们。

更重要的是，C# 将使 C++ 程序员更快的开发，同时也不会牺牲 C++ 和 C 具有的效率和能力。由于这种继承性，熟悉 C++ 和 C 语言的开发者将会迅速掌握 C#。

2. Microsoft Visual Basic .NET

在新的.NET 环境中，Visual Basic 成为一流的编程语言。Visual Basic .NET 拥有对.NET 框架的完全访问权，并提供诸如多线程、事件日志和性能监视器等语言特性。而这些特性在 VB6.0 中要么无法实现，要么使用起来不方便。现在 Visual Basic 程序员可以创建多线程队列进程服务，开发高级 Web 应用程序技术，并对图形实现完全访问。

Visual Basic .NET 是 Visual Basic 开发系统的新版本，重新设计将使下一代 XML Web 的服务开发不再复杂，并保留了其快速开发 Windows 应用程序的特性。Visual Basic.NET 并不是简单地向 VB6.0 中添加了一些新特性，而是完全在 .NET 框架上构建 Visual Basic .NET。这使得 Visual Basic 开发者可以利用 Visual Basic.NET 中的增强功能创建企业关键分布式 n 层系统。

在巨大的消费需求推动下，Visual Basic.NET 带来了一整套的新功能，包括完全面向对象设计能力、自由线程及对.NET 框架的直接访问。此外，Visual Basic 语言还是经过改进的，既删除了旧式的关键字，又提高了类型安全性，并公开了高级开发者需要的低级别构造。该语言的一些语法已经做了一些改动，并添加了一些新的内容。

Visual Basic.NET 现在已与 Visual Studio.NET 的其他语言完全集成。可以用不同的编程语言开发应用程序组件，也可以从其他语言编写的类中继承，还可以使用统一的调试器调试多种应用程序，并且不必考虑该程序究竟是运行在本地还是运行在远程计算机上。

3. Microsoft Visual C++.NET

Visual C++.NET 是一个全面的工具集，用于使用 C++ 语言创建基于 Windows 和基于.NET 的应用程序、动态 Web 程序及 XML Web 服务。这一强大的开发环境包括活动模板库(ATL)、MFC 库、高级语言扩展与强大的集成开发环境(IDE)，这些特性使得开发者可以高效地编辑与调试源代码。

Visual C++ .NET 为开发者提供了许多专业级特性，使他们能够创建功能非常强大的 Windows 与 Web 应用程序及组件。此工具自始至终都提供了能对 C++ 软件开发过程实现改进的功能。

C++ 是当今最流行的编程语言之一，使用 Visual C++.NET 的开发者将从这一世界级的 C++ 开发工具中获益。C++ 是可互操作的基于标准的语言，在多种计算环境和团体都可利用 C++ 开发技能。

13.4　PHP 技术介绍

PHP 原来为 Personal Home Page 的缩写，现已经正名为 "PHP: Hypertext Preprocessor" 的缩写。这种将名称放到定义中的写法被称做递归缩写。

PHP 于 1994 年由 Rasmus Lerdorf 创建，刚刚开始是 Rasmus Lerdorf 为了维护个人网页而制作的一个简单的用 Perl 语言编写的程序，后来又用 C 语言重新编写，并可以访问数据库。1995 年发布了 Personal Home Page Tools (PHP Tools)，提供了访客留言本、访客计数器等简单的功能。在新的开发成员加入开发行列之后，Rasmus Lerdorf 将 PHP/FI 公开发布，并把这个发布的版本命名为 PHP 2。这个版本包含类似 Perl 的变量命名方式、表单处理功能，以及嵌入到 HTML 中执行的能力；程序语法上也类似 Perl，有较多的限制，不过更简单、更有弹性。PHP/FI 加入了对 mySQL 的支持，从此建立了 PHP 在动态网页开发上的地位。1998 年发布了 PHP 3，其中包括了由 Zeev Suraski 和 Andi Gutmans 重写的 PHP 的剖析器。Zeev Suraski 和 Andi Gutmans 在 PHP 3 发布后开始改写 PHP 的核心，并在 1999 年发布了名为 Zend Engine 的剖析器称。2000 年，以 Zend Engine 1.0 为基础的 PHP 4 正式发布，2004 年又发布了 PHP 5，PHP 5 则使用了第二代的 Zend Engine。

PHP 的主要特性包括：

· 开放的源代码：所有的 PHP 源代码事实上都可以得到。

· PHP 是免费的：和其他技术相比，PHP 本身免费。

· php 的快捷性：程序开发快，运行快，技术本身学习快。PHP 可以被嵌入于 HTML 语言。相对于其他语言，PHP 编辑简单，实用性强，更适合初学者。

· 跨平台性强：由于 PHP 是运行在服务器端的脚本，可以运行在 UNIX、LINUX、WINDOWS 下。

· 效率高：PHP 消耗相当少的系统资源。

· 图像处理：用 PHP 动态创建图像。

· 面向对象：在 PHP 4 和 PHP 5 中，面向对象方面都有了很大的改进，现在 PHP 完全可以用来开发大型商业程序。

为了学习方便，我们在表 13-2 中将基于 PHP 和基于 Java 的网站开发技术进行对比，帮助开发者在学习多种开发工具和平台时提高效率。但需要注意的是：这种对比并不是完全的一一对应，也不能简单地理解为语言之间的区别。

表 13-2 基于 PHP 和基于 Java 的网站开发技术对比

技术	Java 平台	PHP 平台
开发集成环境	Eclipse 等	Zend Studio、PHPDesinger 等
运行环境	Java 虚拟机	多种平台
类库	Java 类库	Zend、ThinkPHP 等
Web 表现层开发	JSP	PHP 语言
数据层开发	JDBC	通过类库访问 MySQL、ODBC 等

参 考 文 献

[1]　Hogan Brian P. HTML5 和 CSS3 实例教程. 李杰，刘晓娜，朱嵬，译. 北京：人民邮电出版社，2012.

[2]　W3C School. http://www.w3school.com.cn/.

[3]　Zammetti Frank W. JavaScrip 实战. 张晶珏，译. 北京：人民邮电出版社，2009.

[4]　David Flanagan. JavaScript 权威指南(影印版). 5 版. 南京：东南大学出版社，2007.6

[5]　刘斌. 精通 Java Web 整合开发：JSP + AJAX + Struts + Hibernate. 2 版. 北京：电子工业出版社，2011.11.

[6]　Bryan Basham, Kathy Sierra, Bert Bates. Head First Servlets and JSP. 荆涛，林剑，等，译. 北京：中国电力出版社，2010.

[7]　李刚. 轻量级 JavaEE 企业应用实战：Struts2 + Spring3 + Hibernate 整合开发. 3 版. 北京：电子工业出版社，2012.